准噶尔盆地油气勘探开发系列丛书

砾岩油藏聚合物—表面活性剂二元驱开发技术

霍 进 刘顺生 程宏杰 吕建荣 等著

石 油 工 业 出 版 社

内 容 提 要

本书以技术体系为布局，特色技术为主线，理论知识为补充，系统总结了新疆砾岩油藏二元复合驱形成的技术体系，主要包括二元复合驱油机理及渗流规律，二元复合驱油体系合成与评价，二元体系与储层适用性，二元复合驱开发方案设计和二元复合驱配套技术等，总结了工业化试验成功经验和跟踪过程中形成的主要认识，填补国内外在砾岩油藏三次采油开发领域的技术空白，可为今后同类试验的开展提供借鉴和参考。

本书可供石油开发、矿场生产岗位的科研、技术人员，以及石油高等院校相关专业师生参考使用。

图书在版编目（CIP）数据

砾岩油藏聚合物—表面活性剂二元驱开发技术／霍进等著. — 北京：石油工业出版社，2020.6
ISBN 978-7-5183-4012-5

Ⅰ.①砾… Ⅱ.①霍… Ⅲ.①砾岩–岩性油气藏–表面活性剂–复合驱–油田开发–新疆 Ⅳ.①TE34

中国版本图书馆 CIP 数据核字（2020）第 077452 号

出版发行：石油工业出版社
　　　　　（北京安定门外安华里 2 区 1 号　　100011）
　　　　　网　　址：www. petropub. com
　　　　　编辑部：（010）64523708
　　　　　图书营销中心：（010）64523633
经　　销：全国新华书店
印　　刷：北京中石油彩色印刷有限责任公司

2020 年 6 月第 1 版　　2020 年 6 月第 1 次印刷
787×1092 毫米　　开本：1/16　　印张：14.75
字数：355 千字

定价：140.00 元
（如出现印装质量问题，我社图书营销中心负责调换）

《砾岩油藏聚合物—表面活性剂二元驱开发技术》
编写人员

霍　进　　刘顺生　　程宏杰　　吕建荣

聂振荣　　顾鸿君　　王晓光　　陈权生

姜炳祥　　刘文涛　　张德富　　张　菁

序

准噶尔盆地位于中国西部,行政区划属新疆维吾尔自治区。盆地西北为准噶尔界山,东北为阿尔泰山,南部为北天山,是一个略呈三角形的封闭式内陆盆地,东西长700千米,南北宽370千米,面积13万平方千米。盆地腹部为古尔班通古特沙漠,面积占盆地总面积的36.9%。

1955年10月29日,克拉玛依黑油山1号井喷出高产油气流,宣告了克拉玛依油田的诞生,从此揭开了新疆石油工业发展的序幕。1958年7月25日,世界上唯一一座以石油命名的城市——克拉玛依市诞生。1960年,克拉玛依油田原油产量达到166万吨,占当年全国原油产量的40%,成为新中国成立后发现的第一个大油田。2002年原油年产量突破1000万吨,成为中国西部第一个千万吨级大油田。

准噶尔盆地蕴藏着丰富的油气资源。油气总资源量107亿吨,是我国陆上油气资源当量超过100亿吨的四大含油气盆地之一。虽然经过半个多世纪的勘探开发,但截至2012年底石油探明程度仅为26.26%,天然气探明程度仅为8.51%,均处于含油气盆地油气勘探阶段的早中期,预示着巨大的油气资源和勘探开发潜力。

准噶尔盆地是一个具有复合叠加特征的大型含油气盆地。盆地自晚古生代至第四纪经历了海西、印支、燕山、喜马拉雅等构造运动。其中,晚海西期是盆地坳隆构造格局形成、演化的时期,印支—燕山运动进一步叠加和改造,喜马拉雅运动重点作用于盆地南缘。多旋回的构造发展在盆地中造成多期活动、类型多样的构造组合。

准噶尔盆地沉积总厚度可达15000米。石炭系—二叠系被认为是由海相到陆相的过渡地层,中、新生界则属于纯陆相沉积。盆地发育了石炭系、二叠系、三叠系、侏罗系、白垩系、古近系六套烃源岩,分布于盆地不同的凹陷,它们为准噶尔盆地奠定了丰富的油气源物质基础。

纵观准噶尔盆地整个勘探历程,储量增长的高峰大致可分为西北缘深化勘探阶段(20世纪70—80年代)、准东快速发现阶段(20世纪80—90年代)、腹部高效勘探阶段(20世纪90年代—21世纪初期)、西北缘滚动勘探阶段(21世纪初期至今)。不难看出,勘探方向和目标的转移反映了地质认识的不断深化和勘探技术的日臻成熟。

正是由于几代石油地质工作者的不懈努力和执著追求,使准噶尔盆地在经历了半个多世纪的勘探开发后,仍显示出勃勃生机,油气储量和产量连续29年稳中有升,为我国石油工业发展做出了积极贡献。

在充分肯定和乐观评价准噶尔盆地油气资源和勘探开发前景的同时,必须清醒地看到,由于准噶尔盆地石油地质条件的复杂性和特殊性，随着勘探程度的不断提高，勘探目标多呈"低、深、隐、难"的特点，勘探难度不断加大，勘探效益逐年下降。巨大的剩余油气资源分布和赋存于何处，是目前盆地油气勘探研究的热点和焦点。

由新疆油田公司组织编写的《准噶尔盆地油气勘探开发系列丛书》历经近两年时间的努力，今天终于面世了。这是第一部由油田自己的科技人员编写出版的专著丛书，这充分表明我们不仅在半个多世纪的勘探开发实践中取得了一系列重大的成果、积累了丰富的经验，而且在准噶尔盆地油气勘探开发理论和技术总结方面有了长足的进步，理论和实践的结合必将更好地推动准噶尔盆地勘探开发事业的进步。

系列专著的出版汇集了几代石油勘探开发科技工作者的成果和智慧，也彰显了当代年轻地质工作者的厚积薄发和聪明才智。希望今后能有更多高水平的、反映准噶尔盆地特色地质理论的专著出版。

"路漫漫其修远兮，吾将上下而求索"。希望从事准噶尔盆地油气勘探开发的科技工作者勤于耕耘，勇于创新，精于钻研，甘于奉献，为"十二五"新疆油田的加快发展和"新疆大庆"的战略实施做出新的更大的贡献。

新疆油田公司总经理

2012. 11. 8

前　言

砾岩油藏是一种特殊类型的油气藏。从世界范围看，砾岩油藏主要分布在 5 个国家的 6 个油田，如加拿大帕宾拉油田卡狄姆油藏、美国麦克阿瑟河砾岩油藏以及中国新疆克拉玛依油田的砾岩油藏等。新疆共发现 97 个砾岩油藏，探明储量 $6.67×10^8$ t，占新疆油田公司稀油油藏储量的 51.1%，是世界上储量最大的砾岩油藏分布区。该类油藏储层碎屑颗粒大小混杂，储层孔隙结构十分复杂，非均质性极强，油田注水开发困难，而且开发过程中含水上升快，水驱采收率低，如何提高砾岩油藏采收率是一个世界性难题。

复合驱是一种在聚合物驱基础上发展起来的提高采收率技术，不仅能发挥聚合物的改善流度作用，又能发挥表面活性剂的提高驱油效率作用，因而能大幅提高采收率。国内二元复合驱无论是规模还是研究深度，都位于世界前列。新疆克拉玛依砾岩油藏二元复合驱经过十多年的科研攻关，工业化试验取得成功并在其他区块推广应用。在新疆油田公司各级领导和科研人员的共同努力下，在各科研院所和高校的支持下，砾岩油藏二元驱开发形成了六大核心技术。

本书共七章，第一章主要介绍克拉玛依砾岩油藏二元复合驱的背景；第二章介绍了砾岩油藏二元驱油机理及渗流规律；第三章介绍了二元复合驱油体系研制；第四章介绍了新疆砾岩油藏二元体系与储层配伍性；第五章介绍了砾岩油藏二元复合驱开发方案设计；第六章介绍了二元复合驱配套技术；第七章介绍了七中区克下组砾岩油藏二元驱矿场试验。本书第一章由霍进和刘顺生编写，第二章由刘顺生和程宏杰编写，第三章由程宏杰和吕建荣编写，第四章由程宏杰、陈权生和吕建荣编写，第五章由吕建荣、聂振荣和顾鸿君编写，第六章由王晓光、姜炳祥和刘文涛编写，第七章由刘文涛、张德富和张菁编写。全书由霍进统稿。

本书以技术体系为布局，特色技术为主线，理论知识为补充，总结和归纳砾岩油藏二元驱技术体系，形成具有特色的二元驱技术专著，为其他油田二元复合驱开发提供借鉴和帮助，并且填补国内外在砾岩油藏开发领域的技术空白。本书是参与砾岩油藏复合驱技术研究的广大科技工作者集体智慧的结晶，在此向他们表示衷心的感谢！

由于本书涉及的专业多、技术范围广，编写组的能力和水平有限，书中难免有一些错漏之处和不完善的地方，敬请广大读者和专家批评指正！

CONTENTS 目 录

第一章 绪 论

复合驱是在单一化学驱（如聚合物驱、碱水驱、表面活性剂驱）的基础上，将两种以上不同的化学剂组合形成的多种复合驱油体系，如表面活性剂与聚合物组合形成表面活性剂—聚合物驱（SP），碱、表面活性剂和聚合物组合形成碱—表面活性剂—聚合物（ASP）三元复合驱。复合驱可以通过化学剂的组合和药剂之间的协同作用，集扩大波及体积与提高洗油效率于一身，大幅度提高采收率。通常复合驱的驱油效果优于单一化学剂驱。

复合驱在中国大庆、胜利、辽河等油田均取得了矿场应用的成功。与砂岩油藏相比，新疆砾岩油藏具有储层相变快、隔层发育、储层非均质性严重等特点，随着含水率的上升，地下矛盾更加突出。为了进一步提高砾岩油藏的采收率，新疆油田开展了砾岩油藏复合驱机理及配套技术研究，实施了二元复合驱工业化试验，取得了显著的增油效果，为形成砾岩油藏开发接替技术奠定了基础。

第一节 国内外复合驱发展概述

一、化学驱发展历程

化学驱技术的发展大致可以分为四个阶段：

第一阶段为 20 世纪 60 年代初至 70 年代，主要研究表面活性剂微乳液驱。基于 Winsor 提出的三种相态，认为表面活性剂能够达到 Winsor-Ⅲ 相态时，会形成微乳液体系，此时油水形成的体系稳定，驱油效率高，但形成微乳液体系需要的表面活性剂浓度也高（一般质量分数为 3%~15%），由于成本高而没有得到现场应用。

第二阶段为 20 世纪 80 年代，主要研究碱驱、碱—聚合物驱、活性水驱等。基于碱与酸性原油作用产生表面活性剂可以降低油水界面张力的机理，针对原油酸值较高的油藏进行碱水驱，同时由于聚合物驱的成功应用，开始尝试碱—聚合物复合驱的研究及矿场试验。

第三阶段为 20 世纪 90 年代，是复合驱发展最快的阶段，主要基于化学剂之间的协同作用，重点发展三元复合驱。采用低浓度高效表面活性剂，通过碱与表面活性剂的协同作用，使体系油水界面张力达到超低，同时依靠聚合物增加黏度作用来扩大波及体积，从而大幅度提高原油采收率。碱—表面活性剂—聚合物三元复合驱提高采收率幅度可达 15%~25%。由于复合驱中各化学剂之间的协同作用，一方面使复合驱中化学剂的用量比单一化学剂驱减少（表面活性剂用量一般为 0.2%~0.6%）；另一方面复合驱通常比单一组分化学驱的采收率更高。复合驱成为三次采油中经济有效提高原油采收率的新方法。

第四阶段是进入 21 世纪以来逐渐发展起来的聚合物—表面活性剂复合驱。随着表面活性剂研发及合成技术的发展，化学驱用表面活性剂的性能得到极大的提高，原来要加入碱才能使油水界面张力降低到超低的三元复合体系去掉碱后界面张力仍然能够保持超低，因此聚合物—表面活性剂复合驱得到了较快的发展。

通常，化学复合驱指碱、表面活性剂和聚合物三类化学剂驱的组合，它们可按不同的方式组合成各种复合驱，如图1-1所示。

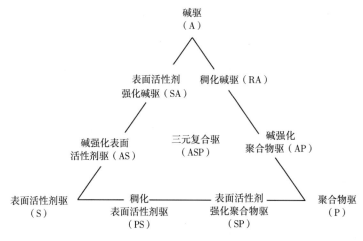

图1-1　三种化学剂组合的复合驱种类

二、国外化学驱进展

1926年Harkins和Zollman首先发现在苯水体系中加入油酸钠、NaCl和NaOH，苯/水的界面张力可以降低到0.04mN/m。1927年Uren和Fahry提出：原油开采时水驱油采收率与界面张力成反比。20世纪40年代，Vonnegut发展了测定界面张力的旋滴法，20世纪60年代应用此法成功地测出低于10^{-6}mN/m的超低界面张力。同时，提高采收率的迫切要求大大促进了对低界面张力现象的研究。为使注水采油后剩余油启动并被开采出来，必须用适当的化学剂使原油/水体系的界面张力降到10^{-3}mN/m数量级，甚至更低。这些化学剂主要是表面活性剂或能够与原油反应（如碱剂）后生成的表面活性物质。这些能够产生低界面张力的化学驱技术，先后发展成两种驱油方式：一种是大孔隙体积低浓度表面活性剂驱；另一种是小孔隙体积高浓度表面活性剂驱及胶束驱。上述两种方法在技术上都是成功的，但是因为经济成本过高，胶束驱难于推广应用。

碱水驱是化学驱提高采收率方法中研究最早的方法之一。1917年Squire提出了"向注入水中加入碱可以提高原油采收率"的观点，10年后Atkinson在美国申请了碱水驱的第一项专利。人们对碱水驱进行了深入研究是因为碱剂要比表面活性剂便宜得多。然而，由于碱耗、黏性指进、结垢等原因，矿场试验几乎没有成功的先例。

表面活性剂驱的研究始于20世纪20年代，但1984—1998年是表面活性剂驱油技术研究最活跃的时期，特别是在美国每年都有大量文献报道。这期间，表面活性剂驱油理论基础是相态理论，以形成中相微乳液为最大目标，表面活性剂浓度较高，大多在4%以上。

聚合物驱的研究始于20世纪50年代末和60年代初期。美国于1964年进行了矿场试验。1964年到1969年，16个聚合物驱矿场试验项目中有10个获得了成功，采收率最高提高了8.6%。从20世纪70年代到1985年，美国共进行聚合物驱矿场试验183次，原油黏度变化范围在0.3~160mPa·s。除此之外，聚合物驱在苏联的奥尔良油田和阿兰油田、加拿大的 Horsefly Lake 油田和 Rapdan 油田、法国的 Chatearenard 油田和 Countenay 试验区等都进行了工业性试验。

20 世纪 60 年代初期，人们研究发现：在碱水中加入聚合物以降低驱油剂的流度，可以提高波及系数，被称为聚合物增效碱驱（AP 驱），由此开始了复合驱的发展。Tiorco 公司曾在 Isenhour 油田进行了先导性试验，原油采收率提高 16.4%（OOIP）。为了保证碱驱过程中始终保持"最佳含盐度"和"最佳碱度"的条件，必须在注入设计时调节含盐度和碱量，但是调节的过程十分困难。R. C. Nelson、S. M. Saleen 和 D. A. Peru 等人的研究提出，在碱水中加入合成的表面活性剂以补偿在驱油过程中由于"最佳含盐度"和"最佳碱度"破坏而造成的界面张力高的问题。此后，人们发展了很多组合方式的复合驱体系。最早由 Dome 等几个石油公司开发的碱—表面活性剂—聚合物复合驱油体系（ASP 驱）一出现就受到普遍的重视，主要是因为在碱液中加入少量表面活性剂，原油的酸值不再是重要的考虑因素，可使得碱驱的使用范围扩大。美国壳牌石油公司在 White Castle 油田开展了三元复合驱矿场试验；美国 Terra Resource 公司在 West Kiehl 油田开展了三元复合驱矿场试验；加拿大也在 David Lloydminster 油田也开展了三元复合驱矿场试验。尽管美国在 West Kiehl 和 Cambridge 油田进行的矿场试验取得了一定效果，但是由于该技术的"高成本、高风险"问题使其无法工业化应用而停止，转向深度调剖和二氧化碳混相驱发展。

美国提高采收率方法中，热力采油贡献最大，气驱其次，化学驱最小。提高采收率的研究最早可以追溯到 20 世纪初期，但发展并不快。1973 年由于阿拉伯石油禁运，政府对提高采收率项目给予了特殊的优惠政策，使提高采收率的研究和应用得到了迅速发展。1986 年达到高峰，当年共有 512 个项目，其中化学驱项目 206 个，占 44%，项目总数超过了热采，但其总产量只占 2.8%。在化学驱方法中，聚合物驱由于投入少、工艺简单，发展最快。从 1986 年开始，化学驱项目一直呈下降趋势，特别是表面活性剂驱几乎停止。但对室内机理基础研究仍十分重视。2008 年调查的美国 EOR 项目数和产量均排世界第一。与 2006 年调查结果相比，项目数由 154 个增加到 184 个，增加的项目数主要是蒸汽驱（由 40 个增加到 45 个）和 CO_2 混相气驱（由 80 个增加到 100 个）。而产量则由 649322bbl/d 减少到 646111bbl/d，减少 3211bbl/d，产量减少主要是由于蒸汽驱和烃混相/非混相驱产量减少。

原苏联提高采收率以化学驱为主，在热采、气驱和化学驱提高采收率方法中，化学驱所占比例最大，占 EOR 总量的 77%。在化学驱中，以聚合物驱和碱驱为主，注表面活性剂的项目近年来明显减少。原苏联提高采收率的一个重要特点是尽量采用化工厂的废液，并开发了许多简单易行的增产增注方法。近年来，由于俄罗斯等原苏联国家经济不景气，提高采收率项目明星减少。

2008 年世界 EOR 调查显示，世界 EOR 产量为 $182×10^4$bbl/d，约占世界石油总产量的 2%。世界范围内 EOR 项目数 361 个，其中蒸汽项目 142 个，产量 $119×10^4$bbl/d，约占世界 EOR 总产量的 65.6%；火烧油层 21 个，产量 $2.2×10^4$bbl/d，约占 EOR 总产量的 1.2%；化学驱 24 个，产量 $3.6×10^4$bbl/d，约占 EOR 总产量的 2.0%；烃混相/非混相项目 38 个，产量 $27×10^4$bbl/d，约占 EOR 总产量的 14.9%；混相/非混相项目 124 个，产量 $27×10^4$bbl/d（$1371×10^4$t/a），其中大部分为混相，产量 $25.8×10^4$bbl/d，约占 EOR 总产量的 14.2%，而 CO_2 混相大部分在美国。微生物项目只有两个，未公布产量。

三、国内复合驱进展

中国油田多为陆相沉积，油藏非均质性严重，原油中蜡含量、芳香烃含量高，原油黏度大，因此水驱采收率较低。注水开发油田主体已进入高含水、高采出程度的"双高"开发阶段。化学复合驱是一种大幅度提高原油采收率的技术，在中国陆上油田具有广阔的应用前景。中国第二次提高采收率潜力评价结果表明，适合聚合物驱的地质储量为 $29.1×10^8t$，可提高采收率9.7%，增加可采储量 $2.81×10^8t$；适合三元复合驱的地质储量为 $31.30×10^8t$，可提高采收率19.2%，增加可采储量 $6.00×10^8t$。

2015 年中国化学驱产油量超过 $1700×10^4t$。截至 2015 年底，中国石油天然气集团公司聚合物驱累计动用储量 $10×10^8t$，提高采收率12.5%；复合驱累计动用储量近 $1×10^8t$，提高采收率20%以上。2015 年中国石油天然气集团公司三元复合驱年产油量已超过 $300×10^4t$，具备替代聚合物驱成为三次采油主体技术的条件。当前复合驱已经在包括大庆油田、胜利油田、辽河油田的陆上部分进行了成功的矿场试验。

大庆油田为整装砂岩油藏，油层平均有效厚度 $6~11m$、平均渗透率 $300~1000mD$，油藏温度45℃，地层水总矿化度为 $4000~6000mg/L$，原油密度平均为 $0.85g/cm^3$，平均含蜡量为26%，硫含量平均0.1%，原油的酸值为 $0.04mg/g$，属于低含硫石蜡基原油。自 1994 年起，大庆油田先后在不同地区开展了 5 个三元复合驱先导性矿场试验，均取得了比水驱提高采收率20%左右的效果。在三元复合驱先导性试验取得成功的基础上，2000 年以来，大庆油田利用自主研发的重烷基苯磺酸盐表面活性剂产品（HABS）和石油磺酸盐产品（DPS）开展了更大规模的强碱、弱碱三元复合驱工业性矿场试验（表 1-1）。三元复合驱由渗透率高、物性好的一类油层向渗透率中等的二类油层扩大应用。大庆油田北二西二类油层弱碱复合驱提高采收率取得良好效果，采出液比强碱复合驱采出液容易处理，呈现良好应用前景。

表 1-1　大庆油田三元复合驱工业化矿场试验效果

区块	油层及复合驱类型	井网	井距（m）	活性剂	碱型	阶段采收率（%）	预测提高采收率（%）
杏二中	一类油层强碱	17 注 27 采五点法	250	HABS	NaOH	18.2	18.6
南五区	一类油层强碱	29 注 39 采五点法	175	HABS	NaOH	19.5	20.5
北一断东	二类油层强碱	49 注 63 采五点法	125	HABS	NaOH	26.1	26.5
北二西	二类油层弱碱	35 注 44 采五点法	125	DPS	Na_2CO_3	20.9	21.6

胜利孤岛油田属于复杂断块油藏，油藏平均深度为 $1190~1310m$，油层平均有效厚度为 $16.2m$、平均渗透率为 $1300mD$、平均孔隙度为32%，油藏温度为 $60~80℃$，地层水总矿化度为 $8000~26000mg/L$，二价阳离子含量为 $123~500mg/L$，原油密度平均为 $0.93g/cm^3$、硫含量为2.1%，原油酸值为 $1.6~3.1mg/g$，属于含硫环烷—中间基原油。储层岩性以粉细砂岩为主，油层胶结疏松、成岩性差，胶结物以泥质为主，泥质含量为2%~3%，碳酸盐含量为0.7%。"八五"期间在孤东油田含水98%、产出程度54.4%的断块油藏开展了小井距三元复合驱先导性试验，采收率提高13.4%。为了进一步检验复合驱在断块油藏的试验效果，胜利油田于 1997 年在孤东西区开展了弱碱表面活性剂（WPS）三元复合驱扩大试验，数值

模拟预测提高采收率15.5%，实际矿场试验阶段提高采收率12.7%（表1-2）。

表1-2 复杂断块油藏三元复合驱矿场试验效果

区块	油藏类型	井网	井距（m）	活性剂	碱型	阶段提高采收率（%）	预测提高采收率（%）
孤东小井距	断块	—	20	非离子	Na_2CO_3	—	13.4
孤东西区	断块	6注13采五点法	212	WPS	Na_2CO_3	12.7	15.5

聚合物—表面活性剂二元复合驱与三元驱相比，除保持低界面张力、高驱油效率外，由于去掉了碱，发挥了聚合物提高波及系数的优势，消除了碱溶蚀、结垢对油藏的伤害，了举升效率，减轻了地面采出液处理的难度，大幅度提高了系统效率和经济效益。中国石油在辽河油田、吉林油田、大港油田以及新疆油田等开展了无碱复合驱现场试验，油藏类型分别为中高渗透率、中低渗透率的砂岩油藏，复杂断块油藏和砾岩油藏，均取得了一定的效果，特别是在辽河油田锦16区块和新疆油田七中区的二元驱现场试验，预计可提高采收率18%。

锦16区块地处大凌河河套内，构造上位于辽河裂谷盆地西斜坡南部。1979年投入开发，开采层位为兴隆台油层，油藏深度为1255～1460m，含油面积为6.0km²，石油地质储量为3984×10⁴t。二元复合驱工业化试验区位于锦16区块中部，试验区含油面积为1.37km²，地质储量为586×10⁴t，目的层位为二叠系（兴Ⅱ35-6—Ⅱ47-8）。分两套层系逐层上返开发，先采兴Ⅱ47-8，上返接替兴Ⅱ35-6。其中兴Ⅱ47-8含油面积为1.28km²，地质储量为298×10⁴m³。转化学驱前是注水开发，采出程度为46.3%。试验区可采储量为191×10⁴t，孔隙体积为487×10⁴m³，平均单井射开砂岩厚度为14.9m/5.1层，有效厚度为13.6m，平均有效渗透率为750mD，原始地层压力为13.98MPa，原始饱和压力为12.71MPa，油层破裂压力为31.1MPa，平均地层温度为55℃，地下原油黏度为14.3mPa·s，原始气油比为42m³/t，原始地层水矿化度为2467mg/L。

截至2014年12月，试验区总井75口，其中采油井48口，开井45口，日产液量1868t，日产油302t，综合含水83.8%，二元驱阶段累计产油28.43×10⁴t，见表1-3。与2013年12月相比，试验区动态变化表归纳为"三降一升"，即液量、油量、动液面下降，含水上升。日产液量由1989t下降到1868t，下降了121t；日产油量由349t下降到300t，下降了49t，动液面由284m下降到387m，下降了103m，综合含水由82.5%上升到83.8%，上升了1.3%，采出聚合物浓度稳定在200mg/L左右。

表1-3 锦16区块二元复合驱生产状况表（2014年12月）

油井		注入井	
总井（口）	48	总井（口）	27
开井（口）	45	注二元开井（口）	24
日产液（t）	1868	日注液量（t）	2127
日产油（t）	302	日注干粉量（t）	4.24
含水（%）	83.8	累计注干粉量（t）	5910
动液面（m）	387	日注活性剂商品量（m³）	8.81

油井		注入井	
采油速度（%）	3.7	累注活性剂商品量（m³）	7773
二元驱阶段累计产油（10⁴t）	28.43	聚合物母液浓度（mg/L）	4800
二元驱阶段采出程度（%）	9.54	聚合物注入浓度（mg/L）	1926
空白水驱前采出程度（%）	47.2	月度注采比	1.21
二元驱前采出程度（%）	50.3	累计注采比	0.98
目前总采出程度（%）	59.84	注入孔隙体积倍数	0.52

吉林油田红 113 试验区位于红岗油田北部一号区块内，试验区原油地层油黏度为 12.9mPa·s，地面脱气黏度为 36.8mPa·s，低酸值，相对密度中等，凝点低，胶质及石蜡含量较高。地层水 Ca^{2+}、Mg^{2+} 含量低，矿化度为 12000~16000mg/L，水型为 $NaHCO_3$ 型。试验区原始油藏温度为 55℃，地温梯度为 5℃/100m。油层中部压力 12.25MPa，原始饱和压力为 10.94MPa，油藏压力系数为 1.02，属于正常压力系统。试验区原井网为反十三点井网，井距 200m×316m。井组内注水井 1 口（113 井），采油井 12 口。113 井组内按照五点法井网模式进行加速，形成 9 个 200m×141m 的五点井组，试验区面积为 0.68km²，地质储量为 93×10⁴t。

试验区空白水驱试验从 2009 年 12 月 30 日开始，累计注入 138 天，累计注溶液量 5.06×10⁴m³，注入地下孔隙体积倍数 0.07PV；调剖从 2010 年 5 月 18 日开始，累计注入 75 天，累计注溶液量 3.81×10⁴m³，注入地下孔隙体积倍数为 0.053PV。前置段塞 2010 年 8 月 15 日开注，至 2010 年 10 月 30 日，累计注入 77 天，累计注溶液量 3.0×10⁴m³，注入地下孔隙体积倍数 0.042PV，聚合物用量 85.5t。2010 年 10 月 31 日开始二元段塞的注入，至 2014 年 6 月 4 日，累计注入 1313 天，累计注液量 66.22×10⁴m³，累计注入聚合物 1473t；累计注入活性剂 3456t，注入地下孔隙体积倍数 0.802PV。2014 年 6 月 5 日开始注入聚合物保护段塞，至 12 月 11 日完成全部段塞注入，之后继续水驱，注入速度为 0.15PV/a。从试验区整体看：空白水驱期间注采关系敏感，产液、含水上升，调剖和前置段塞注入期间，产液、产油平稳、含水略升。二元段塞注入后，区块及中心井总体呈现产液下降、含水略降、动液面下降，复合化学驱动态特点。2012 年 3 月呈现出明显的增油效果，随着对试验区水井进行合理注水调整和油井实施压裂引效措施，使得试验效果逐渐变好，试验区目的层产出较好，增油效果明显，累计增油 1.89×10⁴t，平均单井日产油 1.5m³，平均综合含水率 95.3%。

港西三区二元驱先导试验于 2012 年 3 月正式投注，方案设计 11 注 26 采，覆盖地质储量 205×10⁴t，预计增加可采储量 24.6×10⁴t，提高采收率 12 个百分点。截至 2014 年，累计注入 0.18PV，注入溶液 157.43×10⁴m³，现场试验见到了明显的增油降水效果，受益油井见效率 75%，阶段增油 9.13×10⁴m³。先导试验取得的阶段效果证实，聚合物—表面二元驱驱油体系适合于大港中北部复杂断块"双高"油藏，配注工艺技术已配套完善，在同类油田具有较大的推广应用潜力空间，可作为今后大港油田常规油藏三次采油提高采收率主体技术，技术应用潜力地质储量达 2×10⁸t。

第二节　新疆砾岩油藏复合驱矿场试验研究及应用

一、新疆克拉玛依油田砾岩油藏分布及资源情况

克拉玛依油田位于新疆克拉玛依市境内，准噶尔盆地西北缘扎伊尔山南麓。构造上克拉玛依油田位于准噶尔盆地西北缘，西临扎伊尔山南麓，东为准噶尔盆地主体。呈北东—南西条状分布，长约 50km，宽约 10~40km。整体上属于单斜构造，自西北向东南阶梯状下降，油藏埋藏深度由 150m 依次增加到 3000m 以上。油区内断裂发育，克拉玛依—乌尔禾大逆掩断裂带（简称克—乌断裂）穿过油藏中部，断面西倾，上陡下缓。根据地质条件、储量规模以及断裂切割情况，克拉玛依油田被划分为一区、二区、三区、四区、五区、六区、七区、八区、九区和黑油山区（图 1-2）。

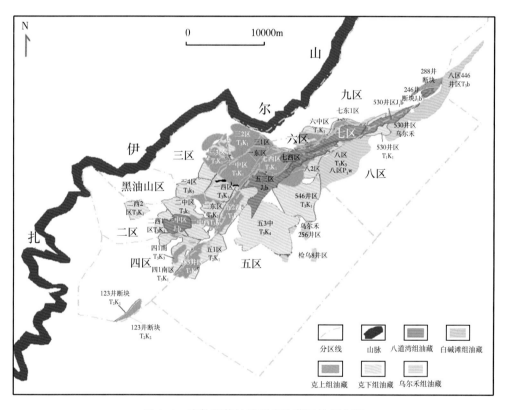

图 1-2　克拉玛依油田砾岩油藏区块划分图

准噶尔盆地共发现 97 个砾岩油藏，探明储量合计 $6.67×10^8$t，占新疆油田公司稀油油藏总储量的 51.1%，是世界上储量最大的砾岩油藏分布区。其中一区—九区侏罗系八道湾组、三叠系克拉玛依组和二叠系乌尔禾组为水驱开发砾岩油藏，动用探明储量 $5.02×10^8$t，油井 2884 口，注水井 1412 口，日产油水平 6063t，年产油 $201.68×10^4$t，综合含水 68.1%，采出程度 20.77%。

二、新疆砾岩油藏储层特征

克拉玛依油田砾岩油藏储层属冲积—洪积和砾质辫状河流沉积，属于近物源、多水系和快速多变的沉积环境。储层具有油砂体分布连续性差，主力油层少，油层渗透率级差大，物性夹层发育且稳定性差，流体性质差异大等特点。储层岩性变化大，颗粒组成复杂。粒度从小砾—巨砾均有，含油性好的以小砾岩、细砾岩为主，不等粒砾岩次之。胶结物以泥质和钙质为主，含量一般为10%～20%，其成分多以高岭石为主。在扇三角洲相带内多见有铁泥质、方沸石类胶结。砾石成分多与母岩成分有关，其稳定矿物有自西向东逐渐增高的趋势，成分成熟度向东逐渐提高，砾石形状以半角状—半圆状居多。

储层孔隙呈复模态结构，具有稀网状、非网状甚至渠道状等多种形态，注入水易沿着大孔道突进，微观指进非常明显。孔隙类型有粒间孔、粒间溶孔、粒内溶孔、杂基微孔、砾缘缝以及微裂缝等，其组合复杂，往往多种孔隙并存。孔喉配位数低（0～3），孔喉分选差（相对分选系数为1.16～15.12），中值半径小（1.05～0.12μm），均值直径亦小（4.4～0.18μm）。

储层渗流特征复杂，呈现多重介质渗流，有粒间孔隙群、岩性界面缝隙群、裂缝孔隙群、不整合面缝隙群等，其中后三种为水窜结构，由此导致油水相对渗透率关系的多样性，相渗曲线多呈"驼背形"，其特点是可动油饱和度低（20%～40%），残余油饱和度高（25%～55%），水相渗透率较低。另外，水驱过程中有较强的敏感性，由于微粒迁移引起的速敏性，其临界实验流速只有0.1～0.5mL/s，速敏指数大于0.8，水敏指数在0.5以上，临界盐度为1000～7000mg/L。

克拉玛依油田的油藏分类和储层分类见表1-4，油藏和储层均分为四类，主要研究和开发前三类油藏和储层。Ⅰ类储层物性最好，Ⅱ类储层的储量巨大。

表1-4　克拉玛依油田储层分类及特征

油藏分类		第Ⅰ类	第Ⅱ类	第Ⅲ类	第Ⅳ类
储量（%）		20	36	15	29
各类储层所占比例（%）	Ⅰ类	58.8		42.3	—
	Ⅱ类	34.9	80.5	47.9	—
	Ⅲ类	6.3	19.5	9.8	—
	Ⅳ类	—	—	—	100
有效厚度（m）		13.1	8.2	7	20～112
连通率（%）		83.6	56.5	74.9	
空气渗透率（D）		0.17～0.43	0.01～0.1	0.2～0.745	0.0009
地层油黏度（mPa·s）		2～10	1～13	21～80	0.7
层间渗透率级差		19	25	52	
孔喉半径/直径（μm）		1.5/3	0.3/0.6	2/4	0.09/0.18
孔喉比		75	214	65	250
水驱效率（%）		50～60	40～50	30～40	40
注水采收率（%）		40	27	23	18
见效井（%）		87.4	59.8	75.6	
见水井（%）		95.9	83.1	97.6	
易水窜结构发育程度		欠发育	较发育	较发育	潜在裂缝或显裂缝

三、克拉玛依油田二中区三元复合驱先导试验

1996 年 2 月，选定克拉玛依油田一类砾岩油藏二中区北部 9-3 井附近井区，作为三元复合驱矿场先导试验区。试验区采用 50m×70.7m 小井距五点法井网，四个井组 13 口井（均为新井），其中注入井 4 口，中心评价井 1 口，边井 8 口，平均井深 675m，面积为 31258m^2。选择外围 6 口老井为压力平衡井，2 口压力观察井（图 1-3）。三元复合体系的注入方案设计预冲洗段塞、主段塞和保护段塞。其中预冲洗段塞为清水配置 1.5% 的 NaCl 溶液，试验区日注 80m^3，共注 150 天，注入 0.4PV。主段塞为清水配置的 0.3% 的石油磺酸盐（KPS-1）、1.4% 的弱碱碳酸钠（Na$_2$CO$_3$）、0.13% 的聚合物、0.1% 的三聚磷酸钠溶液混合配制而成，试验区日注 60m^3，共注 200 天，注入 0.3PV。保护段塞由淡水配置 0.1% 的聚合物和 0.7% 的 NaCl 溶液混合配制而成，试验区日注 60m^3，共注 200 天，注入 0.3PV。

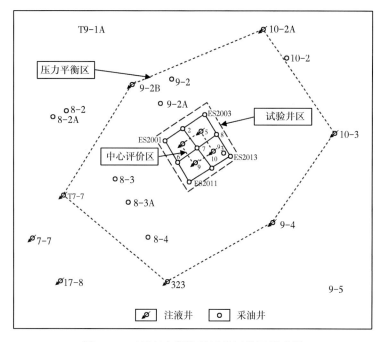

图 1-3　三元复合驱先导试验区井网示意图

三元复合驱先导试验于 1994 年 3 月 1 日开始进行空白试验，只采不注，旨在了解试验区的生产能力，录取必要的资料。1995 年 8 月 18 日至 1997 年 12 月 4 日注入三元复合驱试验段塞，其中注入预冲洗段塞，历时 338 天，注入 NaCl 溶液 26112m^3，NaCl 用量 382t、平均浓度 1.46%。然后注入三元复合驱主段塞，累计注入复合体系溶液 19106m^3，历时 319 天；之后注入聚合物溶液保扩段塞累积 9381m^3、历时 175 天。最后注浓度为 0.5% NaCl 溶液，1998 年 9 月 1 日注清水，至 1999 年 2 月结束试验。三元复合驱试验区含水最低降至 84%，下降 15%，维持了 20 个月，月产油量由 34t 增加到 355t，是复合驱前的 10.44 倍。中心井含水最低降至 79%，下降了 20 个百分点，维持了 14 个月，月产油量由 6t 增加到 62t，是三元复合驱前的 10.33 倍。截至 1999 年 2 月底试验结束，试验区期末含水 98%，采出程

度 73.07%，复合驱采出原油 6445t，提高采收率 23.44%；中心井期末含水 98%，采出程度 74.61%，采出原油 1160t，提高采收率 24.48%（图 1-4）。

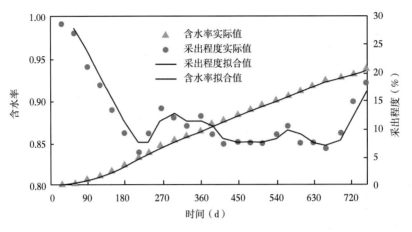

图 1-4　三元复合驱含水率、采出程度数模拟合曲线

四、克拉玛依油田弱碱三元复合驱工业性试验

1996 年下半年，在砾岩油藏提高采收率方法筛选及潜力分析的基础上，对适宜三元复合驱的 37 个区块进行了评价。应用北京石油勘探开发科学研究院研制改进的 EORPM 潜力预测模型，对上述区块进行了三元复合驱潜力预测分析，提出了相应的复合驱配方，进行了物模试验与评价，确定七东₁区中南部克下组油藏为复合驱工业性试验区。

三元复合驱工业试验选用的表面活性剂 KPS-2 是一种比 KPS-1 价格更低、性能更优的产品，对原油的适应范围较广，甚至对石蜡基的原油也可产生超低界面张力。与 KPS-1 相比，KPS-2 的成本降低约 50%。通过界面张力与黏度的测定、相态研究及驱油物理模型评价等实验，进行复合驱配方体系的评价筛选，制定出了适合于七东₁区工业性试验的复合驱配方体系。该配方体系分为预冲洗、主段塞和保护段塞第三个注入段塞，其中预冲洗阶段注入 0.1 倍孔隙体积的（1.0%~1.5%）NaCl 溶液，主段塞阶段注入 0.3 倍孔隙体积 0.35% KPS-2、（1.4%~1.5%）Na_2CO_3、0.16%HPMA、0.04%$Na_2S_2O_3$ 的三元复合驱油剂，保护段塞阶段注入 0.25 倍孔隙体积 0.13%HPMA 和 0.3%NaCl 混合溶液。该配方经试验区实际岩心驱油实验，取得了提高原油采收率 20% 以上的效果。

五、克拉玛依油田七中区二元复合驱工业化试验

复合驱工业化试验区位于七中区克下组油藏东部，面积为 1.21km²、地质储量为 120.8×10⁴t。试验区采用 150m 井距五点法面积井网，部署试验井共 44 口井，其中钻注入井 18 口，钻油井 24 口（1 口水平井），利用老井 2 口。2010 年 7 月地面注入站建成，同月 7 口井开展调剖。2011 年 8 月起开始注入前置段塞，注聚合物溶液 4 个月。2011 年 12 月 25 日起正式进入注二元复合驱主段塞阶段。二元复合驱主段塞注入初期，出现了产液量快速降低，试验效果低于方案预期的现象。通过进一步的油藏精细描述和大量的室内实验，分析原因是由于储层物性相对较差，注入高分子量的驱油体系使深部地层发生堵塞，导致注采连通急剧变

差。针对此情况，一年内先后经过了降低聚合物分子量、聚合物浓度、表面活性剂浓度等 4 次注入配方的调整，调整后试验区北部见到了明显效果。

通过调整，试验区南部低渗选区域仍无法实现二元复合驱方案预测目标，因此 2014 年 9 月将南部低渗透区域停止试验，转入水驱开发，同时保留北部物性较好的 8 注 13 采井组继续进行二元复合驱试验，调整后的 8 注 13 采试验区含油面积 0.44km²，地质储量为 54.0× 10^4t。下调注入速度，调整后的试验区可以达到二元复合驱提高采收率 15.5% 的目标。截至 2018 年 6 月，二元复合驱试验累计注入化学剂 0.60PV，完成设计注入量的 76.9%。日产油量由实施前 14.7t 提高到 54.6t，含水率由 86.6% 下降至 55.1%，降幅超过 30 个百分点，正在见效高峰期内。整体试验阶段累计产油量为 12.7×10^4t，阶段采出程度为 23.6%，其中二元复合驱阶段采出程度为 15.6%，完成方案设计的 100.7%，预计二元复合驱最终提高采收率可达到 18 个百分点。目前油藏采出程度达 62.5%，项目运行符合方案设计，如图 1-5 所示。

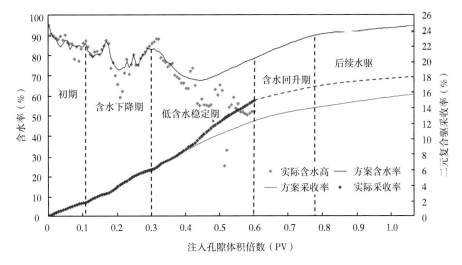

图 1-5　七中区二元复合驱试验区实际指标与方案设计对比

第二章 砾岩油藏聚合物—表面活性剂二元驱油机理及渗流规律

第一节 砾岩油藏聚合物—表面活性剂二元驱油机理

原油的采收率取决于驱油剂在油藏中的波及系数和洗油效率，聚合物—表面活性剂（SP）二元驱的采收率如公式（2-1）所示：

$$E_R = E_v \times E_D \tag{2-1}$$

其中波及系数 E_v 主要靠聚合物的增黏作用、改善流度比来提高，而洗油效率 E_D 主要通过表面活性剂的降低油水界面张力作用来提高。

由化学驱的驱油机理可知，表面活性剂的作用主要是降低油水界面张力、改变岩石润湿性、乳化原油，从而驱动岩石孔隙中的残余油，提高洗油效率；聚合物的主要作用是增加水溶液黏度，降低驱替液与油的流度比，提高波及系数。

在此可以引入毛细管数的概念来解释聚合物与表面活性剂复合驱协同提高采收率的机理。毛细管数，又称毛细管准数或临界驱替比，是表示被驱替相（例如油）所受到的黏滞力与毛细管力之比的一个无量纲数，其计算公式如（2-2）所示：

$$N_c = \frac{\mu_w \cdot V}{\sigma} \tag{2-2}$$

式中　V——驱替速度；

　　　μ_w——驱替相黏度；

　　　σ——驱替与被驱替的两不溶相的界面张力。

毛细管数反映了多孔介质两相驱替过程中不同力之间的平衡关系。毛细管数越大，采收率越高，增加毛细管数可以提高原油采收率，理想状态下毛细管数增加至 10^{-2} 时，采收率可达到100%。注水开发后期，毛细管数一般在 $10^{-6} \sim 10^{-7}$ 这个范围内，毛细管准数与驱油效率及剩余油饱和度的关系可由实验得到，如图2-1所示。

根据毛细管准数理论，提高毛细管准数的方法有：增加驱替液速度（一般为2~3倍）；增加驱替液黏度（一般10~50倍）；降低油水界面张力（3~4个数量级）。在矿场上，通过提高流速方法增加毛细管数十分有限，所以一般可以通过添加聚合物来增加驱替相的黏度，另外通过使用表面活性剂来降低界面张力，利用增加黏度和降低界面张力相互协同既可以增加油藏的波及系数，同时又可以提高洗油效率，达到大幅提高原油采收率的目的。

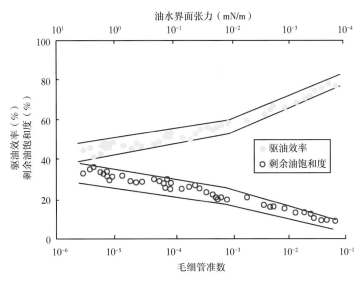

图 2-1　驱油效率和剩余油饱和度与毛细管准数的关系

一、聚合物驱油机理

聚合物驱是在水驱的基础上添加了黏性聚合物的一种驱油方法，其机理是提高注入水的黏度、降低水的流度从而改善流度比，提高波及系数。一般而言，当油藏的非均质性较强和/或水驱流度比较高时，聚合物驱可以取得明显的提高采收率效果。

聚合物可以改善水油流度比，注入聚合物溶液后油相渗透率基本没有发生变化，水相渗透率和残余油饱和度有所下降，如图 2-2 所示，在含水饱和度相同时聚合物可以降低水相的相对渗透率。

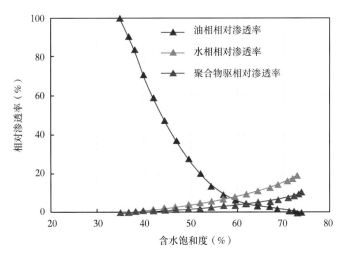

图 2-2　水驱和聚合物驱的相对渗透率曲线

水驱油时，当水油流度比大于1时，水的流动能力比原油强，易发生指进现象，波及系数降低，大部分原油将不会被驱替出来。从水油流度比的定义式可以看出，聚合物能同时通过增加 μ_w 和降低 K_w 来降低 M_{wo}。

$$M_{wo} = \frac{\lambda_w}{\lambda_o} = \frac{K_w/\mu_w}{K_o/\mu_o} = \frac{K_w\mu_o}{K_o\mu_w} \qquad (2-3)$$

式中 M_{wo}——水油流度比；

   λ_w 和 λ_o——水、油的流度；

   K_w 和 K_o——水、油的有效渗透率；

   μ_w 和 μ_o——水、油的黏度。

聚合物提高采收率的机理主要基于以下几个方面。

1. 增黏机理

聚合物可以增加水相黏度来扩大波及体积，将聚合物加入水中，水相黏度会显著提高，其通过地层能力降低，流度减小。如果原油的流动能力比水相强，则水相的波及范围就会扩大，驱油效果变好。油、水两相的相对渗透率是含水饱和度的函数，是控制采出液中含水上升速度的重要参数。当油水黏度比很大时，采出液中含水率上升速度很快。相反，在油水黏度比很小时，采出液中含水率上升速度将大大减缓，当达到采油经济允许的极限含水率时，油层中的含水饱和度已经很高，因而实际驱油的效率也高。

聚合物增加水相黏度的作用主要基于以下几个方面：

（1）水中聚合物分子相互纠缠形成结构；

（2）聚合物链接中亲水基团在水中溶剂化，聚合物表观分子体积增大；

（3）若为离子型聚合物，其在水中会发生解离，产生许多带电性相同的链接，使聚合物分子在水中相互排斥。

2. 降低渗透率机理

聚合物增加了水在油藏高渗透通道的流动阻力，提高了波及效率。聚合物加入水中，一方面增加了水的黏度并减少了水相的有效渗透率；另一方面在渗透率高部位流动时所受流动阻力小，机械剪切作用弱，聚合物降解程度低，则聚合物分子就易于滞留在孔隙中，增大高渗透部位的流动阻力。

聚合物在岩石孔隙结构中有两种滞留方式：

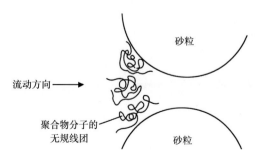

图 2-3 聚合物分子在喉道外的捕集

（1）吸附。

吸附是指聚合物通过色散力、氢键力或其他作用力在岩石表面所产生的浓集。

（2）捕集。

聚合物分子在水中所形成的无规则线团的半径虽小于喉道的半径，但是它们可以通过架桥而滞留在喉道外，如图2-3所示。

聚合物分子通过吸附、捕集滞留在孔喉处，与后续通过孔喉的水相和油相作用力的大小不同，与水相中聚合物分子作用力大，而与原油分子作用力小，会产生不对称的渗透率降低，即降低水相渗透率的幅度大于降低油相渗透率的幅度，因此相对而言，油相更易通过孔隙喉道。

3. 形成稳定的"油丝"通道

聚合物溶液具有黏弹性，可以拖拉携带盲端残余油以及形成稳定的"油丝"通道。聚合物加入水中，没有弹性的水变成了具有弹性的溶液。一方面聚合物溶液可看作可胀可缩的海绵，即"海绵效应"。聚合物溶液通过孔隙就像海绵通过一样，可以拖拉携带出孔隙边缘中油滴状的油及使孔隙壁上的油膜变薄。另外一方面聚合物溶液将残余油拉伸形成细长的油柱，然后跟下游油柱相遇即形成稳定的"油丝"通道，也可能是由于油水界面的内聚力而形成多个细小油珠，并与下游油珠结合形成稳定的"油丝"通道。如图2-4所示，但无论是"海绵"效应拖拉携带残余油还是"油丝"机理，都降低了各类水驱残余油量，提高了驱油效率。

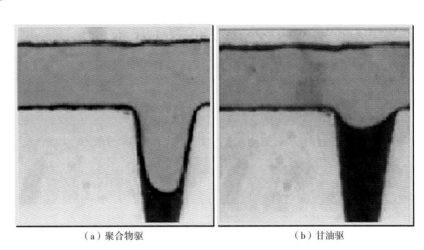

（a）聚合物驱　　　　　　　　　　（b）甘油驱

图 2-4　聚合物驱和甘油驱结束后的盲端残余油形态

4. 聚合物的调剖作用

调整吸水剖面，扩大水淹体积，是聚合物提高采收率的另一主要机理。在聚合物的流度控制作用下，油层注入水的波及体积扩大。在注入聚合物溶液的情况下，由于注入水的黏度增加，油、水流度比得到改善，不同渗透率层段间水线推进的不均匀程度缩小。因此，向油层中注入高黏度的聚合物溶液时，可以相对减缓高渗透层段的水线推进速度，克服指进现象。当注入聚合物后，聚合物段塞首先进入高渗透层，由于黏度增加以及聚合物的吸附/滞留，导致高渗透层中流动阻力增大，随着注入压力的增高，迫使后续注入水或聚合物溶液逐渐进入低渗透层，从而启动低渗透层位，提高垂向波及效率，扩大油层水淹体积，提高原油采收率。

二、表面活性剂驱油机理

表面活性剂提高采收率的主要机理是利用驱替流体与被驱替原油体系之间具有低界面张力IFT的特性，主要通过提高地层的洗油效率提高原油采收率。残余油饱和度与毛细管数有关，要显著降低残余油饱和度，必须将水驱时的界面张力由 10~30mN/m 降低到 10^{-3}mN/m。驱油用的表面活性剂体系主要有稀表面活性剂体系（活性水、胶束溶液）、浓表面活性剂体系（如微乳）、泡沫体系和乳状液体系。

1. 活性水驱油机理

1）低界面张力机理

表面活性剂可以在油水界面吸附，降低油水界面张力。由毛细管力公式可以看出，油水界面张力降低可以大幅增加毛细管数，提高残余油动用。另一方面，由黏附功的公式可以看出，油水界面张力降低会降低黏附功，即油易从地层表面洗下来，提高采收率。

$$W = \sigma(1 + \cos\theta)$$

式中　W——黏附功；

　　　σ——油水界面张力；

　　　θ——油对地层表面的润湿角。

2）润湿反转机理

驱油用的表面活性剂亲水性大于亲油性，其在地层岩石表面吸附，可使亲油的岩石表面（由天然表面活性物质通过吸附形成）反转为亲水表面，油对岩石表面的润湿角增加，如图2-5所示，可降低黏附功，也提高了洗油效率。

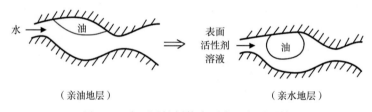

图 2-5　表面活性剂使岩石表面润湿反转

3）乳化机理

驱油用的表面活性剂的 HLB 值一般在 7~18 的范围，其在油水界面的吸附可以形成较稳定的水包油乳状液（O/W）。乳化的油在向前推进的过程中不易重新黏附回地层表面，提高了洗油效率。另外，在表面活性剂驱油过程中，也会产生一定量的油包水乳状液（W/O），油包水乳状液具有较大的黏度，通常比较稳定，乳化的油在高渗透层产生叠加的贾敏效应，可使水较均匀地在地层推进，提高了波及系数。

4）提高表面电荷密度机理

当驱油用的表面活性剂为阴离子型（或非离子—阴离子复合/复配型）表面活性剂时，其在岩石和油珠表面吸附，可提高表面的电荷密度，如图2-6所示，增加了油珠与岩石表面间的静电斥力，使油珠易被驱替介质带走，提高了洗油效率。

5）聚并形成油带机理

若从地层表面洗下来的油越来越多，则它们在向前移动时可发生相互碰撞。当碰撞的能量能克服它们之间由静电斥力产生的相斥的能量时，就可聚并。油的聚并可形成油带如

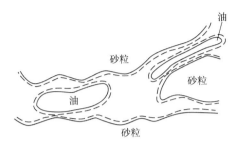

图 2-6　驱油过程中提高表面电荷密度的作用

图 2-7 所示。油带在前移动时又不断将遇到的分散的油聚并进来，使油带不断扩大，如图 2-8 所示，最后从油井采出。

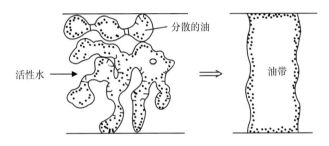

图 2-7　被驱替的油聚并成油带

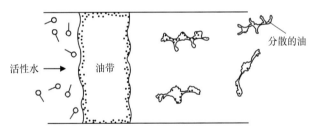

图 2-8　油带在向前移动中不断扩大

2. 胶束溶液驱机理

胶束溶液有两个特点：一是表面活性剂浓度超过临界胶束浓度，因此溶液中有胶束存在，胶束可增溶油，提高了胶束溶液的洗油效率；二是胶束溶液中除表面活性剂外，还有醇和盐等助剂的加入，醇和盐等助剂调整了油相和水相的极性，使表面活性剂的亲油性和亲水性得到充分平衡，从而最大限度地吸附在油水界面上，产生超低界面张力（低于 10^{-2} mN/m）。

图 2-9 为驱油试验得到的三次剩余油（即三次采油后的剩余油，S_{orc}）对二次剩余油（即水驱后的剩余油，S_{or}）的比值与毛细管数的关系图。从中可以看出，在 $N_c = 10^{-2}$ 时 $S_{orc}/S_{or} = 0$，说明岩心的剩余油全部被采出。而在水驱条件下，毛细管数一般为 10^{-6}，要将毛细管数提高到 10^{-2}，由毛细管数公式知，可以提高驱动液黏度和驱动液流速，但二者的作用远远达不到要求。此时可以通过减小驱动液和油之间的界面张力达到目的。

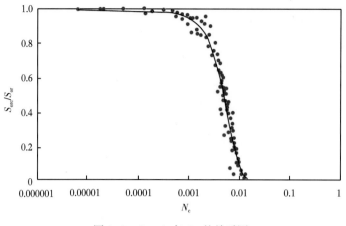

图 2-9 S_{orc}/S_{or} 与 N_c 的关系图

图 2-10 为一个典型的油水界面张力与表面活性剂质量分数关系图。从图中可以看出，在加入醇和盐的胶束溶液中，当石油磺酸盐的浓度为 0.1% 时，界面张力低至 $2.6×10^{-4}mN/m$，从而使这种胶束溶液在驱油时的毛细管数超过 10^{-2}，具有优异的洗油能力。

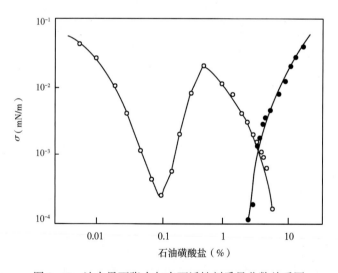

图 2-10 油水界面张力与表面活性剂质量分数关系图

图 2-11 说明相对渗透率曲线随油水界面张力的变化，随着油水界面张力的减小，毛细管数的降低，束缚水饱和度和剩余油饱和度都减小，即原油的采收率提高。

3. 微乳驱机理

微乳驱有胶束溶液驱的全部机理，即低界面张力机理，润湿反转机理，乳化机理，增溶机理，提高表面电荷密度机理，聚并形成油带机理，同时由于微乳液体系属于浓表面活性剂体系，所以微乳驱在增溶机理和提高表面电荷密度机理上比胶束溶液驱更突出。微乳液通常被分为三种，油包水、水包油和双连续相乳液。

油包水型微乳液体系与残余油接触，极易使油变形流动。在驱替前沿，由于微乳液被地层水稀释，所以微乳液与残余油接触也发生乳化作用，形成水包油乳状液，这些乳状液不稳定，易相互聚并，油带前缘有较大段的油，中间为密集的水包油珠，油带后缘油包水微乳液与残余油发生混相，油的颜色由深变浅表明发生局部混相。

当水包油型微乳液注入后，与水驱残余油接触，原油就乳化成大小不等的油珠，油珠随着被水稀释的微乳液向前运移，小油珠的流速比大油珠得快，首先进入未被乳化的残油区。随微乳液的不断注入，被乳化夹带向前的水包油珠越来越多，有时也与前方遇到的残余油聚并富集，结果形成较长的油段塞，呈现密集的水包油珠带。

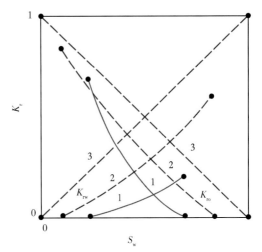

图 2-11　相对渗透率曲线随油水界面张力的变化
1—大于 10mN/m；2—接近 0.5mN/m；3—接近 0mN/m

当中相微乳液注入后，与残余油珠接触，改变了原来油水界面膜的性质，由于油和表面活性剂中都含有能互相溶解的组分，发生互溶作用，互溶相的界面膜逐步扩展，使界面膜软化破裂，并逐渐消失。原来的残余油珠，逐渐变形并与中相微乳液混相，流动阻力大幅度降低，很容易通过喉道被驱替前进。在驱替前沿形成一个富集油带（油墙），油带中有许多大小不等的水包油珠，还有一些混相油。这些油珠极易变形，流动阻力很小，很容易通过喉道。由于油墙各部位含油多少不等，而颜色各异。油墙前部颜色较深，含油量较多。油墙中部颜色较浅，含油量减少。再往后颜色更浅，含油量更少，油墙后缘颜色变白，含油量极少。最后就是纯中相微乳液，中相微乳液中表面活性剂的含量最大，洗油效率很高，它甚至能把处于盲端的油移走。

三、聚合物—表面活性剂二元驱剩余油启动机制

从砾岩油藏的微观孔隙结构来看，孔喉非均质性强，注入的复合驱体系溶液或水会沿着阻力小的单个孔道或者几个孔道向前流动，即砾岩油藏复合驱及后续水驱时存在指进现象。当注入流体通过两个指进通道向前流动时会绕过一些孔隙群，然后汇合在一起，这种现象称为绕流，绕流是指进的发展。在水驱油过程中由于受砾岩油藏孔隙结构的非均质性影响，绕流和指进现象严重，造成了水驱和复合驱后剩余油较多。因此砾岩油藏复合驱的驱油机理既有化学体系本身的加和增效作用，又由于复模态孔隙结构的影响有其特殊性。砾岩油藏二元复合驱的驱油机理主要体现在其对剩余油的动用，通过真实岩心薄片的紫外荧光技术和核磁共振技术来研究二元复合驱对剩余油的动用规律。

1. 紫外荧光技术量化分析二元驱启动剩余油机制

为了能够观察天然岩心孔喉分布规律及其与剩余油分布之间关系，开发了一套冷冻制片剩余油荧光分析方法。实验方法的总体思路是：首先，采用冷冻制片技术，在低温环境进行

切磨样品，确保磨片时孔隙内流体的原有形态不会被破坏；其次，是把铸体图像分析显微镜镜、偏光显微镜和荧光显微镜相结合，综合三者的优点，利用铸体图像分析显微镜提取孔喉特征参数、岩石颗粒特征，偏光显微镜识别矿物的性质，荧光显微镜选取紫外荧光滤镜，区分油水边界，用自主开发的剩余油分析软件完成剩余油饱和度和剩余油赋存状态信息的提取，通过观察荧光图像对孔隙中的剩余油分布状态进行判别，以此结果表征剩余油微观分布的特征。此方法与以前的其他方法相比，具有保持样品中油、水和岩石的原始状态、油水界面清晰的特点。

1）实验原理及方法

荧光显微镜采用高压汞灯作为光源，汞灯发射紫外光。当紫外光照射含油岩心样品中的原油时，会产生荧光。通过观察发荧光原油位置，来判别原油的分布和岩石结构的关系。

制备流程：切片→密胶→磨光切片→粘片→磨制薄片→贴标签。切片之前样品置入液氮中冷冻保存，切片时须尽量切割过缝、洞、孔发育处，切片后样品需要放置在5℃以下环境风干，然后在真空环境用502胶进行胶结。制作样品时，若裂缝发育或岩石疏松，则用T-2型502胶进行胶结，对渗胶较差的油砂可用K-1型502胶。若胶仍渗不进去，可改用提纯石蜡胶胶结平面。粗磨平面时，若岩石样品疏松，有颗粒脱落，须用胶重新粘结，再磨平面，直至全部无孔洞为止。待样品水分干后再进行载片。含油样品岩石中气泡含量不能超过岩石面积的3%。一般样品岩石片中气泡含量不得超过岩石面积的1%。磨片时，粗磨至0.10mm，细磨至0.06~0.07mm，精磨至0.04~0.05mm。薄片不盖片，但易潮解、挥发的样品须盖片。

原油具有荧光特性，原油的不同组分荧光特性不同，不同组分在荧光的强度、颜色方面会有所差异。因此，可以根据荧光的颜色来判断原油的组分。在紫外光激发下，饱和烃不发荧光；芳香烃一般呈蓝白色；非烃通常显示黄、橙黄、橙、棕色；沥青质呈红、棕红甚至黑褐色。水在荧光显微镜下不发光。但孔隙中的水会溶解微量的芳香烃，这样会发出颜色较浅的蓝色。利用荧光颜色可以将油和水区分开来。原油的荧光颜色与组分的关系见表2-1。

表2-1　颜色与组分的关系

沥青组分	发光颜色
芳烃	蓝、蓝白、淡蓝白
油质沥青	黄、黄白、浅黄白、绿黄、浅绿黄、黄绿、浅黄绿、绿、浅绿、蓝绿、浅蓝绿、绿蓝、浅绿蓝
胶质沥青	以橙为主、褐橙、浅褐橙、浅橙、黄橙、浅黄橙
沥青质沥青	以褐为主、褐、浅褐、橙褐、浅橙褐、黄褐、浅黄褐
碳质沥青	不发光（全黑）

测试结果如图2-12所示，普通荧光显微照相，荧光薄片厚度1mm、颗粒小于1mm时会造成颗粒上下遮挡，很难分清孔隙和颗粒，采用蓝光激发，油发黄褐色荧光，水发黄色荧光，造成油水界面不清晰。常温制片也会破坏油水分布的初始状态，常规荧光分析方法，油水及矿物区分不明显。

冷冻制片后，保持了油水分布的初始状态。薄片厚度小于0.05mm，避免了颗粒上下遮挡和荧光干扰。采用紫外荧光激发全波段荧光信息采集，岩石不发荧光，呈现黑色，原油发黄褐色荧光，水发蓝色荧光，可以清晰区分油水界面（图2-12）。现在，由于技术手段的突破，解决了过去无法区分出油水边界的问题，这样，通过计算机图像分析法可以求解剩余油饱和度、含油面积、含水面积、剩余油不同类型的含量。

（a）普通荧光　　　　　　　　　　　　（b）紫外荧光

图2-12　普通荧光和紫外荧光的对比

2）剩余油分布描述

通过冷冻制片后的荧光图像进行剩余油分布详细描述，绘制剩余油类型示意图（图2-13），剩余油分布状态定义如下。

（1）束缚态：吸附在矿物表面的剩余油。包括孔表薄膜状、颗粒吸附状、狭缝状。孔表薄膜状：是以薄膜状的形式被吸附在造岩矿物颗粒表面；颗粒吸附状：是以平铺和浸染的形式吸附在造岩矿物的颗粒表面；狭缝状：存在于小于0.01mm的细而长的狭窄缝隙之中。

（2）半束缚态：在束缚态的外层或离矿物表面较远的剩余油。包括角隅状、喉道状、孔隙中心沉淀状。角隅状：赋存于孔隙复杂空间的角落隐蔽处，一侧依附于颗粒的接触角，另一侧处于开放的空间呈自由态；喉道状：在与孔隙相通的细小喉道处残留；孔隙中心沉淀状：沉淀在孔隙的中心部位，以胶质、沥青质为主要成分的大分子、高黏度的剩余油。

（3）自由态：离矿物表面较远的剩余油。包括簇状、粒内状、粒间吸附状、淡雾状。簇状：赋存于孔隙空间内呈簇状、团块、油珠状分布；粒内状：存在于粒内孔中；粒间吸附状：分布在粒间泥杂基或黏土矿物含量较高的部位；淡雾状：储层高度水淹，孔隙中的油经以水为主的流体充分、反复作用后，剩余油几乎被驱替剥离殆尽，少量溶解烃呈淡雾状分布。

3）砾岩油藏复合驱驱油效果

选取储层Ⅰ类和Ⅱ类油藏若干根砾岩天然岩心，分别开展水驱、聚合物驱、二元、三元和后续水驱，直至每个驱替阶段不再出油为止，化学体系组成见表2-2，岩心参数及饱和油情况见表2-3。实验方案如下：（1）第一组岩心水驱至含水率98%，计算采出程度、注入压力和含水率变化等参数。（2）第二组岩心水驱10PV左右，进行聚合物驱（聚合物浓度为1000mg/L），后续水驱至不出油，计算采出程度、注入压力和含水率变化等参数。（3）第三组岩心水驱10PV左右，进行三元驱（聚合物浓度为1000mg/L），后续水驱至不出油，计算采出程度、注入压力和含水率变化等参数。（4）第四组岩心水驱10PV左右，进行三元驱

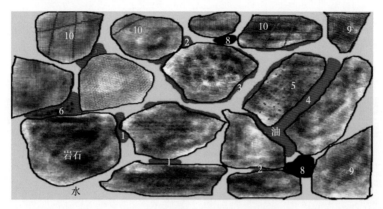

图 2-13 剩余油分布状态示意图

1—喉道状；2—角隅状；3—孔表薄膜状；4—簇状；5—粒内状；6—粒间吸附状；7—淡雾状；8—孔隙中心沉淀状；
9—颗粒吸附状；10—狭缝状（蓝色部分表示水，红色部分表示剩余油，黑色团块表示碳质沥青）

（聚合物浓度为 1000mg/L），后续水驱至不出油，计算采出程度、注入压力和含水率变化等
参数。

表 2-2　化学体系组成参数表

注入体系	聚合物（mg/L）	表面活性剂及其浓度	碱（%）	界面张力（mN/m）	注入体系剪后黏度（mPa·s）
聚合物	现场提供的 HPAM，相对分子质量为 1000 万，1000mg/L	—	—	—	6.4
二元	现场提供的 HPAM，相对分子质量为 1000 万，1000mg/L	KPS307，0.2%	—	8.02×10^{-3}	6.4
三元	现场提供的 HPAM，相对分子质量为 1000 万，1000mg/L	KPS307，0.2%	0.6	4.1×10^{-3}	4.27

表 2-3　各驱替方式下的岩心参数表

驱替类型	岩心编号	油藏类型	饱和油（mL）	含油饱和度（%）	孔隙度（%）	气测渗透率（mD）
水驱	959-17	II	4.51	68.13	19.60	30.63
	32	II	5.94	71.91	19.78	53.99
	6	II	6.54	71.79	21.41	80.19
	平均	—	5.66	70.61	20.26	54.93
	8	I	5.76	73.28	20.59	149.16
	81	I	5.21	73.07	20.10	287.92
	12	I	5.65	72.53	19.02	484.70
	平均	—	5.54	72.96	19.90	307.26

续表

驱替类型	岩心编号	油藏类型	饱和油（mL）	含油饱和度（%）	孔隙度（%）	气测渗透率（mD）
聚合物驱	74	Ⅱ	2.91	70.12	20.90	39.89
	724-127	Ⅱ	3.36	70.89	19.22	72.28
	62	Ⅱ	3.34	71.83	19.59	92.04
	平均	—	3.20	70.94	19.90	68.07
	30	Ⅰ	3.34	72.29	19.71	139.23
	8-2	Ⅰ	4.12	69.01	20.04	259.49
	8-3	Ⅰ	3.52	70.97	21.41	383.60
	平均	—	3.66	70.76	20.39	260.77
二元驱	9-13-30-3	Ⅱ	5.48	69.35	19.79	26.40
	6-1	Ⅱ	5.11	72.59	21.59	78.93
	6-2	Ⅱ	4.69	69.90	20.70	93.21
	平均	—	5.09	70.61	20.69	66.18
	9-13-30-1	Ⅰ	4.78	70.19	19.44	128.30
	13-8	Ⅰ	4.30	69.13	19.90	241.10
	13-3	Ⅰ	4.52	70.63	21.32	393.04
	平均	—	4.53	69.98	20.22	254.15
三元驱	11	Ⅱ	3.92	70.25	19.70	36.70
	3	Ⅱ	6.03	71.19	20.81	75.31
	16-1	Ⅱ	6.21	71.38	20.83	82.80
	平均	—	5.39	70.94	20.45	64.94
	22	Ⅰ	5.96	73.58	20.90	187.03
	12-3	Ⅰ	4.30	71.43	21.73	279.41
	13-5	Ⅰ	5.77	71.23	21.09	370.90
	平均	—	5.34	72.08	21.24	279.11

分别截取每根驱替后的岩心前端、中端和末端位置，然后进行冷冻切片，磨制成薄片。接着利用体视荧光显微镜对样品进行拍摄。对样片中的油、水、岩石颗粒等进行区分；采用剩余油分析软件进行不同类型剩余油量化统计。

（1） Ⅰ类砾岩储层岩心在不同化学驱后驱油效果分析。

Ⅰ类砾岩储层岩心在不同化学驱后驱油效果见表2-4。Ⅰ类砾岩储层在聚合物驱后采收率提高16.44%，二元复合驱提高30.96%，三元复合驱提高36.74%。二元驱在聚合物驱基础上提高14.52%，三元复合驱在二元复合驱基础上仅提高5.78%。

表 2-4   Ⅰ类砾岩储层岩心在不同化学驱后驱油效果分析

岩心编号	油藏类型	水驱采收率 （%）	化学驱采收率 （%）	后续水驱采收率 （%）	总采收率 （%）
聚合物驱	Ⅰ	38.59	16.44	0.77	55.80
二元驱	Ⅰ	40.25	30.96	0.09	71.30
三元驱	Ⅰ	39.46	36.74	0.04	74.10

二元驱提高采收率幅度较大，这是由于，一方面体系中的聚合物使油水流比发生变化，并起到封堵高渗透层的作用，进而扩大波及体积。另一方面，二元体系中表面活性剂可以降低油水界面张力，进一步降低原油的吸附。三元体系中由于碱的加入，界面张力进一步降低，且碱与表面活性剂的协同作用进一步降低岩石颗粒表面吸附，且三元体系乳化作用更强，原油更容易被乳化成小油滴。

（2）Ⅱ类砾岩储层岩心在不同化学驱后驱油效果分析。

Ⅱ类砾岩储层岩心在不同化学驱后的驱油效果分析见表 2-5。Ⅱ类砾岩储层渗透率较低，微观非均质性更强。从表中可以看出，在聚合物驱后采收率提高 10%，二元复合驱提高 28.61%，三元复合驱提高 34.76%。二元复合驱在聚合驱基础上提高约 18.61%，三元复合驱在二元复合驱基础上提高 6.15%。

表 2-5   Ⅱ类砾岩储层岩心在不同化学驱后驱油效果分析

岩心编号	油藏类型	水驱采收率 （%）	化学驱采收率 （%）	后续水驱采收率 （%）	总采收率 （%）
聚合物驱	Ⅱ	35.62	10.00	0.43	46.05
二元驱	Ⅱ	35.37	28.61	0.09	64.08
三元驱	Ⅱ	35.74	34.76	0.08	68.76

（3）Ⅰ、Ⅱ类砾岩化学驱驱油效果对比分析。

Ⅰ、Ⅱ类砾岩化学驱驱油效果如图 2-14 所示，随着代表储层岩心类型的改变，岩心的渗透率降低，非均质性增强，三种化学驱的驱油效率都有所下降，聚合物驱下降幅度最大，为 9.75% 左右，二元复合驱下降幅度为 7.22%，三元复合驱降低幅度为 5.34%。

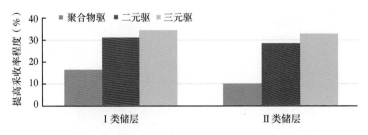

图 2-14   Ⅰ、Ⅱ类砾岩化学驱驱油效果对比

这是由于聚合物的黏度较大，容易堵塞主流通道，在物性更为复杂的Ⅱ类油藏中更为明显。聚合物驱后的最终采收率在46%~56%，二元驱后最终采收率约在64%~72%，与聚合物驱相比，提高了约16~18个百分点以上，三元驱后最终采收率维持在70%~77%，相较二元驱提高了约5~6个百分点，二元驱相比聚合物驱提高采收率的幅度比三元驱相比二元驱提高采收率的幅度明显大。

4）不同剩余油启动规律

（1）颗粒吸附状剩余油。

颗粒吸附状剩余油是以吸附的方式盖、铺在岩石颗粒表面，也包括颗粒内孔中难以剥落的部分。颗粒吸附状剩余油如图2-15中标记绿色部分所示。

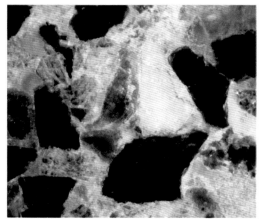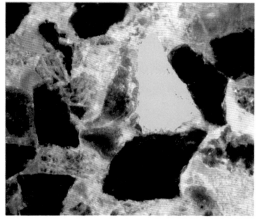

图2-15　颗粒吸附状剩余油

颗粒吸附状剩余油的动用情况见表2-6。聚合物驱后Ⅰ类和Ⅱ类砾岩储层颗粒吸附状剩余油的动用量分别为0.49和0.23，动用该状剩余油对于提高采收率的贡献率为20.0%和15.8%；二元驱后Ⅰ类和Ⅱ类砾岩储层颗粒吸附状剩余油的动用量分别为1.33和1.30，动用贡献率为28.2%和34.4%；三元驱后为1.46和1.64，动用贡献率为28.2%和35.4%。二元驱对颗粒表面吸附状的驱替效果十分明显，较聚合物驱后大幅提高。三元驱由于碱和表面活性剂之间的协同效应，降低吸附，也进一步降低了颗粒吸附状剩余油含量。

表2-6　颗粒吸附状剩余油的动用情况

化学驱类型	油藏类型	颗粒吸附状剩余油含量	颗粒吸附状动用量	化学驱后含油面积（km²）	颗粒吸附状动用贡献率（%）
水驱	Ⅰ	1.64	—	7.37	—
	Ⅱ	2.00	—	7.56	—
聚合物驱	Ⅰ	1.16	0.49	4.93	20.0
	Ⅱ	1.77	0.23	6.10	15.8

续表

化学驱类型	油藏类型	颗粒吸附状剩余油含量	颗粒吸附状动用量	化学驱后含油面积（km²）	颗粒吸附状动用贡献率（%）
二元驱	I	0.31	1.33	2.66	28.2
	II	0.70	1.30	3.76	34.4
三元驱	I	0.19	1.46	2.20	28.2
	II	0.36	1.64	2.93	35.4

观察到的颗粒吸附状剩余油含量较多，约占水驱后总剩余油量的 22.2%。水驱时会在较大孔隙中优先形成连续相，而原油中的胶质和沥青质容易吸附在带电荷的岩石颗粒表面形成这类剩余油。在水驱油过程中，由于水相和油相之间的界面张力较大，往往无法有效携带原油。有效驱替颗粒吸附状剩余油可以通过增加驱替相携带能力或提高驱替相渗流速度，具备乳化、混相和润湿反转等作用的驱替介质都能有效驱替油膜。

（2）薄膜状剩余油。

薄膜状是以薄膜状的形式被吸附在造岩矿物颗粒表面。薄膜状剩余油如图 2-16 中标记绿色部分所示。

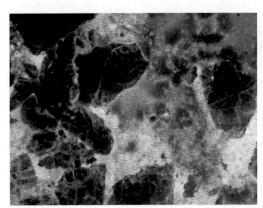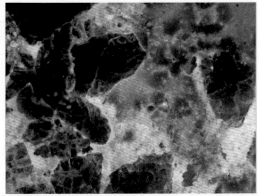

图 2-16　薄膜状剩余油

在亲油性较强的孔隙结构中，岩石表面对此类剩余油的束缚较强。足够低的界面张力使驱替液能够有效驱替此类剩余油，当驱替液注入岩心时，会促使油膜不断拉长最终断裂，正是这种方式使薄膜状剩余油逐渐脱落随驱替液一起流动。实验采用三元体系的界面张力为 4.10×10^{-3} mN/m。

薄膜状剩余油的动用情况见表 2-7。聚合物驱后 I 类和 II 类砾岩储层薄膜状剩余油的动用量分别为 0.44 和 0.25，动用该状剩余油对于提高采收率的贡献率为 17.9% 和 16.9%；二元驱后 I 类和 II 类砾岩储层颗粒吸附状剩余油的动用量分别为 1.40 和 1.21，动用贡献率为 27.9% 和 31.8%；三元驱后为 1.74 和 1.71，动用贡献率为 33.7% 和 36.9%。二元驱对薄膜状的驱替效果十分明显，较聚合物驱后大幅提高。三元驱由于碱和表活剂之间的协同效应，降低吸附，也进一步降低了薄膜状剩余油含量。薄膜状剩余油启动机理与颗粒吸附状剩余油类似，降低体系界面张力或提高驱替相渗流速度，具备乳化、混相和润湿反转等驱油机理的驱替介质都能有效驱替薄膜类剩余油。

表 2-7　薄膜状剩余油的动用情况

化学驱类型	油藏类型	薄膜状剩余油含量	薄膜状动用量	化学驱后含油面积（km²）	薄膜状动用贡献率（%）
水驱	Ⅰ	1.99	—	7.37	—
	Ⅱ	2.03	—	7.56	—
聚合物驱	Ⅰ	1.56	0.44	4.93	17.9
	Ⅱ	1.78	0.25	6.1	16.9
二元驱	Ⅰ	0.59	1.40	2.66	29.7
	Ⅱ	0.82	1.21	3.76	31.8
三元驱	Ⅰ	0.25	1.74	2.2	33.7
	Ⅱ	0.32	1.71	2.93	36.9

（3）簇状剩余油。

簇状剩余油分布于孔隙空间内，呈簇状、团块、油珠状。在大孔隙或微裂缝中形成固定的水流通道后，容易在周围较小孔隙中形成局部富集的剩余油，原油充满整个孔隙空间。当储层高含水时，孔隙空间内的油因为驱替液的反复、充分的作用后几乎被剥离干净，仅有少量溶解烃在紫外荧光下呈轻薄的片状、丝状、小簇状分布。簇状剩余油形态如图 2-17 中绿色部分所示。

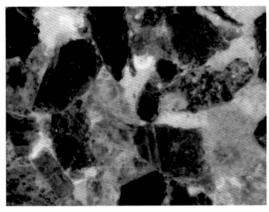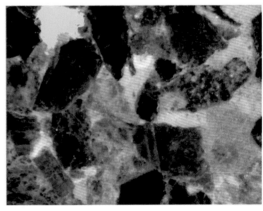

图 2-17　簇状剩余油

簇状剩余油的动用情况见表 2-8。聚合物驱后 Ⅰ 类和 Ⅱ 类砾岩储层簇状剩余油的动用量分别为 1.52 和 0.93，动用该状剩余油对于提高采收率的贡献率为 62.4% 和 63.9%；二元复合驱后 Ⅰ 类和 Ⅱ 类砾岩储层簇状剩余油的动用量分别为 2.10 和 1.37，动用贡献率为 44.7% 和 36.1%；三元复合驱后为 2.09 和 1.72，动用贡献率为 40.5% 和 37.1%。三种方式对于簇状剩余油的动用贡献率中，聚合物驱最高。由于体系中聚合物的主要作用为提高波及体积，可认为簇状剩余油主要依靠提高波及体积来被驱替。对比簇状剩余油动用量，发现二元驱和三元驱体系的动用情况优于聚合物驱两倍以上，这是由于聚合物驱后会有一部分油在通道中被聚合物封堵，造成簇状聚合物所在孔道两端压差升高，注入三元体系后，这部分剩余油也能够逐渐被驱替液驱替。

簇状剩余油也同样是水驱后含量较高的剩余油，水驱后此类剩余油占总量的 38.86%。由于水相指进现象的存在，水沿优势通道优先流动，未被波及的区域则形成连片、成簇的剩余油，增大驱替相的黏度能有效驱替此类剩余油。三元体系的黏弹效应就能很好地驱替簇状剩余油，调整渗流通道并在表面活性剂和碱的共同作用下发挥协同效应，可进一步降低剩余油含量。但是由于碱的加入，也降低了体系黏度，使三元驱对簇状剩余油动用贡献率反而低于聚合物驱、二元驱。

表 2-8 聚合物驱、三元驱后簇状剩余油含量变化

化学驱类型	油藏类型	簇状剩余油含量	簇状动用量	化学驱后含油面积（km²）	簇状动用贡献率（%）
水驱	I	2.86	—	7.37	—
	II	2.60	—	7.56	—
聚合物驱	I	1.34	1.52	4.93	62.4
	II	1.67	0.93	6.1	63.9
二元驱	I	0.76	2.10	2.66	44.7
	II	1.23	1.37	3.76	36.1
三元驱	I	0.77	2.09	2.2	40.5
	II	0.88	1.72	2.93	37.1

（4）角隅状剩余油。

角隅状剩余油含量较少，赋存于孔隙复杂的角落，十分隐蔽且不易驱替。通常一侧依附于碎屑颗粒之间，另一侧是水流动的孔隙空间或未波及的细小喉道。角隅状剩余油如图 2-18 中绿色部分所示。角隅状剩余油多见于水驱程度较强的部位，孔隙间填充物少，孔隙清晰，剩余

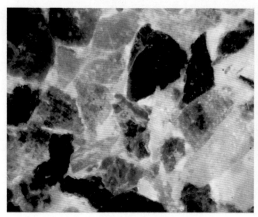

图 2-18 角隅状剩余油

油浸染于粗糙的岩石颗粒表面，或残留在死孔隙中。此类剩余油是水驱极限时形成的剩余油，与岩石表面结合紧密。

角隅状剩余油的动用情况见表2-9。聚合物驱后Ⅰ类和Ⅱ类砾岩储层角隅状剩余油的动用量分别为0.10和0.08，动用该状剩余油对于提高采收率的贡献率为4.1%和5.25%；二元驱后Ⅰ类和Ⅱ类砾岩储层角隅状剩余油的动用量分别为0.24和0.18，动用贡献率为5.17%和4.74%；三元驱后为0.47和0.26，动用贡献率为9.16%和5.69%。

表2-9　聚合物驱、三元驱后角隅状剩余油含量变化

化学驱类型	油藏类型	角隅状剩余油含量	角隅状动用量	化学驱后含油面积（km²）	角隅状动用贡献率（%）
水驱	Ⅰ	0.62	—	7.37	—
	Ⅱ	0.46	—	7.56	—
聚合物驱	Ⅰ	0.52	0.10	4.93	4.10
	Ⅱ	0.38	0.08	6.10	5.25
二元驱	Ⅰ	0.38	0.24	2.66	5.17
	Ⅱ	0.28	0.18	3.76	4.74
三元驱	Ⅰ	0.15	0.47	2.20	9.16
	Ⅱ	0.20	0.26	2.93	5.69%

（5）粒间吸附状剩余油。

粒间吸附状剩余油主要分布在粒间泥杂基或黏土矿物含量较高的部位，如图2-19所示，这类剩余油分子量大、黏度高，很难被驱出。

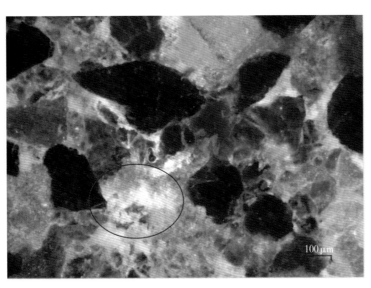

图2-19　粒间吸附状剩余油

粒间吸附状剩余油的动用情况见表 2-10。聚合物驱后 I 类和 II 类砾岩储层粒间吸附状剩余油的生成量分别为 -0.11 和 -0.03，动用该状剩余油对于提高采收率的贡献率为 -4.5%和 -1.8%（负数代表生成量）；二元驱后 I 类和 II 类砾岩储层粒间吸附状剩余油的生成量分别为 -0.37 和 -0.27，动用贡献率为 -7.8%和 -7.0%；三元复合驱后为 -0.6 和 -0.7，动用贡献率为 -11.6%和 -15.1%。此类剩余油在化学驱过程中不仅含量未下降，反而有所上升，说明粒间吸附状剩余油很难被聚合物、二元、三元体系所驱替。当驱替相中含碱时，碱会加重对地层的伤害，并产生大量粒间吸附状剩余油，因此大大提升了后续开发的难度。所以在油田开发过程中应适当控制碱的含量及恰当选择驱替方式，来避免此类剩余油的生成。

表 2-10　聚合物驱、三元驱后粒间吸附状剩余油含量变化

化学驱类型	油藏类型	粒间吸附状含量	粒间吸附状动用量	化学驱后含油面积	粒间吸附状动用贡献率（%）
水驱	I	0.25	—	7.37	—
	II	0.47	—	7.56	—
聚合物驱	I	0.36	-0.11	4.93	-4.5
	II	0.49	-0.03	6.10	-1.8
二元驱	I	0.61	-0.37	2.66	-7.8
	II	0.73	-0.27	3.76	-7.0
三元驱	I	0.85	-0.60	2.20	-11.6
	II	1.17	-0.70	2.93	-15.1

（6）化学体系对不同类型的剩余油动用情况对比。

将聚合物驱、二元驱和三元驱的剩余油含量分布与水驱后的进行比较，得出各类剩余油的平均动用情况见表 2-11。

表 2-11　不同化学驱微观剩余油动用量

化学驱类型	油藏类型	薄膜状	颗粒吸附状	簇状	角隅状	粒间吸附状	动用剩余油总量
聚合物驱	I	0.49	0.44	1.52	0.10	-0.11	2.44
	II	0.23	0.25	0.93	0.08	-0.03	1.46
二元驱	I	1.33	1.40	2.10	0.24	-0.37	4.71
	II	1.30	1.21	1.37	0.18	-0.27	3.79
三元驱	I	1.46	1.74	2.09	0.47	-0.60	5.17
	II	1.64	1.71	1.72	0.26	-0.70	4.63

从表中可以发现，代表 I 类和 II 类砾岩储层岩心中聚合物驱的剩余油动用总量分别为 2.44 和 1.46，二元驱为 4.71 和 3.79，三元驱动用量大于二元复合驱，为 5.17 和 4.63，三元驱的驱替效果最好。且每种化学驱的 I 类砾岩储层剩余油动用效果均好于 II 类砾岩储层。聚合物驱时对于簇状的动用量最大，二元复合驱对于薄膜状和颗粒吸附状剩余油的动用量最大，比聚合物驱有显著提高，三元驱在薄膜状、颗粒吸附状、簇状剩余油的动用量上均优于

聚合物驱和二元驱。

从表 2-12 中可以看出，聚合物驱对簇状剩余油的动用贡献率最大，为 62.52%；而二元驱不仅发挥了聚合物的黏弹效应，继续动用簇状剩余油对薄膜状和颗粒吸附状的剩余油动用贡献率提高幅度很大，均达到 30% 左右；对于三元复合驱，薄膜状、颗粒吸附状的剩余油动用贡献率都较高，在二元驱及聚合物驱的基础上还可进一步提高，但由于三元体系的黏度较聚合物及二元体系有所下降，簇状剩余油及角隅状剩余油的动用贡献率提升不大甚至起副作用，且三元复合驱后伴随大量粒间吸附状剩余油的生成，Ⅰ类和Ⅱ类砾岩的粒间吸附状剩余油对于提高采收率的贡献率为 -11.61% 和 -15.12%，对于提高采收率的负影响较大。

表 2-12 不同化学驱各类型微观剩余油动用贡献率

化学驱类型	油藏类型	薄膜状	颗粒吸附状	簇状	角隅状	粒间吸附状
聚合物驱	Ⅰ	19.97%	17.92%	62.52%	4.10%	-4.51%
	Ⅱ	15.75%	16.89%	63.93%	5.25%	-1.83%
二元驱	Ⅰ	28.24%	29.72%	44.66%	5.17%	-7.78%
	Ⅱ	34.36%	31.81%	36.12%	4.75%	-7.03%
三元驱	Ⅰ	28.19%	33.74%	40.52%	9.16%	-11.61%
	Ⅱ	35.43%	36.92%	37.09%	5.69%	-15.12%

2. 核磁共振技术二元复合驱剩余油启动规律研究

1）实验材料及方法

（1）实验材料。

核磁共振中使用加入无机盐的重水来屏蔽水中的氢离子，使得信号全部来自岩心中的油。实验中使用在克拉玛依油田二元复合驱矿场应用的阴离子表面活性剂 KPS-202，为了防止表面活性剂中水带有的氢离子对核磁信号的影响，把活性剂烘干制备成粉末状。聚合物使用法国 SNF Floerger 公司生产的聚丙烯酰胺，相对分子质量 2200 万，水解度为 25% ~ 30%。二元复合体系中聚合物浓度为 1200mg/L，表面活性剂浓度为 3000mg/L。在室温 25℃下，使用 Brookfield DV-II+ 在剪切速率 $7.34s^{-1}$ 下测定二元复合体系的黏度是 29mPa·s，使用 TX500 旋滴界面张力仪在转数 5000r/min 时测定体系的界面张力为 $8×10^{-3}$mN/m。从生产井取得脱气原油，在 25℃ 下原油的黏度 38mPa·s。根据铸体薄片的分析结果，从取心井上选择能够代表单模态、双模态和复模态孔隙结构的典型岩性的全直径岩心，在从全直径岩心上钻取三块直径 2.5cm 不同岩性的柱状岩心开展原位核磁共振实验，使用 X 射线衍射（XRD）测定三块岩心的矿物含量，岩心的参数及矿物含量见表 2-13。

表 2-13 三块岩心的参数及矿物组成

岩样	长度（cm）	渗透率（mD）	孔隙度（%）	矿物组成质量分数（%）			
				石英	斜长石	钾长石	黏土
单模态	6.8	98	21.1	37.7	16.2	36.9	9.2
双模态	6.2	124	19.8	53.3	9.6	25.6	11.5
复模态	6.4	152	19.2	43.1	16.3	30.9	9.7

（2）实验设备。

使用低频率核磁共振波谱仪来进行岩心核磁共振原位驱替实验。在这套核磁共振驱替系统中，岩心被装在由无磁材料做的夹持器里，夹持器安装在 NMR 设备上。使用这套驱替设备可以避免在驱替结束后把岩心拿出夹持器进行扫描造成的油水在毛细管力作用下重新分布的问题，同时此套设备包含外加线性梯度磁场，可用来进行核磁共振成像。

（3）实验步骤。

在柱状岩心驱替实验中，设定泵的流量为 0.06mL/min，相当于储层中的运移速度 1m/d。把三根柱状岩心分别抽真空饱和重水，使用油驱水制造束缚水饱和度，老化一周后放入核磁共振原位驱替系统中，先使用重水驱油至不出油，再注入二元复合体系至不出油，即弛豫时间 T_2 的信号幅度没有明显变化时刻停止，在每个驱替阶段结束后使用核磁共振成像，可以根据信号幅度的变化计算各个孔隙中的剩余油的变化。

2）实验结果及讨论

（1）三种孔隙结构岩心的驱油实验。

分别通过核磁共振信号的累计下降幅度及驱替出来的油量计算不同孔隙结构岩心的最终驱油效率，结果见表 2-14。发现用两种方法计算出来的最终驱油效率基本一致，由于岩心中饱和进入的油量只有 4~5mL，使用传统计量设备容易造成很大的误差，所以使用弛豫时间 T_2 的累计信号下降幅度计算各阶段不同孔喉范围内的驱油效率。

三种孔隙结构类型岩心的驱替结果见表 2-14。单模态岩心的最终驱油效率为 61.5%，高于双模态岩心的 55.6% 和复模态岩心的 53.8%。单模态岩心的水驱油效率是 39.7%，仍然高于双模态岩心的 28.4% 和复模态岩心的 28.0%，但从三种孔隙结构类型岩心二元复合驱的采收率提高程度对比来看，双模态岩心为 26.9%，高于复模态岩心的 25.8% 及单模态岩心的 21.8%。

单模态岩心的孔隙结构相对简单、分选均匀，尽管其渗透率最小，但水更容易波及各个孔隙，所以在水驱油过程中，相对较大的微观波及体积使得单模态岩心的水驱油效率最高。对于双模态和复模态的岩心，大块砾石的加入加剧了岩心的微观非均质性，由于毛细管力的作用小孔隙中的油很难被驱替出来。当注入聚合物—表面活性剂的复合体系后，聚合物可以增加驱替相的黏度起到流度控制作用，表面活性剂可以降低油水界面张力动用毛细管力滞留的残余油，通过二者的协同作用来提高采收率，所以二元复合体系对三种孔隙结构的岩心均有明显动用，但对双模态岩心中的剩余油动用程度最大，其次是复模态岩心和单模态岩心。这是因为单模态岩心的水驱采收率最高，留给二元体系动用的剩余油不多，而复模态岩心的孔隙结构最为复杂，二元体系对其动用程度不如对双模态岩心的动用程度高。

表 2-14 三种孔隙结构岩心驱替结果图

岩心	原始含油饱和度（%）	阶段采出程度（%）		采收率提高值（%）	
		水驱	二元驱	通过信号能谱计算	通过试管计量
单模态	71.8	39.7	21.8	61.5	63.8
双模态	67.6	28.4	26.9	55.6	57.2
复模态	65.4	28.0	25.8	53.8	55.8

上述三种孔隙结构的岩心驱油实验的压力曲线如图 2-20 所示。在水驱阶段三者的注入压力差别不大，均在 0.03~0.04MPa，但是在二元复合驱阶段复模态孔隙结构岩心的注入压力明显低于单模态和双模态孔隙结构岩心的注入压力，一个原因是复模态孔隙结构岩心的渗透率略大于另外两块岩心，从后面核磁共振曲线上可知复模态岩心的孔喉尺寸也大于另外两根岩心；同时复模态岩心的孔隙隙结构复杂，迂曲变化的喉道对聚合物产生孔隙剪切作用使得聚合物的工作黏度低于另外两根岩心，所以复模态孔隙结构岩心的注入压力低于另外两种孔隙结构的岩心。

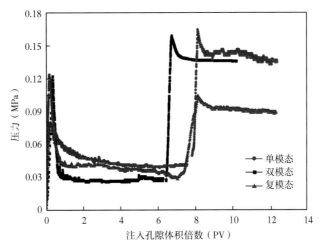

图 2-20　不同孔隙结构岩心驱替过程的压力曲线

（2）核磁共振孔隙级别剩余油动用规律。

根据以前的实验结果，已经通过转换系数把核磁共振的弛豫时间 T_2 转换到孔隙半径上来，三种孔隙结构岩心在水驱和二元复合驱后的各个孔隙中流体的含量可由核磁共振能谱算出，图 2-21 为双模态岩心在不同驱替阶段后的核磁共振能谱图。由于使用的重水没有信

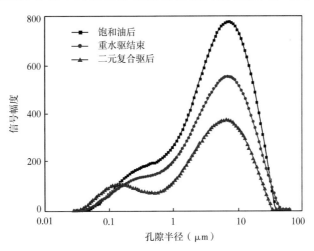

图 2-21　不同驱替阶段双模态岩心的核磁共振能谱

号，饱和油后各个孔隙中流体的信号就是油的信号，单相流体的信号幅度曲线可以反映出孔隙结构特征（如图 2-21 中红色曲线）。可以看出尽管三块岩心的渗透率差别不大，但孔隙分布有很大的不同。随着砾石含量的增加，小孔隙占比增加，对于双模态岩心，在半径小于 1μm 孔隙中流体的含量远高于单模态岩心，而复模态岩心中流体的信号幅度更是在孔隙半径 1μm 处出现峰值，整个岩心的孔隙分布呈现出双峰态。

通过不同孔隙尺寸内流体的信号幅度变化计算每个孔隙区间采出的油量对总采出油量的贡献率，结果见表 2-15。在水驱替过程中，对于单模态孔隙结构的岩心，从半径大于 1μm 的几个孔隙区间中驱出的油量对总采收率的贡献率差别不大，但从 3~7μm 的孔隙中驱出来的油对总采收率的贡献率略大于另外几种孔隙空间，这是因为此块岩心的孔隙分布峰值集中在 5μm 左右，峰值对应的孔隙中有大量的可动原油，同时单模态岩心的分选相对均匀，水及二元体系对各个孔隙均能够有效地波及。对于另外两种孔隙结构的岩心，从大于 7μm 的孔隙空间里驱替出来的油对总采收率的贡献明显大于其他部分，尤其孔隙半径呈双峰态分布的复模态岩心，驱替相流体很难波及中小孔隙，并且大孔隙中饱和进去的油多，对采收率的贡献自然就高。

表 2-15　不同孔隙在水驱以及二元驱阶段采出油量对总采收率的贡献

孔隙半径	对总采收率的贡献率（%）					
	单模态		双模态		复模态	
	水驱	二元驱	水驱	二元驱	水驱	二元驱
<1μm	14.82	7.36	13.48	12.83	-3.63	12.89
1~3μm	26.13	30.59	19.28	20.05	15.01	10.61
3~7μm	31.40	30.22	28.53	23.78	9.60	11.74
>7μm	27.65	31.82	38.71	43.34	79.01	64.75

在二元复合驱过程中，并不是所有孔隙结构岩心的中小孔隙中的剩余油均得到了有效的动用，对于单模态岩心，从 1~3μm 孔隙空间内的采出油量对总采收率的贡献与水驱相比较有所增加。而对于双模态和复模态孔隙结构的岩心，二元复合体系很难有效动用半径小于 3μm 孔隙空间内的剩余油，仍以动用大中孔隙为主。这是因为复合体系中的聚合物存在不可入孔隙体积，迂曲复杂的孔隙喉道使得复合体系更难进入小孔隙中进行有效驱替。

需要注意的是在复模态岩心中小于 1μm 孔隙空间内剩余油的含量随着水驱的进行不降反增，这是因为核磁是通过流体反演孔隙尺寸，孔隙尺寸实际是剩余油簇的尺寸，由于复模态的孔隙结构复杂，在驱替过程中其他孔隙内的油滴被分散剪切，形成了小尺寸的油簇，表现为小孔隙内的剩余油含量增加。当二元复合体系注入时，由于其具有流度控制以及降低油水界面张力的作用，油簇被聚并携带出来，表现为小孔隙内的剩余油大幅度减少，但这并不能说明二元复合体系可以驱替半径小于 1μm 孔隙内的剩余油。

不同孔隙结构岩心中每个孔隙区间的相对采出程度如图 2-22 所示。相对采出程度表示在驱替过程中每个孔隙体系内的原油动用程度，即每个孔隙的采收率。随着孔隙结构的复杂化，水驱对中、小孔隙的动用程度下降。二元体系注入后，单模态和双模态孔隙结构岩心中 1~3μm 孔隙区间中的采收率增加幅度大于 3~7μm 的孔隙区间，说明小孔隙得到了动用。但复模态岩心中 1~3μm 孔隙区间的采收率提高幅度小于 3~7μm 的孔隙区间，说明在复模态孔隙结构岩心中，二元复合体系仍以动用大孔隙为主，这是因为二元复合体系可以通过流度控制作用以及低油水界面张力进入相对均质岩心的小孔隙中，动用小孔隙中的剩余油。相反对于复模态孔隙结构的岩心，严重的非均质性导致二元体系也很难动用中小孔隙中的剩余油。

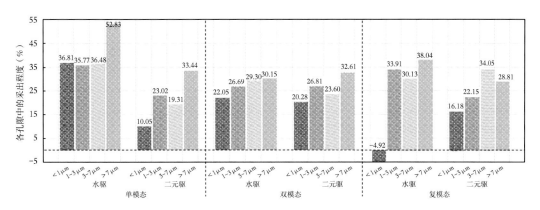

图 2-22 不同模态孔隙结构岩心各个孔隙的相对采出程度

（3）核磁共振图像。

三种孔隙结构岩心在不同驱替阶段的核磁共振成像结果如图 2-23 所示，图中黑色无信号区域为水相，其余彩色部分为油相。从图 2-23 中可以看出，随着驱替的进行，彩色区域逐渐减少，说明油不断地被驱替出来。三块岩心在水驱结束后均有大量彩色区域，尤其以双模态和复模态孔隙结构岩心最为突出。二元复合驱结束后，三块岩心的彩色区域均大幅度减少，单模态岩心的核磁成像图变为黑色和蓝色，表明剩余油量很少；双模态岩心成像图中有零星分布的红色，表明剩余油较为均一的分布在岩心中；而复模态岩心成像图中红色区域集中在靠近岩心的出口处，表明出口端有较多的剩余油无法被驱替出去。

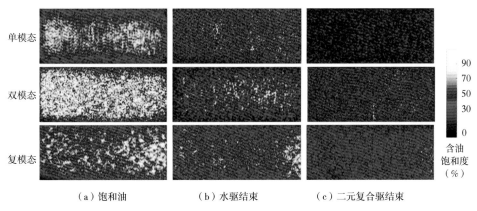

图 2-23 三种孔隙结构岩心在不同驱替阶段的核磁共振图像

由于核磁成像的尺度问题，只能观测到剩余油分布的大概位置，无法看清楚剩余油的状态与类型，但这也能反映出随着孔隙结构的复杂化，驱油效率变低，孔隙结构非均质程度影响着剩余油的分布位置。

四、聚合物—表面活性剂二元驱的乳化作用

在对克拉玛依七中区克下组油藏进行二元复合驱先导性试验过程中发现了大量油井产出液中出现乳化现象，并且乳状液的黏度很高，静置一个月后仍不分层，在试验后期多数井产出油包水型乳状液，可见乳化对砾岩油藏的提高采收率也起到了重要作用。

1. 乳状液形成机理

乳状液的定义为一种液体分散到另一种与之不相溶的液体中形成的分散体系，其粒径分布在 100nm~10μm 之间，为热力学不稳定体系，其形成及转型需要在一定条件下进行。

乳化作用的发生需要三个条件：（1）两相不相溶的液体；（2）外界对其做功；（3）乳化剂的存在。其中乳化剂对乳状液的形成至关重要。根据界面自由能理论，当非连续相液体以小液滴形式存在于连续相中时，其表面积将会急剧增大，界面自由能增加，从而导致体系自由能升高，热力学稳定性差。如若静置，体系将向着 Gibbs 自由能降低的方向变化，即液滴逐渐聚并最终分层。二元复合驱体系中的表面活性剂将会有效降低油水界面的自由能的作用，从而有效地防止液滴的聚并。同时液滴在运动过程中受到了多种作用力，包括界面张力、界面膜上的力、外相流体的剪切作用力、内相流体的黏滞力和流体的惯性力。其中外相流体的剪切作用力和流体的惯性力是乳化发生的动力，而界面张力、界面膜上的力以及内相流体的黏滞力将是乳化发生的阻力，受力情况如图 2-24 所示。在这些力共同做用下分散液珠会发生变形或破裂，形成乳状液。

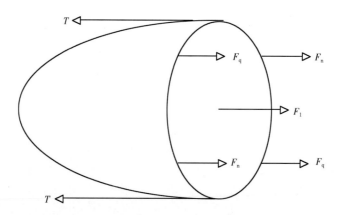

图 2-24　乳状液受力分析图（据赵利军等，2013）

T—外相流体的剪切力；F_1—内向流体的黏滞力；F_n—两相流体间的界面张力；F_q—两相流体界面膜上的力

2. 复合驱乳化作用影响因素

复合体系中的碱、表面活性剂和聚合物均对会其乳化能力产生影响，同时储层中水的矿化度、渗流速度也会影响复合体系与原油的作用力，从而影响到复合体系的乳化能力。

1）碱对复合体系乳化作用的影响

1997 年，林梅钦等在对克拉玛依原油的研究中发现，随着原油与碱液反应时间的延长，W/O 型乳状液的稳定性逐渐增加，甚至有些乳状液由 O/W 型转变为 W/O 型乳状液。

2010 年，Kumar 和 Mohanty 研究了表面活性剂以及碱浓度对稠油乳化作用的影响，实验

中原油黏度为 330mPa·s，配制水为 20000mg/L 的 NaCl 溶液。结果表明随着活性剂浓度的增加（0.3%~0.4%），Ⅲ型乳状液所占比例变大，流动性变好；随着碱浓度的增加，体系开始乳化形成Ⅲ型乳状液，在碱浓度达到1%时变成Ⅱ型乳状液。

同年赵凤兰等人使用强碱（NaOH）和重烷基苯磺酸盐（HABS）为试剂分别研究了碱（一元）、表面活性剂—碱（二元）、聚合物—表面活性剂—碱（三元）体系的乳状液稳定性。研究结果表明在表面活性剂—碱二元体系中，当碱的质量分数为 0.1%~0.3%时乳化稳定性变好，但随着碱的质量分数增大，乳状液稳定性变差，如图 2-25 所示。分析认为，在碱加量大的情况下，过高的 pH 值使得表面活性剂 HABS 在油水界面的分布发生变化，降低油滴表面的负电荷密度，使其静电斥力减小，使油滴聚并，最终导致油水分层和乳状液的破坏。

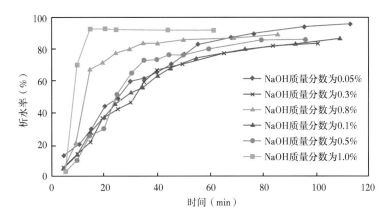

图 2-25 不同质量分数 NaOH 的 AS 体系形成乳状液的稳定性

2014 年，Sharman 等人针对在碳酸盐岩储层中使用 Na_2CO_3 会产生沉淀造成碱的严重损失以及储层渗透率下降的问题，研究了 $NaBO_2$ 和 NH_4OH 两种碱在石膏含量高的储层中应用情况，发现其与活性剂的界面性能良好，不会产生沉淀。

2015 年，赵修太等人以乙二胺作为有机碱，NaOH 作为无机碱对稠油的乳化行为进行了研究。结果表明，乙二胺的加入基本不增加溶液矿化度，其质量分数的增加不会促使油包水乳状液的形成，且在 NaCl 质量分数不大于 1.2%时，0.2%~1.0%的乙二胺可将稠油乳化成较稳定的水包油型乳状液；而 NaOH 的加入会增加溶液的矿化度，即使溶液中不加 NaCl，0.6%以上的 NaOH 会促使油包水型乳状液的形成，不利于水包油型乳状液的稳定，且在不同质量分数 NaCl 下，1%的 NaOH 溶液都会把稠油乳化成油包水型乳状液。

2016 年，王俊等人发现弱碱碳酸钠在三元复合体系中起着双重作用，当碳酸钠质量分数小于0.8%时，碳酸钠主要与原油中的酸性物质生成表面活性物质，增加油水界面膜的强度，提高模拟乳状液乳化的稳定性；当碳酸钠质量分数大于 0.8%时，碳酸钠的主要作用是中和表面活性剂分子在油水界面膜上的表面电荷，压缩油水界面扩散双电层，降低模拟乳状液的稳定性；聚合物主要是改善油水界面膜的黏弹性，其质量浓度的增加可使吸附在油水界面的有效分子数增多，油水界面的黏弹性增大，从而增强乳状液的稳定性。

2) 矿化度对复合体系乳化作用的影响

很多研究表明，在乳状液中随着矿化度的增加，表面活性剂的油溶性增强，水溶性降低。2012年，曾晓飞研究了不同矿化度对乳状液产生的影响，他以石油磺酸盐（KPS）为例，发现在矿化度小于3000mg/L时乳状液主要以水包油为主，液滴较大，乳状液比较稳定。矿化度达到6000mg/L时大液滴发生聚并，只能见到极小的液滴，而且出现少量的W/O型乳状液。

2013年，Al-Yaari选择五种矿化度的NaCl溶液（0，5g/L，20g/L，50g/L和200g/L），制作成油水比3:7的乳状液来研究矿化度对其影响。研究结果表明在低矿化度下（<10g/L），会形成水包油型乳状液，同时乳状液的稳定性随着矿化度的增加而减小。在高矿化度下（>20g/L），形成油包水型乳状液，其稳定性随着矿化度增加而增加。

3）表面活性剂性质对复合体系乳化作用的影响

2010年，Shiau以生成Ⅲ型乳状液为标准研究了不同活性剂结构的最佳矿化度，发现随着表面活性剂疏水基的增大，形成双连续乳状液需要的矿化度减小。同时指出如果形成稳定的乳状液会造成流动压力降会过大，不利于剩余油的动用，最佳的油滴聚并时间应该为几分钟，经过几个小时就可以达到平衡。

2012年，曾晓飞选用KPS（石油磺酸盐），BPS（烷基苯磺酸盐），ZBPS（重烷基苯磺酸盐），LPS（非离子）和AF-1（甜菜碱）五种不同类型的表面活性剂，研究表面活性剂与克拉玛依原油的乳化能力，得出乳化强弱顺序为LPS>BPS>KPS>AF-1>ZBPS。2016年，王俊等人发现表面活性剂的两亲性使其吸附于油水界面，质量分数的增加使其形成的油水界面膜稳定性增强，当表面活性剂质量分数高于0.1%时，形成的乳状液的稳定性较高，破乳较难。

4）界面张力对复合体系乳化作用的影响

2010年，冯兵用7种乳化剂与一种模拟油进行乳化实验，验证了界面张力是影响油水乳化能力的重要因素，但不是唯一的决定因素，油水乳化能力与界面张力之间没有一一对应的关系。

2012年，曾伟男将非离子表面活性剂脂肪醇聚氧乙烯醚MOA与阴离子表面活性剂重烷基苯磺酸盐按照一定比例进行复配，并配制三元复合驱油体系，评价其界面张力和乳化能力，发现复配后体系乳化能力变强，界面张力降低，认为驱油体系的界面张力降低虽然在一定程度上有利于乳状液的稳定性，但并不能对乳状液的稳定性起决定作用。

2015年侯军伟等人研究了不同二元体系与克拉玛依原油的乳化能力，发现乳化能力与界面张力没有正相关的关系。

5）原油性质对复合体系乳化作用的影响

1979年，Salager等人发现随着油的烷烃含量的增加，生成Ⅲ型乳状液的盐度窗口变宽，最佳矿化度变大。2010年，张丽娟等人采用多测点测压长岩心研究了大庆原油和大港原油与强碱三元体系的乳化特征，研究发现三元体系乳化原油的难易程度、乳化油量以及形成乳状液的稳定性与原油酸值、黏度和碱的用量密切相关。高酸值、高黏度的大港原油比低酸值、低黏度的大庆原油更容易乳化，但是形成乳状液的稳定性较弱。2012年，林梅钦等人分离克拉玛依原油，得到了沥青质、极性物和抽余油，发现沥青质和极性物中存在一些含氧官能团的羧酸类或酚类以及含氮化合物，而抽余油则主要为烃类物质，因而沥青质和极性物的界面活性大于抽余油。在克拉玛依原油中，沥青质和极性物是形成W/O型乳状液的主要组分，抽余油的乳化能力很弱。

3. 乳状液转型影响因素

1954 年，Winsor 定义了三种形态的乳状液：Ⅰ型为水包油型乳状液，即一部分油溶解在表面活性剂胶束中，也称作下相乳液；Ⅱ型为油包水型乳状液，即一部分水溶解在表面活性剂胶束中（excess water），也称作上相乳液；Ⅲ型为水和油作为双连续相溶剂在胶束中。

乳状液的转相（emulsion phase inversion）是指在一定条件下，乳液的内相转化为外相或外相转化为内相的现象，转相后乳液的性质发生很大变化。影响乳液转相的因素很多，包括乳化温度、油相组成、油水体积比、乳化方案、水相电解质种类与浓度以及乳化剂浓度与亲合性等，具体可归纳为三类，即配方、组成变量和乳化方案不同。

1）配方的影响

乳液配方的物理化学性质决定表面活性剂对油、水相的亲和力，因而对乳液的转相行为有很大影响。影响配方物理化学性质的变量主要包括水相、油相、表面活性剂和温度四种。对于油相，当组成为烷烃时，其物理化学性质可用烷基链碳数（ACN）来表示；当组成为非烷烃时，其物理化学性质可用等效 ACN 来表示。水相的物理化学性质与水相的离子强度或盐度有关，而这些参数又取决于电解质的种类与浓度。表面活性剂的物理化学性质可用亲水亲油平衡数（HLB）来表示，但多数情况下，其物理化学性质由两个参数表示，其中一个代表表面活性剂的亲水部分，另一个代表亲油部分。温度对油、水相和表面活性剂的物理化学性质均有影响，尤其对非离子型表面活性剂的影响很大。通过改变上述四种配方变量，表面活性剂对油、水相的亲和力发生变化，最终导致乳液发生转相。此外，在制备乳液时通常会加入醇类等物质作为助乳化剂来改善表面活性剂与油、水相的相互作用；表面活性剂组分一般为几种单剂的复配体系；油相往往为组成复杂的混合物，如原油。可见影响乳液配方性质的变量很多，这给乳液配方物理化学性质的量化描述带来困难。

2）组成变量的影响

组成变量是指乳液中油相、水相和表面活性剂的含量，主要包括表面活性剂浓度、油水体积比两个变量。当表面活性剂浓度很高（质量分数大于 5%）时，所形成的乳液体系为均相体系，即微乳液。但是当表面活性剂浓度较低（质量分数小于 5%）时，其浓度的变化基本不影响乳液体系的转相特性，对转相起主导作用的组成变量是油水体积比。根据立体几何的最佳密堆积原理，随着乳液内相体积分数的提高，当内相体积分数达到球形颗粒的密堆积分数时（约74%），乳液将发生突变转相。但是，由于乳滴直径的不均匀性和可变形性，乳液发生突变转相的临界内相体积分数往往高于74%，有的乳液体系甚至在内相分数高达98%时也不发生转相。

3）乳化方案的影响

乳化方案的变化也影响乳液的转相特性。油水相的加入次序、表面活性剂的初始分散相变化、乳化强度和乳化时间的改变都会影响乳液的转相。

4. 二元复合驱中乳状液转型

为了研究新疆油田七中区二元复合驱过程中产生乳状液的类型、影响因素及在推进过程中发生的相转变，模拟在地层残余油饱和度（现场地层深部平均含油饱和度约 0.55）条件下，通过岩心模拟二元体系运移到地层深部不同位置处与原油的作用效果，在岩心出口处实时取样，采用微观检测方法监测流出液状态，以确定二元体系与原油发生乳化的位置、乳化效果及乳状液特征。

实验步骤为：将岩心抽真空饱和地层水后测渗透率；再饱和油，计算原始含油饱和度，接着老化 24 小时；在恒速 0.1mL/min 条件下，水驱油至所需模拟地层原始含油饱和度（0.55）；然后注入二元体系 1PV，计算二元驱产出油量和注入量的比值。为模拟地层中二元驱油墙的形成过程和二元体系的注入过程，每次将岩心中接出的样回注时，二元体系和原油按计算的量加入中间容器，反复 10 次模拟 20m 长注入，反复 13 次模拟 26m 长注入，反复 15 次模拟 30m 长注入。

实验中随着流动距离的增加，洗出的原油量不断增加，乳状液的颜色逐渐变深。由图 2-26 可见，当二元体系推进至 20m 处时，产生的都是水包油型乳状液；随着推进距离的增加，渐渐转化为水包油与油包水型共存的混合相；当继续推进到 30m 处时，产生的乳状液全都是油包水型。侯吉瑞等在研究三元体系化学剂吸附时发现，随着驱油剂的推进，表面活性剂、聚合物以及碱会由于吸附作用、稀释作用等被消耗，浓度随着推进距离的增加快速降低。

研究认为主要发生四步变化：（1）二元体系刚开始注入时，由于前缘水驱时间很长，注入端剩余水的矿化度较低，残余油较少，表面活性剂浓度较高，和岩心中的剩余原油自发形成水包油型乳状液。（2）随着二元体系的推进，地层水含量变大，导致矿化度越来越高，聚合物和表面活性剂也由于吸附作用和稀释作用浓度降低。聚合物浓度的降低导致水包油型乳状液稳定性变差，表面活性剂浓度的降低导致形成水包油型乳状液能力变差，较高的矿化度最终导致水包油型乳状液发生破乳。（3）二元体系持续受到稀释作用和吸附作用的影响，浓度继续降低，矿化度持续增大；随着油墙在推进过程中越来越厚，原油所占的比例越来越大，油包水型乳状液开始生成。（4）原油比例继续增大，油包水型乳状液大量生成。

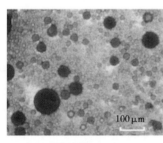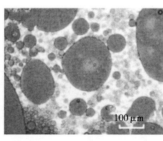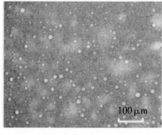

（a）20m　　　　　　　　　（b）26m　　　　　　　　　（c）30m

图 2-26　二元体系注入岩心 20m、26m 和 30m 处的乳状液显微图片

第二节　砾岩油藏聚合物—表面活性剂二元驱渗流规律

在二元复合驱中由于加入了聚合物，使得溶液黏度大大增加，会增加启动压力，即只有在生产压力梯度大于临界值时，渗流才能发生，这个临界值被称为最小启动压力梯度。相对于低渗透油藏水驱，二元复合驱渗流过程更为复杂。由于二元驱替液增黏性聚合物，黏度随

剪切速率、温度、压力等因素的影响变化比较明显，表现为非牛顿流体的性质。同时二元体系中的表面活性剂会与原油发生乳化作用，形成乳状液这种分散体系，其流动规律与聚合物又存在很大的差异。

一、二元体系溶液的流变性

在搅拌二元体系时，其液面并不是总是"凹液面"，会出现爬杆效应。同时在不同的剪切速率下二元体系的表观黏度会发生变化，明确体系的流变方程才可以进一步研究二元体系在岩心中的渗流规律。

1. 爬杆效应

在二元体系的配制过程中，在搅拌器搅拌清水的时候，由于离心力的作用，液面呈凹形。随着聚合物的加入、溶解，聚合物溶液的液面呈凸形，出现爬杆效应，即 Weissenberg 效应，如图 2-27 所示。

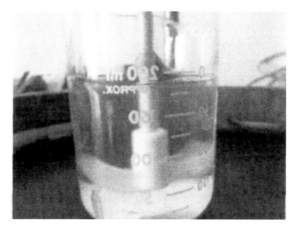

图 2-27　3000mg/L 的 HPAM（2500 万相对分子质量）溶液的爬杆效应

爬杆效应的效果与聚合物相对分子质量、聚合物浓度和转速有关。相对分子质量和浓度越大，聚合物溶液在搅拌时越容易出现爬杆效应。转速越大，爬杆效应越明显。（图 2-28）。在搅拌分子量较小、浓度较低的聚合物溶液时会呈现"凹液面"。随着转速增大，其"凹液面"越明显。

2. 非牛顿流体的流变性

一般认为在简单的剪切作用下聚合物溶液变稀行为的理论解释如下（图 2-29）。

（1）在速度梯度的流动场中，大分子构象发生变化。在第一牛顿区，剪切速率较低，构象基本不变，流动对结构没有影响，故服从牛顿定律。随着剪切速率的增大，大分子构象发生变化，长链分子偏离平衡构象而沿流动方向取向，使大分子之间的相对运动容易，黏度随剪切速率的增大而减少，即非牛顿区。当剪切速率增大到某一个值，使大分子的取向达到极限状态，取向程度不再随着剪切速率的增大而变化，流体服从牛顿定律，即进入第二牛顿区。

（2）分子变形引起流体力学相互作用的变化。由于柔性长链分子之间相互扭曲成结（集合缠结）或大分子间形成的范德华交联点，形成了分子链间的缠结点通过分子的无规律

（a）水　　　　　　　　　　　（b）聚合物（1500万相对分子质量，2500mg/L）

（c）聚合物（2500万相对分子质量，2500mg/L）　　（d）聚合物（3500万相对分子质量，2500mg/L）

图 2-28　相同浓度和转速（480r/min）下不同相对分子质量 HPAM 溶液搅拌时的液面对比

热运动，可以在一处解开而在另一处又迅速生成，始终处于与外界条件（温度、外力等）相适应的动态平衡。在低剪切速率下，流体被剪切力破坏的缠结能及时重建，缠结点的密度保持不变，所以黏度不变，属于牛顿流动。随着切变速率增大，缠结点的解开速率大于重建速率，导致缠结点随着切变速率的增大而下降，表观黏度也随之减小，呈现非牛顿运动，当剪切速率大到某一值，缠结点的解散点来不及再重建，则黏度降至最小值，并不再改变，进入第二牛顿区。在现有的实验条件下，一般无法测得溶液的第二牛顿区的流变特性。

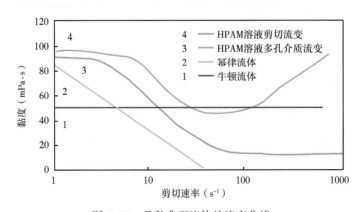

图 2-29　几种典型流体的流变曲线

目前，国内外非牛顿流体常用的流变模式主要有 Power-Law 模型（或称 Oswald-de Waele）、Carreau 模型、Cross 模型和 Meter 模型。

Power-Law 模型：

$$\mu = H\gamma^{n-1} \tag{2-4}$$

Cross 模型：

$$\mu = \mu_\infty + \frac{\mu_0 - \mu_\infty}{1 + \lambda\gamma^n} \tag{2-5}$$

Carreau 模型：

$$\mu = \mu_0 + \frac{\mu_0 - \mu_\infty}{\left[1 + \lambda\gamma^2\right]^{n+1}} \tag{2-6}$$

Meter 模型：

$$\mu - \mu_\infty + \frac{\mu_0 - \mu_\infty}{1 + (\lambda/\lambda_{1/2})^{\alpha-1}} \tag{2-7}$$

式中　H——稠度系数，由流变实验测得；

　　　γ——幂律指数；

　　　μ_0——零剪切黏度，mPa·s；

　　　μ_∞——极限剪切黏度，mPa·s；

　　　λ——溶液流变性从第一牛顿区向幂律区转变的时间常数，即第一牛顿区与幂律区直线的交点所对应的剪切速率的倒数；

　　　μ——剪切速率 λ 下的黏度，mPa·s；

　　　$\lambda_{1/2}$——μ_0 和 μ_∞ 平均值对应的剪切速率，由实验确定；

　　　α——实验确定的指数系数。

多参数模型 Carreau 模型、Cross 模型和 Meter 模型，适用于描述较宽剪切速率下流体的流变规律，可描述第一牛顿区、幂律区和第二牛顿区，即可以描述剪切速率接近于零时，体系的零剪切黏度，又可以描述非常高的剪切速率下体系的极限黏度。由于聚合物溶液在实际应用中的剪切速率范围在几个倒秒（地层深部）至几千倒秒（炮眼附近）范围内，而在此范围内聚合物溶液的流变特征符合 Power-Law 模型，遵循简便适用的原则使用 Power-Law 模型描述地层情况下聚合物溶液的流变特性。

聚丙烯酰胺溶液的显著特征是具有非牛顿特性，在简单剪切作用下表现为剪切稀化特征，在旋转流变仪中测得的表观黏度随着剪切速率的增加而减少。图 2-30 是聚丙烯酰胺溶液的典型流变曲线，在低

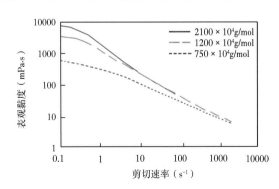

图 2-30　不同相对分子质量聚丙烯酰胺溶液典型的流变曲线

剪切速率时，一般呈牛顿流体特征，随着剪切速率的增加，流体的黏度下降。

二、二元体系渗流规律

砾岩的孔隙结构和砂岩存在明显的差异，这导致二元体系在砾岩岩心中流动受到的剪切力与在砂岩中有很大的区别。二元溶液的流变性可以用 Power-Law 模型来表示，使用流变仪测定 1000 万相对分子质量 1000mg/L 和 1500mg/L 聚合物溶液的流变曲线，如图 2-31 所示，用指数形式拟合出幂律指数和稠度系数。

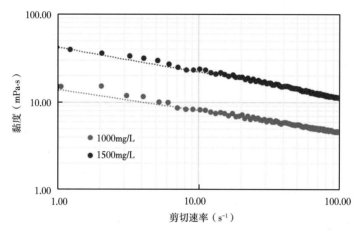

图 2-31　两种浓度聚合物的流变曲线

假定剪切速率的修正因子 $C=1$，利用下式计算剪切速率与达西速度的关系。

$$\gamma_{eq} = C\left(\frac{3n+1}{4n}\right)^{\frac{n}{n+1}} \frac{\mu}{\sqrt{K_w S_w \phi}}$$

式中　γ_{eq}——平衡剪切速率；

　　　μ——达西流速；

　　　K_w——盐水绝对渗透率；

　　　S_w——含水饱和度；

　　　ϕ——孔隙度；

　　　n——压力指数；

　　　C——剪切速率修正因子。

同时使用达西公式可以得到工作黏度与渗流速度的关系，进而获得剪切速率与有效黏度的关系，与流变曲线进行比较，就可以更正修正因子，根据不同岩性获得相应的剪切速率模型。

$$\mu_{app} = \frac{K_w \Delta p}{R_k \mu L}$$

式中　μ_{app}——聚合物溶液的表观黏度；

　　　Δp——聚合物溶液通过岩心后稳定的压力降；

　　　R_k——聚合物驱后的残余阻力系数；

　　　L——岩心长度。

对于砂岩来说，剪切速率的修正因子为 2.28，对于砂砾岩为 6.27，而对于砾岩为 6.75，如图 2-32 所示。可以发现非均质性越强，孔隙结构越复杂，修正因子越大，意味着相同的流速下孔隙对溶液的剪切作用更强，因此传统上使用一个修正因子进行运算并不正确。可以按照此方案对模型进行修正，再代入到模拟器中进行运算。

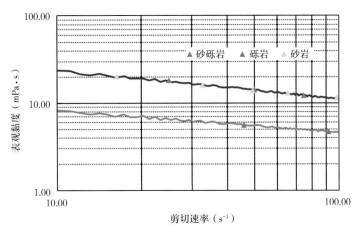

图 2-32　不同岩性下剪切速率与表观黏度的拟合结果

三、　二元乳状液渗流规律

1. 乳状液表征参数理论分析

当前关于乳状液在多孔介质中形成及渗流规律的表征参数很少，近期研究学者提出了毛细管数与乳状液渗流规律之间可能存在必然的联系。

Taylor 在 20 世纪初就进行了水平双曲线流场中的悬浮液滴在剪切中的变形与破裂研究，并指出悬浮液滴的形状依赖于黏度比、流场类型及无量纲数 N_{we}：

$$N_{we} = G\mu_s a / \vartheta_{ds}$$

式中　N_{we}——韦伯数；

　　　G——速率梯度，m/s^2；

　　　a——液滴的半径；

　　　ϑ_{ds}——两相的界面张力，mN/m；

　　　λ——黏度比，$\lambda = \mu_d / \mu_s$；μ_d 为外相黏度、μ_s 为内相黏度，$mPa \cdot s$。

Taylor 与其他研先人员研究表明，当 N_{we} 超过临界值后液滴会发生破裂，这一临界值取决于黏度比 λ 和流场属性。Chin 和 Han 研究了当液滴通过在聚集的圆柱管道时小液滴的行为，证明了在临界韦伯数时液滴发生破裂，并将 G 定义为直毛细管的内壁剪切力，认为临界韦伯数是液滴（内相）与悬浮相黏度比的函数，如图 2-33 所示。

为了将液滴破裂与乳化过程建立联系，建立了微观参数韦伯数与多孔介质中的宏观毛细管数之间的联系。毛细管数是针对含有大量砂砾结构的多孔介质的定义，而韦伯数是对具有局部速度梯度 G 的特殊流场定义的参数，因此可以与多孔介质中的单个孔喉建立关联。当少量的液滴通过数米长的储层岩石时，它会依次通过无数的孔隙，因此，每个液滴会具有不

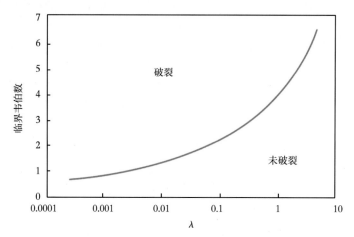

图 2-33 在非均质剪切下液滴破裂的临界韦伯数

同的韦伯数，可能会发生无数次的液滴破裂与形成过程。

假设在一束平行的毛细管中，每个毛细管均具有相同的半径 R，假设压力梯度均匀分布在介质中，为 ∇p；所有毛细管中流动的油黏度为 μ_o，管内流体的平均速率为

$$v_t = \nabla p \left(R^2 / 8\mu_o \right)$$

式中　v_t——管内平均流速，$\mu\text{m/s}$；

　　　∇p——压力梯度，kPa/m；

　　　R——毛细管平均半径，μm；

　　　μ_o——油相黏度，$\text{mPa}\cdot\text{s}$。

考虑多孔介质的孔隙度，与微观达西速率的关系为

$$v = v_o / \phi$$

式中　v_o——孔隙流速，$\mu\text{m/s}$；

　　　ϕ——孔隙度。

毛细管内壁的剪切速率为

$$G = \frac{4v_t}{R} = 4v_o / \phi R$$

为了简化模型，认为悬浮的液滴半径与毛细管的半径相同时会发生液滴破裂，韦伯数可以写为

$$N_{we} = G\mu_o R / \sigma_{ds} = 4\mu_o v_o / \sigma_{ds} \phi = \left(\frac{4}{\phi} \right) N_c$$

式中　$N_c = \mu_o v_o / \sigma_{ow}$ 为油相的毛细管数。

与该简化模型不同，实际的孔隙介质含有大量相互连通的可变尺寸的孔隙，并由喉道连通。在储层的孔隙介质中，韦伯数会随着孔隙结构的改变而不断发生变化。但在真实的多孔

介质中，局部韦伯数仍与微观流速及油的黏度呈正比例关系，与界面张力呈反比关系。因此，可将理想毛细管束模型中的方程推广到实际多化介质中：$N_{we} = \left(\frac{4}{\phi}\right) f N_c$，$f$ 为反映多孔介质特性的参数，在理想毛细管束模型中为 1，但在实际多孔介质中为变值。因此，建立了反映乳状液形成与破裂的韦伯数的关系式。当流场中的 N_{we} 小于其液滴破裂的临界韦伯数时，液滴即可形成，因此对应的毛细管数可表征乳状液液滴的形成。

乳状液的形成和体系的界面性质及流动状态密切相关。复合驱的加入使油水体系的相互作用和乳化机理更加复杂，考虑其主要因素，可归结为表面活性剂的作用导致的低（超低）界面张力和多孔介质中的剪切行为，理论分析和大量室内实验及矿场试验结果也证实了这一点。根据 Chin、Han 以及 David Cuthiel 的研究结果，存在一个临界毛细管数，当外相的毛细管数 $N_{cs} \geqslant N_{ccrit}$ 时，乳化发生，S 代表外相，即对于 O/W 型乳状液，S 为水相。该临界值与内外相的黏度比和多孔介质的微观孔喉结构有关。

黏滞力会促进新的乳状液液滴的形成，毛细管力会阻止液滴的破裂，可以适当地做出假设，正是这两种力的竞争平衡作用结果控制了孔隙介质中原油的原位乳化过程。在微观尺度中，通常用来比较黏滞力和毛细管力的无量纲变量为毛细管数。由于毛细管数还与流体速率成正比关系。因此，作为无量纲参数，毛细管数完全可以代替影响乳化过程的流速变量来表征对乳化的影响，Islam 和 Farouq Ali 也曾经提出了这一思路，但没有进行相关的实验。使用无量纲变量表征流速对乳状液形成的影响，应用起来也会更方便。国内学者指出水驱油时，毛细管数的数量级为 10^{-6}，若将毛细管数的数量级增至 10^{-2}，理论上剩余油饱和度趋于 0，随着毛细管数的增加，残余油可以大幅度降低。

2. 乳状液渗流规律分析

由于多孔介质的孔隙结构对乳状液形成及稳定性的影响是复杂的，因此需要选定某个范围内的渗透率岩心进行相关研究，考虑到实验可操作性，选用了代表性强的中等渗透率人工填砂岩心进行实验分析。同时，聚合物—表面活性剂复合体系本身的物理化学性质对多孔介质中乳状液的形成及流动机理也有重要影响。

1) 流速对乳状液渗流规律影响

为研究流速变化对乳状液在多孔介质中渗流规律的影响，以不同速率注入油水比为 3:7 的乳状液，油水相初步预混合后黏度为 85.2mPa·s，此时没有乳状液滴形成。聚合物—表面活性剂复合体系配方为 1%DWS-3+0.12%HPAM，初始界面张力为 1.89×10^{-3} mN/m。不同流速下的乳状液微观图及粒径尺寸分布如图 2-34、图 2-35 所示。

随着流速增加，液滴特征尺寸减小（图 2-35），液滴占有率增大，乳化程度增加明显。在低流速下，$v \leqslant 0.38$m/d 时，由于聚合物没有受到高强度剪切，分子链较长，稳定液滴能力强，形成的乳状液滴较少，扩散性差，呈簇状分布；在中等流速下，0.38m/d $< v < 12.78$m/d 时，聚合物剪切增强，分子链段长度变小，液滴分散性逐步增大；在高流速下，$v \geqslant 12.78$m/d 时，聚合物已被剪切为小分子链段，乳状液滴的扩散性增大，液滴占有率大，液滴数量迅速增多，大液滴转变为小型液滴的比例迅速增加，当 $v = 51.12$m/d 时，小型液滴含量占到 97%。流速增大会促使乳状液流动由大型液滴为主转变为小型液滴为主导的流动，

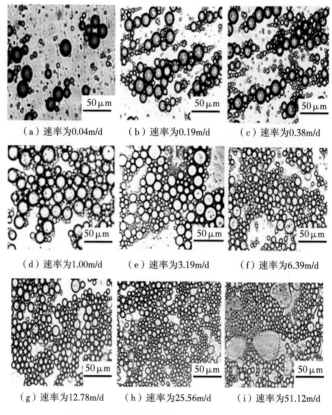

（a）速率为0.04m/d　　　（b）速率为0.19m/d　　　（c）速率为0.38m/d

（d）速率为1.00m/d　　　（e）速率为3.19m/d　　　（f）速率为6.39m/d

（g）速率为12.78m/d　　　（h）速率为25.56m/d　　　（i）速率为51.12m/d

图 2-34　乳状液样本的微观显微图像

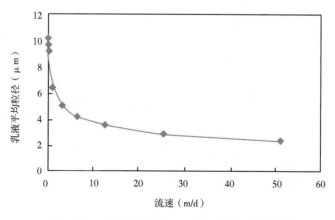

图 2-35　不同流速下乳状液平均粒径变化规律

且液滴占有率及分散性逐步增大。

乳化样本分析结果表明，随着流速增加，中、小型液滴比例增加迅速，大型液滴比例增加缓慢。当 $v<0.38$m/d 时，形成的乳状液量很少；当 0.38m/d$\leqslant v<12.78$m/d 时，乳状液中的含水量增加较快，乳化程度迅速增加，小型液滴比例增加较快；当 $v\geqslant 12.78$m/d 时，乳

状液中的含水率基本为定值，即乳化程度不再增加，且小型液滴比例最大，产出液是乳状液，几乎无油相，乳化程度接近1。

通过统计乳化样本中的自由水占总水比、乳状液中含水量占总水比及样本含水率三个参数随流速的变化规律，如图2-36所示。随驱替速率增加，自由水量逐渐减少，参与乳化的水量增加，乳化强度逐步增大。当$v=1$m/d时，样本含水率最低，采出液含油率最大。当$v=1$m/d时乳化程度开始迅速增大，此时对应的流速为乳化行为开始的阈值，其对应的毛细管数为乳化行为开始的毛细管数阈值。由于表面活性剂经过岩心吸附后，界面张力会增加，出口端乳状液的界面张力测定值为3.62×10^{-1}mN/m，测定乳状液的表观黏度为25.03mPa·s，此时流速为1.00m/d，约为1.157×10^{-5}m/s，此时乳状液开始形成时的毛细管数阈值N_{ct}约为8.0×10^{-4}。

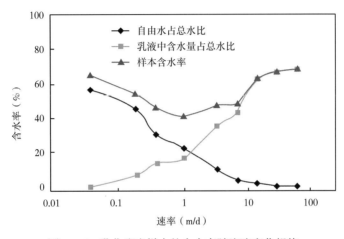

图2-36 乳化流出样本的含水率随流速变化规律

压差是表征流体在地层中流动特征的主要指标，注入速度会直接影响注入岩心两端压力的变化。对不同驱替速率下岩心两端压差进行了测定，如图2-37所示。随着驱替速率增加，压差逐步增大，当$v=1$m/d时，压差可以达到0.2MPa。压差值间接地反映了孔隙介质内部乳状液液滴的渗流及堵塞情况，可以作为乳状液液滴发生堵塞及扩大波及体积的一种间

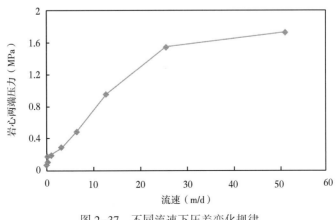

图2-37 不同流速下压差变化规律

接度量值。

2）黏度比及界面张力对渗流规律影响

为了考察油水相黏度比对乳状液渗流规律的影响，在新疆脱水脱气原油中加入不同量的航空煤油来改变油相黏度，同时改变聚合物—表面活性剂复合驱体系配方中聚合物的浓度，得到了系列不同的油水相黏度比值，具体参数见表2-16。在注入油水比3:7条件下，进行聚合物—表面活性剂复合驱乳状液在多孔介质中的渗流规律研究。

表2-16　乳状液渗流规律实验研究参数表

编号	渗透率 K （mD）	配方	界面张力 （mN/m）	原油黏度 μ_o （mPa·s）	溶液黏度 μ_w （mPa·s）	μ_o/μ_w
1	321.4	1%SD-T+0.12%HPAM	3.76×10^{-2}	10.21	557.05	0.0183
2	380.5	0.2%KPS+0.25% HPAM	4.98×10^{-2}	10.21	1521.0	0.0067
3	410.7	1%KPS+0.20% HPAM	6.53×10^{-1}	66.35	1124.0	0.0590
4	356.0	1%KPS/DWS-3+0.05%HPAM	1.33×10^{-4}	10.21	35.35	0.2888
5	313.6	1%DWS-3+0.08%HPAM	1.89×10^{-3}	37.50	71.95	0.5212
6	348.2	1.5%KPS+0.10%HPAM	7.80×10^{-2}	35.20	109.44	0.3216

不同油水黏度比下乳状液形成时毛细管数变化规律如图2-38所示。乳状液的乳化程度开始急剧增加的阶段为乳状液的"开始形成"区，此处的毛细管数为乳化开始形成的"毛管数阈值"，约为 $(3.0\sim8.0)\times10^{-4}$。乳状液开始形成时的毛细管数阈值随着油水黏度比增大有所升高，具有相近黏度的原油，其乳化转变区域大幅度重合，乳化阈值近似，因此，黏度对乳化的转变过程有重要影响，反映出乳状液形成处的毛细管数阈值对黏度具有依赖性。影响乳状液形成的主要参数除了毛细管数外，仍有其他的影响因素如黏度，在作用机理上仍需要进行大量的研究工作。

毛细管数可以反映出界面张力对乳状液渗流规律的影响。界面张力与流速共同影响乳状

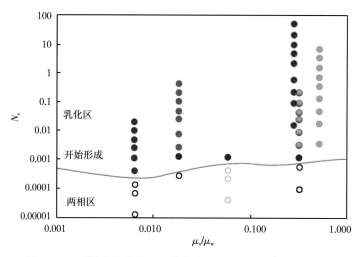

图2-38　不同油水黏度比下乳状液形成时毛细管数变化规律

液形成及其渗流规律。乳化强度 E 为乳状液体积与溶液总体积之比。通过统计不同界面张力下的聚合物—表面活性剂复合体系在多孔介质中形成的乳化强度，得出了不同毛细管数下的乳化强度，如图 2-39 所示。乳状液开始形成处的毛细管数阈值 N_{ct} 为 $(3.0 \sim 8.0) \times 10^{-4}$；当毛细管数小于 N_{ct} 时，乳化强度很小，可以忽略极少量乳状液滴；当毛细管数大于 N_{ct} 时，乳化程度开始迅速增大，为乳状液形成的主要阶段。

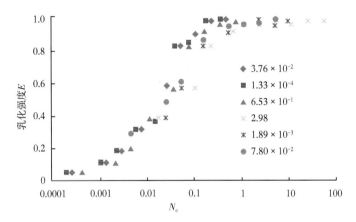

图 2-39 不同界面张力等级下的毛细管数与样本乳化强度关系

第三章　聚合物—表面活性剂二元复合驱油体系合成与评价

本章首先立足于油藏物性和油藏流体物理化学性质，优选了适于新疆油田七中区克下组油藏和油藏流体性质的二元驱表面活性剂和聚合物，结合物化特征、界面张力特征以及驱油效果，分析了二元驱油体系中聚合物与表面活性剂之间的相互作用机制。

第一节　聚合物性能评价

用于化学驱的聚合物种类较多，已经在国内现场试验及工业化推广中应用的包括部分水解聚丙烯酰胺、黄胞胶、疏水缔合聚合物、梳型抗盐聚合物等。各种聚合物的应用范围不完全相同，应用最为广泛的是部分水解聚丙烯酰胺，主要在大庆油田、胜利油田、大港油田、新疆油田等聚合物驱和复合驱中使用，其次是疏水缔合聚合物和梳型抗盐聚合物，主要在高温、高盐油藏中使用。油气开采用水溶性聚合物一般要满足以下技术要求。

（1）水溶性：这是聚合物能否用于油气开采的首要条件，由于溶解性差的聚合物会导致现场施工困难和带来一系列后续问题。因此聚合物的快速溶解一直是国内外研究人员的追求目标，通常现场施工要求聚合物在 2 小时内完全溶解。

（2）增黏性：增黏性是水溶性聚合物在油气开采过程中所应用的主要性能。在聚合物的使用过程中，一般都希望聚合物能以很低的浓度获得很高的表观黏度或达到工程所需要的黏度。

（3）剪切稀释性和触变性：剪切稀释性指的是高剪切速率下溶液黏度明显比低剪切速率溶液黏度低。触变性指的是在高剪切速率下，溶液黏度较低，而当剪切速率降低时，其黏度能随时间的变化而有所恢复。

（4）稳定性：稳定性包括剪切稳定性、化学稳定性、热稳定性和生物稳定性等。一般而言，聚合物分子在酸性或碱性介质中以及在生物酶或光照、高剪切等条件下会发生不同程度的变化。剪切稳定性指聚合物溶液在泵注和流经孔隙极其微小的油藏受高剪切力作用后，其黏度不会显著降低。化学稳定性指聚合物溶液的黏度在盐水中或溶解氧以及高的 pH 值条件下能不受影响或受影响的程度较低。热稳定性和生物稳定性则分别指在高温和微生物存在的条件下，聚合物溶液的黏度不丧失或不至于丧失到无法满足工程要求的地步。由于盐、高温、溶解氧、高剪切等不利因素并非单独存在，常常同时在起作用，因而聚合物溶液的稳定性问题是一个极其复杂的课题。

聚合物在二元复合驱配方体系中占有重要的地位，除了增加体系的黏度提高驱油效率外，最重要的是聚合物能够降低驱替液的流度，扩大二元驱的波及体积。对于砾岩非均质油藏，聚合物的扩大波及体积能力更是二元驱提高采收率的基础，聚合物性能的好坏直接影响二元复合驱的效果，因此按照以上四个方面的要求评价了砾岩油藏二元复合驱所用聚合物的性能。

一、聚合物的理化性能

聚丙烯酰胺（Polyacryamide，简称 PAM），是丙烯酰胺（acrylamide，简称 AM）均聚或与其他单体共聚所得产物的统称，工业上凡含有 50% 以上 AM 单体的聚合物都泛称聚丙烯酰胺。由于结构单元中含有酰胺基，易形成氢键，具有良好的水溶性和很高的化学活性，可发生酰胺的各种典型反应，通过这些反应可以获得多种功能性的衍生物，其相对分子质量有很宽的调节范围，从几万到 4000 万的聚丙烯酰胺目前都能够工业化生产。聚丙烯酰胺的结构式如图 3-1 所示。

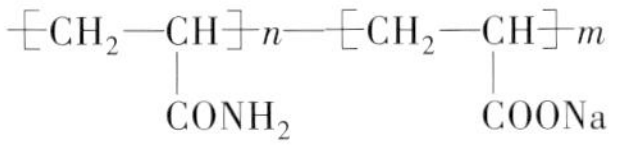

$$\text{---}[CH_2\text{---}CH]_n\text{---}[CH_2\text{---}CH]_m$$
$$\qquad\quad CONH_2 \qquad\qquad COONa$$

图 3-1　聚丙烯酰胺分子结构式图

聚丙烯酰胺具有很好的适合驱油的特性，具体表现为：

（1）增黏性好。与其他聚合物相比，聚丙烯酰胺具有良好的黏弹性。在实际使用过程中，聚合物能以很低的浓度获得很高的表观黏度或达到工程所需要的黏度。

（2）水溶性好。由于溶解性差的聚合物会导致现场施工困难和带来一系列后续问题。聚合物的快速溶解一直是国内外研究人员的追求目标，通常现场施工要求聚合物在 2 小时内完全溶解。

（3）具有一定的抗温抗盐能力。目前的聚丙烯酸胺能够在 75℃ 和 10000mg/L 矿化度下使用。

（4）具有较大的阻力系数和残余阻力系数，具有良好的扩大波及体积作用。

（5）稳定性好。具有较好的剪切稳定性、化学稳定性、热稳定性和生物稳定性等。

（6）性能满足油气开采工程的要求。聚丙烯酰胺在油藏中吸附量小，能与其他流体配伍，不易堵塞油层。

根据不同行业的需求，聚丙烯酰胺有固体粉状、胶体、水溶液和乳液四种形式；按离子形式划分，有阴离子、阳离子、非离子和复合离子四种类型。聚丙烯酰胺是水溶性高分子中应用最广泛的品种之一，主要应用于石油开采、水处理、纺织印染、采矿、洗煤、制糖、医药、建材、建筑等领域。在石油开采中，聚丙烯酰胺主要用于钻井液材料以及提高采收率等方面，广泛应用于钻井、完井、固井、压裂、强化采油等油田开采作业中，具有增黏、降滤失、流度调节、分流、剖面调整等功能。目前中国主力油田开采已经步入中后期，为提高原油采收率，主要推广聚合物驱、二元复合驱、三元复合驱技术。通过注入聚丙烯酰胺水溶液，改善油水流度比，使采出物中原油含量提高。目前聚丙烯酰胺在油田三次采油方面的应用较多，主力油田大庆和胜利已经开始广泛采用聚合物驱技术，三元复合驱和二元复合驱的应用也发展很快。国内三次采油用聚丙烯酰胺的年生产能力已经超过 60×10^4t。

聚合物的基本物化性能评价主要包括外观、固含量、黏均分子量、水解度、水不溶物、溶解速度和残余单体等。固含量是聚合物干粉或者胶体除去水分等挥发物质后的质量，这是聚合物产品质量控制的重要指标。黏度是聚合物溶液驱油性能的决定因素，聚合物主要驱油机理是通过黏度改变水油流度比，增加渗流阻力，扩大波及体积从而提高采收率。水解度是影响黏度的主要因素之一，水解度越高，聚合物分子链上的羧钠基越多，分子内部带电基团

（羧酸基）之间和分子与分子之间由于同性电荷相斥而使水溶液中的高分子链更趋于伸展，这时溶液中的高分子有效体积增加，导致溶液黏度增加；但是，水解度太高（大于30%），溶液的热稳定性变差，因此聚合物驱用的产品水解度控制在一定的范围之内，一般要求在25%左右。滤过比是评定聚合物溶液注入性能的重要参数。通过这些性能检测，初步筛选出几种聚合物，之后再进行应用性能评价，配制聚合物。本论文所使用水样均为根据新疆克拉玛依油田注入水和地层水离子的组成所配制的模拟水，配方见表3-1。

表3-1　新疆克拉玛依油田注入水和地层水离子组成

分析项目	清水	地层水
pH 值	6.27	7.67
碳酸根（mg/L）	0	0.000
碳酸氢根（mg/L）	145.15	769.30
氯离子（mg/L）	39.10	1496.33
硫酸根（mg/L）	93.14	132
钙离子（mg/L）	51.90	27.99
镁离子（mg/L）	7.26	10.42
钠离子+钾离子（mg/L）	51.38	1272.35
总矿化度（mg/L）	315.35	3324.14

　　针对新疆油田七中区克下组的油藏条件，筛选聚合物所使用的检测标准，按照新疆油田分公司《驱油用高分子量、超高分子量聚丙烯酰胺检测方法及技术要求（试行）》执行，聚合物的基本性能见表3-2。

表3-2　不同聚合物的基本性能

性能 \ 产品	1000 万	1500 万	2500 万	3000 万	3500 万
外观	白色粉末	白色粉末	白色粉末	白色粉末	白色粉末
黏均分子量（10^6）	1100	1560	2610	3120	3580
固含量（%）	91.4	90.7	90.0	91.2	91.1
水解度（%）	25.4	25.1	25.3	26.0	25.4
水不溶物（%）	0.05	0.07	0.05	0.09	0.06
溶解速度（h）	≤2.0	≤2.0	≤2.0	≤2.0	≤2.0
残余单体（%）	0.0041	0.0055	0.0054	0.0059	0.0061

二、聚合物的增黏能力

　　实验选择新疆克拉玛依油田七中区模拟注入水，总矿化度为3000mg/L左右，使用Broodfeild DV-Ⅱ型黏度计测定聚合物溶液黏度。筛选的不同分子量聚合物理化性能测试都符合聚合物的评价标准，溶解时间也能够满足现场配置的需要。聚合物重要的性能是它的增黏性，在油藏温度下使用注入水配制不同浓度聚合物的增黏曲线如图3-2所示，通过实验结果可以看出五种聚合物都具有很强的增黏能力。

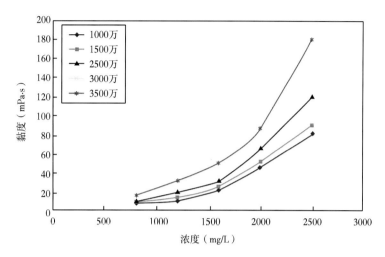

图3-2　不同相对分子质量聚合物溶液的增黏性能

第二节　表面活性剂研制及性能评价

驱油用表面活性剂在国内外已开展了较多项研究，化学复合驱油技术的推广应用的关键问题之一是如何选择适用复合驱用表面活性剂，廉价高效的表面活性剂的研制是化学复合驱三次采油降本增效的关键问题。根据实验研究和现场试验验证，化学复合驱对表面活性剂的基本要求为：

（1）使油水界面张力降低至 10^{-3} mN/m 数量级；

（2）化学复合驱体系中表面活性剂总浓度小于0.4%，因而表面活性剂需具有较好的抗稀释性，且保证在整个驱替过程中不发生严重的色谱分离现象；

（3）能与聚合物有良好的配伍性，避免出现相分离沉淀等现象；

（4）在岩石上的滞留损失量应小于1mg/g岩心；

（5）聚合物—表活剂二元复合体系在天然岩心上的驱油比水驱提高15%以上；

（6）生产工艺可靠，产品质量稳定，价格便宜。

表面活性剂的种类很多，但三次采油复合驱用的表面活性剂与一般通用的表面活性剂有一定的差别，主要是由于复合驱用表面活性剂涉及与油层岩石、黏土矿物、油藏流体、复合体系中的其他化学剂的相互作用。目前研究认为可应用于三次采油复合驱用表面活性剂主要有以下几种：石油磺酸盐；烷基苯磺酸盐；石油羧酸盐及植物羧酸盐；木质素磺酸盐；α-烯烃磺酸盐；非离子表面活性剂；生物表面活性剂；高分子表面活性剂；两性离子表面活性剂；新型孪链表面活性剂。其中石油磺酸盐、烷基苯磺酸盐和生物表面活性剂已应用于矿场试验，木质素磺酸盐和非离子表面活性剂作为助剂也应用于复合驱油体系中，α-烯烃磺酸盐作为泡沫驱用表面活性剂也有应用。两性表面活性剂开始少量见于聚合物—表面活性剂复合驱先导性试验。

（1）石油磺酸盐。

石油磺酸盐是以富芳香烃原油馏分、糠醛脱蜡抽出油馏分为原料，采用 SO_3 或发烟硫酸磺化，再用碱中和得到烷基芳基磺酸盐。

石油磺酸盐类表面活性剂由于原料来源广、价格便宜，是多年来室内研究和矿场试验应用较多的一类驱油用表面活性剂。美国 Witco 公司生产的 TRS 系列石油磺酸盐工业化产品，部分已经用于美国怀俄明州 Kiehl 油田复合驱现场试验中。原新疆石油管理局于 1994 年率先在国内合成了复合驱专用工业表面活性剂 KPS 产品。该表面活性剂是由克拉玛依炼油厂稠油减二线馏分油为主要原料经 SO_3 釜式磺化反应制备得到的，产品性能达到弱碱复合驱指标要求，该产品应用于克拉玛依油田二中区弱碱三元复合驱先导性矿场试验，取得了提高采收率 24% 的良好效果。近年来新疆克拉玛依炼化公司进一步改进产品性能，目前研制出的产品可以在低碱浓度条件下达到超低界面张力，与其他助表面活性剂复配可以在无碱条件下到超低界面张力的要求，该改性产品已经开始在克拉玛依七中区无碱聚合物—表面活性剂复合驱现场试验应用。

中国石油勘探开发研究院采用孤岛馏分油、大连石化反序脱蜡油为原料，用 SO_3 瞬态膜式磺化，NaOH 中和，制得的石油磺酸盐在质量分数 0.05%～0.3% 范围能使油水界面张力降至 10^{-3} mN/m，目前该产品已经在吉林油田无碱复合驱先导性试验中获得应用。大庆炼化公司采用自己生产的反序脱蜡油为主要原料，用 SO_3 膜式磺化合成，获得的石油磺酸盐产品（DPS）可以在弱碱（Na_2CO_3）条件下使大庆油水界面张力达到超低。该表面活性剂在大庆油砂上静态吸附四次后油水界面张力维持超低，界面张力长期稳定性达到 90 天。在大庆油田第三采油厂进行的弱碱三元复合驱现场试验中得到，目前现场试验阶段提高采收率 23.9%（OOIP），预测试验结束时提高采收率 26.3%（OOIP）。

（2）烷基苯磺酸盐。

烷基苯磺酸盐是采用洗涤剂化工厂的烷基苯为原料，采用 SO_3 或发烟硫酸磺化，再用碱中和得到烷基苯磺酸盐。一般采用烷基碳数为 C_{13-20} 烷基苯合成重烷基苯磺酸盐作为驱油剂。中国石油勘探开发研究院和大连理工大学合成不同结构的烷基苯磺酸盐研究表明：采取支链结构或者带甲基或乙基取代基团、碳链长度为 C_{16-18} 烷基苯磺酸盐，对大庆原油的界面活性最佳。

大庆油田采用抚顺洗化厂生产的重烷基苯为主要原料，采用 SO_3 膜式磺化合成的重烷基苯磺酸盐表面活性剂产品 HABS，在加碱条件下能使大庆油水界面张力降到 10^{-3} mN/m 超低界面张力，碱浓度范围为 0.6%～1.2%，活性剂浓度范围为 0.05%～0.3%，如图 3-3 所示。在油砂充填岩心上的动态吸附损失为 0.12mg/g 砂，静态油砂吸附四次界面张力仍然维持超低，三元体系岩心驱油效率提高 22%～25%，强碱条件下乳化原油能力强。

该产品已经用于大庆油田强碱三元复合驱工业化现场试验并且已经取得大幅度提高原油采收率的良好效果。大庆油田杏二中矿场试验已经取得了良好增油效果。大庆油田北一断东强碱三元复合驱工业化现场试验，目前阶段提高采收率 26.15%，预测到含水达到 98% 试验结束时提高采收率为 27.97%。

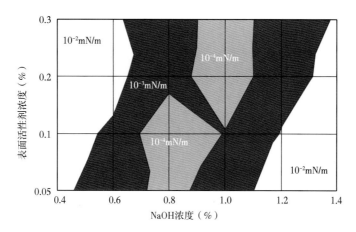

图 3-3　重烷基苯磺酸盐 HABS 复合体系与大庆原油的界面张力活性图

（3）羧酸盐。

①石油羧酸盐。

石油羧酸盐是由石油馏分经高温氧化后，再经皂化、萃取分离制得的。常规合成方法是由烷烃汽相氧化法直接制备石油羧酸盐，该法包括馏分油汽相氧化与碱溶液皂化两个阶段，单程收率为 60% 左右。由于汽相氧化法合成工艺难以控制，无法生产出稳定的产品，"九五"期间，黄宏度等人研究出液相氧化法工艺，并进行了中试放大生产。该石油羧酸钠产品单独使用界面活性不理想，但与重烷基苯磺酸盐或石油磺酸盐进行复配后，复配产品界面活性大大增强，可以在强碱、弱碱条件下使大庆油水在较低的碱浓度下界面张力达到 10^{-3} mN/m 数量级，产品抗稀释性和与碱的配伍性大有改善，石油羧酸盐与重烷基苯磺酸盐或石油磺酸盐复配配方色谱分离现象不严重，配方体系可以满足大庆弱碱复合驱的技术要求。

②天然羧酸盐。

天然羧酸盐就是将油脂下脚料水解、改性和皂化制得的。李干佐等人研究出了复合驱用表面活性剂天然羧酸盐 SDC-1 和 SDC-3。据报道，该表面活性剂的表面活性高，有较强的抗二价阳离子能力，价格便宜且来源丰富，具有应用前景。

（4）α-烯烃磺酸盐。

α-烯烃磺酸盐主要成分是链烯基磺酸盐（R—CH＝CH—（CH$_2$）$_n$—SO$_3$Na）和羟基链烷磺酸盐（RCH（OH）—（CH$_2$）$_n$—SO$_3$Na），还有少量的二磺化物即二磺酸盐。α-烯烃磺酸盐亦称 AOS。

α-烯烃磺酸盐主要通过 α-烯烃磺化、中和成盐而制得的。其中 α-烯烃主要由石蜡裂解法和 Ziegler 法制备。AOS 作驱油主剂，对钙镁离子不但不敏感，反而其生成的钙镁盐又是很好的活性剂，因而具有抗盐能力，有利于高矿化度油层三次采油。另外，AOS 的合成原料可来源于原油的组分，原料充足。裂解烯烃工艺及磺化工艺都比较成熟，具备工业化生产条件。由于国内缺乏合适碳链的烯烃原料，用于复合驱研究报道较少，目前主要应用于蒸汽驱高温发泡剂。

（5）木质素磺酸盐及改性产品。

木质素是自然界唯一能提供可再生芳基化合物的非石油资源。木质素主要来源于造纸业和纤维水解业。由于木质素具有多种功能团和化学键，存在酚型和非酚型芳香环，因此，木质素的反应能力是相当强的，有关合成木质素表面活性剂及改性产品的报道很多。木质素经磺化、中和得到木质素磺酸盐。木质素磺酸盐由于其表面活性差，因此主要用作牺牲剂或助表面活性剂。必须设法对其结构进行改造，即合成改性木质素磺酸盐。主要利用木质素所具有的结构单元，通过烷基化反应或缩合反应引入烷基，再经磺化、后处理等工序得到改性木质素磺酸盐产品。

中科院广州化学研究所采用烷基酚与木质素反应，合成了具有良好界面活性的改性产品，在弱碱碳酸钠浓度为1%条件下，可以使胜利油田油水界面张力达到超低，且产品抗二价阳离子能力较强。大连理工大学采用脂肪胺与木质素反应，选择不同碳链多胺作为改性剂，将疏水碳链引入木质素分子中，改善了木质素磺酸盐的疏水性，改性产品可以在碱浓度0.4%~1.2%、活性剂浓度0.1%~0.4%范围使大庆油、水达到超低界面张力。

（6）非离子表面活性剂。

非离子表面活性剂在溶液中以分子或胶束状态存在，水溶性不受电解质的影响，因而抗盐耐碱性能好，与阴离子或阳离子表面活性剂相容性好。非离子表面活性剂的缺点是浊点低，不适合应用于高温油藏。非离子表面活性剂种类较多，但用于驱油剂的研究主要集中在烷醇酰胺、脂肪醇聚氧乙烯醚、烷基酚聚氧乙烯醚、平平加和 Tween 系列。非离子表面活性剂单独使用降低油水界面张力性能一般，通常与阴离子表面活性剂复配使用，发挥协同作用，既有利于降低油水界面张力，同时提高体系耐盐性能，增强体系乳化性能。胜利油田采用石油磺酸盐与烷基酚聚氧乙烯醚非离子表面活性剂复配体系，可以在无碱条件下使胜利孤岛油田油、水达到超低界面张力，已经在胜利孤岛油田 SP 无碱复合驱现场试验中获得应用，现场试验提高采收率达 12.1%。

（7）生物表面活性剂。

生物表面活性剂是微生物的代谢产物，具有化学方法难以生成的化学基团，性能良好，生产成本低，环境污染小。鼠李糖脂是生物表面活性剂的一种，由生物发酵法制得，经"九五"国家重点科技攻关，其工艺路线日趋成熟，是一种性能优良的复合驱用表面活性剂。因其生产工艺简单、成本低、原料来源广而具有竞争力。大庆油田采用鼠李糖脂生物表面活性剂与烷基苯磺酸盐复配，减少了烷基苯磺酸盐的用量，现场试验效果良好。

（8）高分子表面活性剂。

高分子表面活性剂由于相对分子质量高，分子缠结影响其在油—水界面上的吸附与排列，界面活性低。高分子表面活性剂与原油的界面张力难以降到超低值。近年来随着分子设计技术的发展，合成复合驱用高分子表面活性剂取得重要进展。杨金华等采用化学超声波辐射方法合成了梳型和嵌段型高分子表面活性剂。西南石油大学、中国石油勘探开发研究院等通过在聚丙烯酰胺高分子聚合过程中引入可聚合的疏水单体，合成产品可以使油水界面张力降低至 10^{-2} mN/m 数量级。中国科学研究院化学所研制出一种高分子聚表面活性剂，能够增强体系乳化性能来提高驱油效率，目前该产品已经开始应用于大庆油田现场试验中，尤其在聚合物驱后采用该高分子聚表面活性剂驱油现场试验效果良好，某试验区聚合物驱后提高采收率达到 9.6%，优于其他方法提高采收率，显示良好的应用前景。

（9）两性离子表面活性剂。

两性离子表面活性剂具有良好的表面活性和界面活性，抗盐抗二价阳离子性能好，在目前对无碱复合体系表面活性剂开发中受到研究人员的广泛重视。无锡轻工业学院和东北石油大学等单位对磺基甜菜碱类两性离子表面活性剂用于驱油剂进行了深入研究，采用油酸等长碳链脂肪酸合成的磺基甜菜碱产品，可以在无碱条件下使大庆油水界面张力达到超低。中国石油勘探开发研究院合成出一种新型羟基磺基甜菜碱类两性表面活性剂产品 HAB，在无碱 SP 复合驱条件下，在表面活性剂浓度 0.05%~0.3% 使大庆油水界面张力达到超低，如图 3-4 所示。目前已经在长庆油田马岭北三区聚合物—表面活性剂复合驱现场试验中应用。

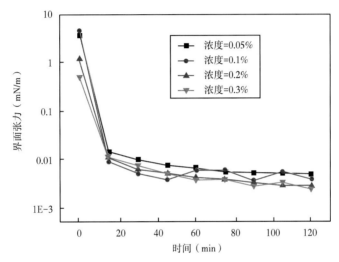

图 3-4 两性表面活性剂 HAB 对大庆油水界面张力（无碱体系）

（10）新型孪链表面活性剂。

孪链表面活性剂具有独特的性能、优异的表面活性，其临界胶束浓度 CMC 比传统表面活性剂低百倍，而降低表面张力的效率则高百倍，可以大幅度降低使用浓度，被誉为新一代表面活性剂，成为研究开发的热点。孪链表面活性剂抗盐性能好，对高矿化度油藏无碱复合驱有应用潜力，西南石油大学、中国石油勘探开发研究院、石油化工研究院、天津大学等都进行了合成探索研究，不同碳链的双烷基双磺酸盐系列孪链表面活性剂，对矿化度较高（20×10^4 mg/L）的中原油田，双碳链 C_{14} 双磺酸盐可以使油、水界面张力在无碱条件下达到超低。

总体上说，驱油用表面活性剂在中国已经取得了快速发展，研制的重烷基苯磺酸盐产品已经在大庆油田强碱三元复合驱工业性矿场试验及扩大应用区块获得应用，年生产能力达到 5×10^4 t。石油磺酸盐产品也已经在大庆油田弱碱三元复合驱矿场试验应用，进入工业化试验推广应用阶段。其他类型表面活性剂室内研究取得良好进展，部分通过复配体系也开始进入现场试验。新疆油田和大港油田复合驱试验目前采用了以石油磺酸盐为主剂的复配产品，辽河油田复合驱试验采用了以两性表面活性剂为主剂的产品。

新疆克拉玛依油田的原油性质与大庆、胜利及大港等油田存在明显差异，不能直接使用成型的表面活性剂体系，需要自主研制出适用于新疆环烷基原油的表面活性剂。

一、表面活性剂研制

二元驱用表面活性剂的筛选目前是以超低界面张力为首要指标，考虑到七中区油藏低渗透率的特点，更需要使界面张力降至超低来启动微孔缝隙中的残余油。七中区二元复合驱用表面活性剂首选克拉玛依自产石油磺酸盐 KPS，但是，由于无碱二元复合驱在新疆油田是第一次实施，没有可以借鉴的先例，合成二元驱用 KPS 也不能简单移植三元复合驱时的工艺条件。

1. 原料油的优选

取克拉玛依石化公司稠油常二线、稠油常三线、稠油减二线、稠油减三线、稠油减四线、稠油减渣、丙烷重脱油、催化油浆、催化循环油、焦化蜡油、常三线抽出油、糠醛抽出油、减四线糠抽、烷基苯、中压减三线、VG56、石蜡基减一线、石蜡基减二线、石蜡基减三线等 19 种原料进行分析，根据相对分子质量、胶质沥青质含量等参数，初步选出 H3、H4、H5、H7、H8、H9、H10、H11、H12、H13、H14、H16、S1、S2、S3 等 14 种原料进行磺化，所得石油磺酸盐的界面张力见表 3-3。根据表中磺酸盐分子量和界面张力认为 H3、H4、H10、H13、H14、S2 等原料油可以作为生产石油磺酸盐的原料。

表 3-3　不同原料油所合成石油磺酸盐的性能

实验编号	原料油名称	磺酸盐相对分子质量	界面张力（mN/m）
1	H3	358	10^{-2}
2	H13	355	$10^{-3} \sim 10^{-2}$
3	H10	486	10^{-2}
4	H14	348	10^{-2}
5	H4	410	$10^{-3} \sim 10^{-2}$
6	H8	422	溶液不均匀
7	H16	593	溶液不均匀
8	H5	552	溶液不均匀
9	H11	337	10^{-1}
10	H9	342	10^{-1}
11	H12	566	10^{-1}
12	S1	271	10^{-1}
13	S2	377	10^{-2}
14	S3	395	10^{0}

2. 生产工艺优化

原石油磺酸盐生产工艺为间歇性釜式鼓泡磺化工艺，采用两个磺化罐间歇式磺化，工艺已相对落后，产品性能波动大，酸渣产生量大，产品收率低，该生产工艺已无法保证石油磺酸盐的正常生产。因此，开展三次采油用石油磺酸盐的专项研究，对原有生产工艺进行了改造，新工艺采用四个磺化罐连续喷射磺化，酸性油直接从罐底口进入新增的离心机进行离心脱渣，萃取系统增加了真空系统对抽余油进行闪蒸，除去抽余油中的水分，合成工艺流程如图3-5所示。通过工艺改造，使石油磺酸盐收率由7.7%提高到13.3%，酸渣量和物料大幅度降低，实现了更清洁化生产。

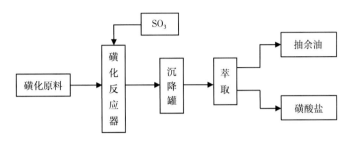

图 3-5　合成石油磺酸盐工艺流程

1）磺化工艺的优选

目前国内外用于气体三氧化硫磺化长链烷基苯的磺化反应器主要有釜式、膜式磺化反应器和喷射式反应器。膜式反应器在国内外发展时间较长，工艺较成熟，但其结构复杂，安装精度要求高，投资费用大，且不适合于黏度较大的物质磺化。喷射反应器是近十多年迅速发展起来的多相反应器，有许多独特、优异的性能。

在实验室中试装置上，对釜式、膜式和喷射式三种磺化反应工艺进行了对比，膜式反应器很容易因磺化过程产生的酸渣而造成反应器堵塞，而喷射式磺化相对传统的釜式磺化工艺能大幅度提高磺化反应效率和反应物料的利用率，降低酸渣产量并实现连续生产。因此确定把原釜式磺酸盐生产工艺改造为喷射式生产工艺。

2）生产工艺的改造

在原有磺化装置的基础上进行改造，采用四个磺化罐组对连续喷射磺化，生产过程采用DCS控制系统，提高了生产过程中的自动化控制水平，从而大幅度提高了石油磺酸盐的生产能力和产品性能。

磺化系统：磺化系统由原来的顺流鼓泡串联式磺化改为连续喷射式磺化，酸性油由原来的溢流式改造为直接从罐底底口流出方式，提高了装置的磺化生产能力，使装置年处理能力达到$5 \times 10^4 t$，并提高三氧化硫的利用率，减轻了三氧化硫尾气的排放量。

脱渣系统：酸性油从磺化罐出来后进入新增的离心机，进行离心脱渣。该离心机的使用，使磺化后的酸渣迅速脱离磺化反应区，消除了酸渣深度磺化带来的脱渣困难，提高了剩余油的收率，有利于后续操作的平稳，减少了设备故障发生率和维修率，减轻了工人劳动强度，同时减少了酸渣的生产量。

萃取系统：针对抽余油产品含水及酒精含量偏高的问题，增加了真空系统，对抽余油进行闪蒸，使抽余油的水分由以前的0.2%下降到痕迹。

二、石油磺酸盐 KPS 产品性能评价

1. 产品的红外表征

对生产的石油磺酸盐工业产品进行红外分析表证，谱图如图 3-6 所示。图中 2921.23cm⁻¹ 处为饱和 C—H 伸缩振动吸收峰；1176cm⁻¹、1050cm⁻¹ 处为磺酸盐中 S ＝O 的特征吸收峰，由磺酸根的对称伸缩振动和不对称伸缩振动引起的，可以证明有磺酸根的存在；1450.17cm⁻¹ 处为饱和 C—H 键弯曲振动吸收峰；1503.29cm⁻¹ 处为芳环上的 C—C 骨架伸缩振动吸收峰；710.56cm⁻¹、669.69cm⁻¹ 处为芳环上 C—H 面外弯曲振动吸收峰。

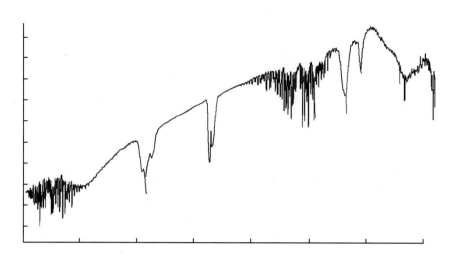

图 3-6　石油磺酸盐产品的红外谱图

2. 产品的质量指标

表 3-4 是石油磺酸盐工业产品的质量检测数据，石油磺酸盐 KPS 含量和平均分子量都符合产品质量指标。

表 3-4　磺酸盐工业产品质量指标

样品编号	未反应油含量（%）	无机盐含量（%）	磺酸钠含量（%）	平均分子量
2009-22	1.42	3.16	36.05	435
2009-23	1.26	1.33	31.12	442
质量指标	≤2.0	≤8	30~40	400~500

3. 产品的性能评价

1）界面张力性能

通过原料油优选和生产工艺优化对三元驱用 KPS 进行性能改进，使 KPS 适合用于无碱二元驱驱，改进后的二元驱用产品 KPS202 与试验区原油界面张力可以达到小于 5×10⁻²mN/m，

不同批次产品性能稳定（图 3-7）。

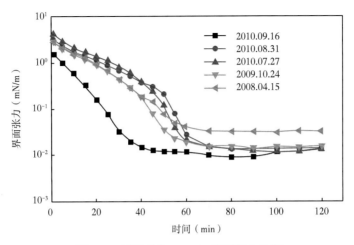

图 3-7 不同批次 KPS202 界面张力性能

2）耐盐性、耐钙性

由于 KPS202 是阴离子石油磺酸盐类活性剂，界面张力随体系中 NaCl 浓度的增加而降低（图 3-8），表现出阴离子表面活性剂的特点，有利于体系遇到高矿化度地层水时界面张力的降低，体系中 NaCl 浓度在 0.2%～1.0% 范围内界面张力满足小于 5.0×10^{-2} mN/m。体系中钙离子在 25～150mg/L 范围内界面张力满足小于 5.0×10^{-2} mN/m（图 3-9），良好的耐钙性能可以消除地层水中二价离子对体系界面张力的影响。

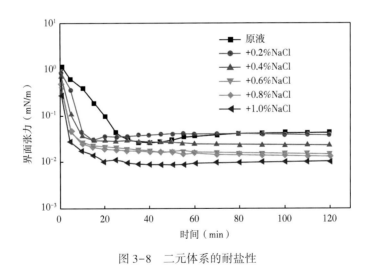

图 3-8 二元体系的耐盐性

3）与油藏流体作用效果

二元体系在地层运移过程中，由于不断被地层水稀释、被地层岩石吸附，将会导致体系组成变化和体系浓度降低。因此，需要在较宽的化学剂浓度范围内具有较高的界面活性。

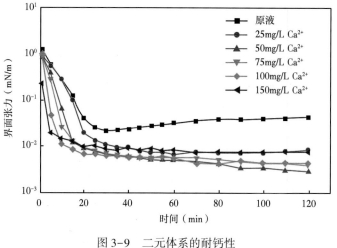

图 3-9　二元体系的耐钙性

KPS202 体系最佳浓度范围在 0.2%~0.4%（图 3-10）。从图 3-11 可以看出，二元体系被地层水稀释后随表面活性剂浓度的降低界面张力性能反而变好，体系被稀释至不同浓度后均达到超低界面张力，表明二元体系具有优良的耐地层水稀释性，与地层流体具有良好配伍性。

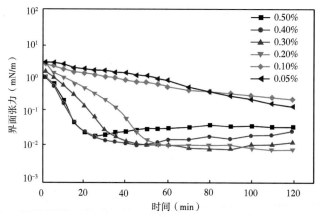

图 3-10　表面活性剂浓度对界面张力影响

4）与聚合物配伍性

二元体系中聚合物在 0.05%~0.2% 浓度范围内界面张力均满足小于 $5.0×10^{-2}$ mN/m（图 3-12），随体系黏度的增加，界面张力降低速度变慢，达到平衡界面张力时间延长，体系黏度越低达平衡界面张力所需的时间越短。

5）与试验区原油普适性

由于试验区各单井原油的黏度和组成的差异，需要考察二元体系与不同井原油的界面张力，测定结果如图 3-13 所示，KPS202 体系与试验区 80% 采油井原油界面张力小于 $5.0×10^{-2}$ mN/m，对试验区原油适应性较强。

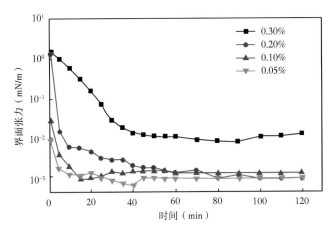

图 3-11　二元体系被地层水稀释至不同浓度后性能

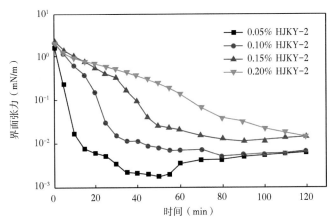

图 3-12　聚合物浓度对界面张力的影响

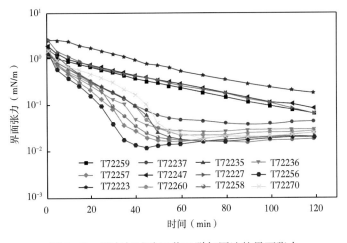

图 3-13　配方与试验区井口脱气原油的界面张力

6）驱油效率

KPS202 体系驱油效果较好，室内岩心驱油结果提高采收率都在 20% 以上（表 3-5），满足二元复合驱技术规范中提高采收率指标。

表 3-5　体系驱油效率结果

编号	配方名称	界面张力（mN/m）	水相渗透率（D）	采收率（%）		
				水驱	二次水驱	提高值
1	KPS202/HPAM	1.97×10^{-2}	0.3792	43.09	71.28	28.19
2			0.3714	44.74	75.26	30.53
3			0.3373	42.01	67.62	25.61
4			0.2971	49.35	73.05	23.70

三、石油磺酸盐 KPS 系列化应用

砾岩油藏不同区块原油性质差别大，针对不同酸值原油，分别研发了相对应的表面活性剂，在高、中、低酸值条件下，界面张力都可达到超低，形成了系列化 KPS 产品（表 3-6）。

表 3-6　针对不同酸值原油开发的表面活性剂

典型代表区块		地层原油黏度（mPa·s）	酸值（mgKOH/g 油）	界面张力（mN/m）	活性剂
I 类砾岩	二中区	9.6	高酸值：0.35~1.5	2×10^{-3}	KPS100
	八 530 井区	8.2	中酸值：0.35~0.65	5×10^{-3}	KPS305
	七东$_1$区	5.1	低酸值：0.09~0.15	5×10^{-3}	KPS304
	七中区	6.0	低酸值：0.09~0.15	2×10^{-2}	KPS202

第三节　聚合物—表面活性剂二元驱体系优化

表面活性剂与聚合物协同使用会大幅提高采收率，需要体系要在储层条件下保持优良的洗油能力和稳定性，本节通过洗油能力及稳定性来优化聚合物—表面活性剂二元体系。

一、聚合物—表面活性剂二元体系洗油能力

界面张力值反映了表面活性剂通过多孔介质时油滴通过孔喉时的变形能力，而表面活性剂对油膜从油砂表面的剥离能力必须用洗油能力来评价。研究人员希望得到活性剂既有较低的界面张力值，又具有较好的洗油能力，洗油能力是二元体系提高驱油效率的必要条件。首先使用新疆克拉玛依七中区原油与油砂按 1∶5 的比例混合，放入 40℃ 烘箱中恒温老化一周，定时使用玻璃棒搅拌。油砂老化好后，取 50g 油砂与 0.3% 的表面活性剂溶液 500g 放入锥形瓶中，然后放入 40℃ 烘箱中 48 小时，定时摇晃。使用石油醚萃取洗脱的原油，依据标准 SY/T 5329—94 测定上层溶液中的原油含量。萃取液的颜色深浅度与含油量浓度呈线性关系，因此可以用比色的方法进行测定。首先称取 0.5000g 标准油，用石油醚或汽油溶解于 100mL 容量瓶内并稀释至

刻度，此溶液含油浓度为 5.0mg/mL。用移液管分别吸取 0，0.50，…，3.00mL 标准油溶液置于 7 只 50mL 比色管中，用汽油稀释至刻度并摇匀，以汽油为空白，在紫外可见分光光度器上比色，根据测得的光密度值和对应的含油量绘制标准曲线。将石油醚萃取液收集于 50mL 比色管中，用汽油稀释到刻度，盖紧瓶塞并摇匀，同时测量被萃取后水样体积，若萃取液浑浊，应加入无水硫酸钠（或无水氯化钙），脱水后再进行比色测定；用萃取剂（汽油）作空白样，在分光光度计上测定其光密度值，在标准曲线上查出含油量。

表面活性剂的油膜洗脱性能用洗脱率表示。

$$\delta = \frac{m}{M} \times 100\%$$

式中　δ——洗脱率，%；

m——上层溶液中的原油量，g；

M——油砂中的原油量，g。

通过洗油能力试验可以看出（表 3-7），0.3%KPS-2+1200mg/LHPAM 二元体系的洗油能力最好，在其他二元体系中 0.3%KPS-1+1200mg/LHPAM 也有较好的洗油能力。值得注意的是 0.3%SP-1207+1200mg/LHPAM 二元体系的油水界面张力测定开始时较高，而在 40 分钟后界面张力快速降低，在洗油实验中有相似的结果，由于二元体系/原油初始界面张力较高，实验开始时洗油能力较弱，随着时间的进行，洗油能力逐渐增强，到 48 小时，该体系的洗油能力达到了 61.46%。

表 3-7　表面活性剂洗油能力分析

序号	体系	界面张力（mN/m）	洗油率（%）
1	0.3%SYPS-3+1200mg/LHPAM	8.98×10^{-2}	46.32
2	0.3%KPS-1+1200mg/LHPAM	7.33×10^{-2}	62.22
3	0.3%KPS-2+1200mg/LHPAM	6.52×10^{-3}	68.43
4	0.3%SLPS+1200mhg/LHPAM	6.54×10^{0}	21.23
5	0.3%DQL-1+1200mg/LHPAM	3.47×10^{-2}	20.88
6	0.3%TCJ-2+1200mg/LHPAM	3.24×10^{0}	31.67
7	0.3%SP-1207+1200mg/LHPAM	6.78×10^{-3}	61.46
8	0.3%DR-3+1200mg/LHPAM	3.11×10^{0}	42.98
9	0.3%ZHK-3+1200mg/LHPAM	7.82×10^{0}	20.55
10	0.3%LAyL+1200mg/LHPAM	3.38×10^{-1}	45.33

二、聚合物—表面活性剂二元体系稳定性

1. 长期稳定性实验

聚合物—表面活性剂二元体系的长期稳定性是评价二元体系的一项重要指标，由于二元体系一旦注入油层就将经过数月甚至数年才能采出，聚合物—表面活性剂二元体系在油藏温度作用下是否具有降低界面张力和增黏能力是非常重要的问题。为此，需要考察老化不同时间降低界面张力的能力。为考察各表面活性剂在油藏温度下的稳定性，进行了热稳定实验，实验使用的聚合物相对分子质量为 2500 万，浓度为 1200mg/L，表面活性剂浓度为 0.3%。

实验温度为油藏温度40℃。

通过热稳定试验可以看出，所选择的几种二元体系都具有较好的热稳定性，二元配方体系经过45天后界面张力热稳定性基本保持在原数量级不变，实验结果见表3-8。也说明表面活性剂中易挥发化学剂较少，一般活性剂合成后为了增加活性剂的溶解性或者降低界面张力的作用，往往加入一些助于表面活性剂溶解和界面活性的助剂，这类助剂一般是小分子的有机物，如正丁醇、异丙醇等，但是这些助剂的加入降低了活性剂的闪点。

表3-8 聚合物—表面活性剂二元体系界面张力稳定性

体系	1d	8d	15d	45d
DR-3	3.11×10^0	3.69×10^0	3.87×10^0	3.22×10^0
0.3%LAyL+1200mg/LHPAM	3.38×10^{-1}	3.65×10^{-1}	3.16×10^{-1}	3.28×10^{-1}
0.3%KPS-1+1200mg/LHPAM	7.33×10^{-2}	7.34×10^{-2}	7.21×10^{-2}	7.45×10^{-2}
0.3%KPS-2+1200mg/LHPAM	6.52×10^{-3}	6.55×10^{-3}	6.85×10^{-3}	6.22×10^{-3}
0.3%SP-1207+1200mg/LHPAM	6.78×10^{-3}	6.94×10^{-3}	6.99×10^{-3}	7.01×10^{-3}

表3-9为聚合物—表面活性剂二元体系黏度稳定性结果，在实验过程中的45天内，二元体系的黏度保留率在80%以上，所选用的几个二元体系都具有良好的保持体系黏度的效果。

表3-9 聚合物—表面活性剂二元体系黏度稳定性

体系	1d	8d	15d	45d
DR-3	20.54	18.35	17.43	16.44
0.3%LAyL+1200mg/LHPAM	20.56	19.45	17.99	16.65
0.3%KPS-1+1200mg/LHPAM	21.76	20.65	18.55	17.34
0.3%KPS-2+1200mg/LHPAM	20.65	19.18	17.95	16.66
0.3%SP-1207+1200mg/LHPAM	20.46	18.42	18.43	17.33

2. 吸附稳定性

实验采用新疆克拉玛依油田七中区的天然砾岩油砂，经过粉碎筛分，选取40~120目油砂，实验温度为40℃，实验过程为将油砂与二元体系按照1:10的比例放入恒温振荡器振荡24小时，固液分离，分离后的液体除部分进行界面张力测定外，其余液体仍按相同的比例加入油砂继续实验，如此重复5次。实验结果见表3-10。

表3-10 吸附稳定性实验结果

配方	界面张力（mN/m）				
	第零次	第一次	第二次	第三次	第四次
DR-3	3.11×10^0	7.35×10^0	9.13×10^0	3.42×10^1	7.35×10^1
0.3%LAyL+1200mg/LHPAM	3.38×10^{-1}	8.94×10^{-1}	3.24×10^0	5.97×10^0	7.56×10^0
0.3%KPS-1+1200mg/LHPAM	7.33×10^{-2}	9.85×10^{-2}	2.13×10^{-1}	5.87×10^{-1}	7.95×10^{-1}
0.3%KPS-2+1200mg/LHPAM	6.52×10^{-3}	7.95×10^{-3}	9.93×10^{-3}	1.32×10^{-2}	1.65×10^{-2}
0.3%SP-1207+1200mg/LHPAM	6.78×10^{-3}	9.48×10^{-3}	3.65×10^{-2}	7.39×10^{-2}	9.57×10^{-2}

通过实验发现所选取的几种二元体系抗吸附能力都比较弱，其中比较好的是 0.3% KPS-2+1200mg/LHPAM 二元体系，吸附四次后仍能够达到 10^{-2} mN/m 数量级。二元体系表面活性剂吸附力比较大的原因主要是聚合物—表面活性剂二元体系中无碱，在三元复合驱中，碱除了与表面活性剂共同作用降低油水界面张力外，还有一个重要的作用机理即及时可以降低活性剂的吸附，由于二元体系中无碱，活性剂的吸附量将大大增加，因此目前所使用的二元驱用表活剂的抗吸附能力弱。

通过一系列的研究优化出的体系配方为：0.3% KPS-2+1200mg/LHPAM 二元体系，其洗油效率达到 62.22% 和 68.43%，油藏温度下老化 45 天界面张力基本保持在原有数量级，黏度保留率也大于 80%，界面张力可以在吸附四次后仍能够达到 10^{-2} mN/m 数量级。

三、聚合物—表面活性剂二元体系驱油效果评价

二元复合体系由于降低了油水界面张力，改变了油的乳化特性，同时也改变了地层岩石表面的润湿性，使油与水形成较稳定的水包油型乳状液，还可减少油对地层的黏附功，乳化油在向前移动中不易重新黏附回岩石表面，提高了原油自岩石孔隙表面自发洗脱效果。聚合物增黏性能调节油水流度，增加对油相黏滞力，在向采油井汇集过程中，将遇到的分散油聚并，使油带不断扩大，最后从油井采出。此外，表面活性剂—聚合物二元复合体系可以发挥聚合物的弹性驱油作用。因此，从二元体系黏度、聚合物与原油黏度比、界面张力等角度，探讨二元复合驱提高原油采收率能力和效果。

1. 二元体系黏度对驱油效果的影响

聚合物—表面活性剂二元体系进入油层后，聚合物具有两个基本作用：一是显著增加水相的黏度，从而改善油水流度比，减少水的指进程度，扩大波及体积，提高驱油效率；另一个基本作用是聚合物可以降低岩石渗透率，由于聚合物的吸附、滞留等，造成水相渗透率降低。一般来说，聚合物浓度、相对分子质量越大，吸附量和残余阻力系数也越大，使得水相渗透率降低。对于非均质地层，二元体系首先进入到高渗透层，进入低渗透层的二元体系量很少，随着二元体系中聚合物浓度的增加，体系黏度增加，流度比得到了进一步改善，对高渗透层产生"调"的作用，使后续水能够进入到中、低渗透层，将中、低渗透层中残余油驱走，提高原油采收率。

在一定的二元体系/原油流度比下，驱替前沿是稳定的，此时将会得到较高的驱油效率。低黏度体系不利于流度改善，不利于驱油效率的提高，但过高的体系黏度会造成不必要的浪费，还可能会造成二元体系注入困难，因此体系的黏度应该控制在合理的界限之内。

在进行聚合物驱浓度优化时，通常是比较采收率的提高幅度。在注入体积一定的情况下，随着聚合物浓度的增加，聚合物水溶液的黏度增加，开始驱油效率提高幅度增加很快，继续增加聚合物浓度，驱油效率增加幅度趋势变缓。聚合物浓度过低，驱油效率的提高幅度小，对提高采收率是不利的；而聚合物浓度过高，则会造成聚合物的浪费，经济效益变差。通常把驱油效率与聚合物浓度关系曲线的拐点处的聚合物浓度称为最佳聚合物注入浓度，如图 3-14 所示。

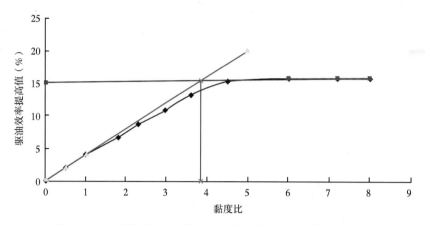

图 3-14　二元体系/原油黏度比与驱油效率提高值关系示意图

1）实验条件

（1）岩心。

为了防止液体在钢管壁表面出现滑脱效应，对不锈钢管表面进行了适当处理，用环氧树脂胶与石英砂按适当比例混合后，将其涂在不锈钢管内表面，处理后的填砂管表面不仅粗糙度增加，而且还表现为弱亲水特性。每次所填砂的重量经过称重，尽量减少由于模型的原因产生的误差。为了模拟新疆克拉玛依油田七中区地层岩心的渗透率，经过对多个目数的砂混合装填，采用相同的压实程度，最后筛选出满足地层岩心渗透率要求的砂，模型填好后测定水相渗透率，岩心管的物理参数见表 3-11。

表 3-11　填砂管参数

模型	长度 L （cm）	直径 D （cm）	孔隙度 ϕ （%）	水相渗透率 K （D）	原始含油饱和度 S_{oi}（%）	束缚水饱和度 S_{wc} （%）
1	20.00	1.98	32.49	982	65.46	34.54
2	20.00	1.98	31.99	961	64.31	35.69
3	20.00	1.98	30.89	973	63.89	36.11
4	20.00	1.98	32.47	967	65.75	34.25
5	20.00	1.98	32.12	990	65.47	34.53
6	20.00	1.98	31.57	981	64.24	35.76
7	20.00	1.98	32.49	953	63.11	36.89
8	20.00	1.98	32.45	957	64.87	35.13

（2）原油。

原油取自新疆克拉玛依油田七中区，由于长时间暴露在空气中，原油在地面脱气，因此地面原油黏度远高于地下油藏黏度。为了模拟地下油藏原油黏度，用煤油进行稀释，将地面原油与煤油按一定比例进行混合配成模拟油，40℃时黏度为 6.0mPa·s。

（3）聚合物—表面活性剂二元体系。

表面活性剂浓度为 0.3%KPS-2，聚合物选用 2500 万相对分子质量，二元体系/原油黏度比分别 0.5、1.0、1.5、2.0、2.5、3.0、3.5、4.0，二元体系的油水界面张力为 6.52×10^{-3} mN/m，配制方法为模拟注入水中加入聚合物搅拌溶解 2 小时，配制成 4000mg/L 的聚合物母液，然后放置 2 小时后备用；在使用时将聚合物母液和表面活性剂用注入水稀释到需要的黏度。

（4）驱替速度。

根据新疆克拉玛依油田七中区注入现状，确定模拟实验水驱速度为 1.5m/d。

（5）聚合物—表面活性剂二元驱注入时机。

二元体系不同的注入时机对驱油效果的影响是不一样的，根据目前新疆克拉玛依油田七中区油田产出液的综合含水率情况，在模型出口含水率为 95% 左右时开始进行二元驱。

2）实验步骤

（1）将装好的填砂管称干重，然后抽真空 3 小时，饱和地层水，称重计算孔隙体积和孔隙度，并测量水相渗透率。

（2）在油藏温度（40℃）下注入模拟油，并计量岩心出口出水量，计算岩心原始含油饱和度 S_{oi}，在 40℃ 下放置 12 小时进行老化后再进行驱油实验。

（3）进行水驱油，计量不同时刻产出液的含水率，直到岩心出口含水率达到 98% 时停止水驱油，并计算水驱油效率。

（4）当水驱油后，用油水黏度比为 0.5 的二元体系驱替，并计量不同时刻产出的油水体积，当二元体系注入量达到 2.5PV 后停止实验，并计算二元驱最终采收率。

（5）用同样的方法，进行不同二元体系/原油黏度比驱油，并计算不同黏度比下注入 2.5PV 后的最终驱油效率。

（6）将不同油水黏度比二元驱最终驱油效率减去水驱油效率，然后绘制不同黏度比条件下二元体系对驱油效率提高值的影响曲线，实验流程图如图 3-15 所示。

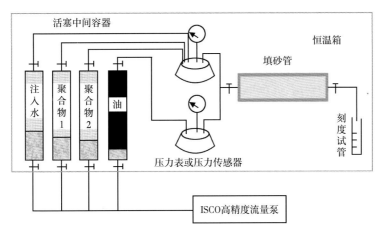

图 3-15　实验流程示意图

3）聚合物/原油黏度比对驱油效率的影响

分别进行二元体系/原油黏度比为 0.5、1.0、1.5、2.0、2.5、3.0、3.5、4.0 的二元体系驱油实验，每个浓度下二元体系的注入量都为 2.5PV，实验结果见表 3-12。在水驱采出程度变化不大的条件下，聚合物—表面活性剂二元驱含水最大降幅随着黏度比的增大而增加，总采出程度和二元驱提高采收率也是随着黏度比的增大而增加。

图 3-16 为二元复合体系注入孔隙体积与含水率变化的关系曲线，可见在不同黏度比的二元体系注入过程中，黏度比越大采出液含水降低幅度越大，同时保持低含水的时间越长。最低含水率达到了 66% 左右，最大含水降低了 28.95%。特别是当黏度比大于 2 后，低含水率区间相对较宽，维持低含水率时间较长，当含水率达到 98% 以上后，原油采出程度达到了 68% 以上。

表 3-12 聚合物—表面活性剂二元驱油实验结果

岩心	二元体系注入量（PV）	活性剂浓度（%）	黏度比	最大含水降幅（%）	水驱采收率（%）	总采收率（%）	二元驱提高采收率（%）
1			0.5	13.14	45.71	51.45	5.74
2			1.0	13.97	45.67	58.12	12.45
3			1.5	17.88	46.22	63.05	16.83
4	2.5	0.3	2.0	19.95	47.93	68.06	20.13
5			2.5	23.84	46.97	69.31	22.34
6			3.0	24.76	45.31	68.48	23.17
7			3.5	27.63	46.28	69.74	23.46
8			4.0	28.95	46.37	70.61	24.24

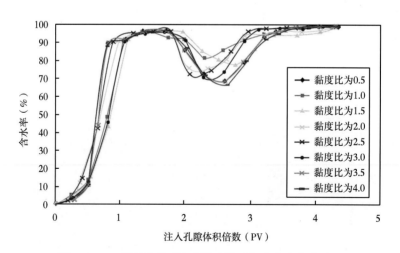

图 3-16 二元复合体系注入孔隙体积与含水率变化关系

图 3-17 为不同二元体系/原油黏度比的采出程度与含水率曲线，从曲线中可以看出，水驱岩心出口含水率达到 95% 左右时，原油采出程度达到 46% 左右，然后开始注入二元复合体系，含水率经过短暂上升后开始出现了不同程度的下降，随着驱替前缘原油的不断采出，含水率均又出现了快速上升的趋势。其中黏度比大于 2.0% 的实验曲线表现出采出液含水率降低幅度最大、低含水期延续时间最长，也表现为采出程度上升最明显。结果表明，增

加二元体系/原油的黏度比，有利于提高二元体系的驱油效率。

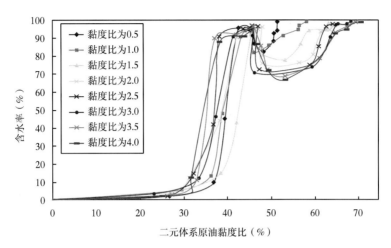

图3-17 不同二元体系/原油黏度比的采出程度与含水率曲线

图3-18为不同黏度比二元体系注入量与驱油效率关系曲线，从曲线中可以看出，二元体系注入岩心后，驱油效率随二元体系注入量增大出现了显著增加，提高采收率幅度在5.74%~24.24%之间。

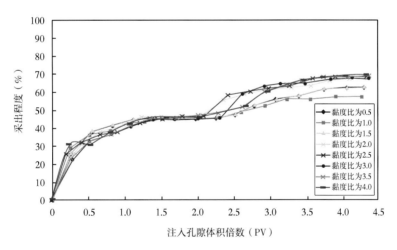

图3-18 不同黏度比二元体系注入量与驱油效率关系曲线

图3-19为二元体系/原油黏度比对提高采收率的影响曲线，从曲线上可以看出，采收率提高值随二元体系与原油黏度比值的增大而增加，当黏度比达到2.0以后，随黏度比的继续增加，驱油效率增加开始减缓，继续增加黏度比虽然仍能采出一部分原油，但经济效益相对要下降。实验过程中注入的聚合物—表面活性剂二元体系的段塞尺寸较大（达到2.5PV），因此该实验中得到的采收率提高值可以认为是该二元体系提高采收率的极限值。

二元复合驱中，驱油效果评价主要用提高采收率来评价，进而确定残余油最大幅度动用的最佳条件，对实验中所用的驱油体系进行优化。前面的分析表明，二元驱驱油效率受聚合

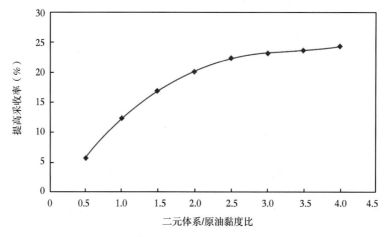

图 3-19 二元体系/原油黏度比对提高采收率的影响

物二元体系的黏度与原油黏度影响制约。二元体系含水率降低窗口越宽，二元驱驱油过程则越长，剩余油流动过程则越连续，驱油效果也就更好，特别是当黏度比大于 2 后，低含水率区间相对较宽，维持低含水率时间较长，当含水率达到 98% 以上后，原油采出程度达到了68% 以上。图 3-16 还表明，二元体系与油相黏度比为 1，含水率降低窗口最大，由于该体系降低含水率幅度较小，综合起来，该体系提高原油采收率幅度不大。但这一过程说明，黏度相等的两种体系在驱替过程中，流动更为连续、均质。

对于新疆克拉玛依油田七中区二元驱提高原油采收率极限值在 25% 以上，达到最高驱油效率临界黏度比为 3.0~3.5。

2. 二元体系/原油界面张力对驱油效果的影响

原油在孔隙介质中的启动、渗流主要遵守流体达西定律和油水间界面行为规律，采油时驱动压差越大及油水间界面张力越低，都能显著改善原油在多孔介质间的流动性能。二元表面活性剂驱油体系必须考虑其种类及溶液性质，使选择的驱油体系在驱油剂用量最少的前提下，尽可能长的距离内降低油水界面张力，依据界面张力确定残余油临界启动压力和极限驱油效率。

1) 驱油体系界面张力值的确定

化学驱技术是国内提高采收率的重要技术，尤其是三元复合驱技术，一直受到国内外研究领域的广泛重视，并且在大庆油田经过矿场试验验证已经进入工业化推广应用阶段，被认为是继聚合物驱后一种更有潜力的三次采油新技术。近年来随着表面活性剂合成技术的发展以及表面活性剂复配技术理论的突破，在不加碱的二元体系中仅仅依靠表面活性剂也能够将油水界面张力达到超低，经过实验研究证明，二元驱提高采收率的幅度能够达到 15% 以上。聚合物和表面活性剂共同在二元驱提高采收率中发挥作用，聚合物能起到扩大波及体积及控制后继化学剂流速的作用，表面活性剂起到降低油水界面张力，提高驱油效率的作用，两者对增油起到很好的协同效应。由于低界面张力是实现高驱油效率的主要因素，因此研究界面张力对提高采收率的影响对二元驱的应用尤为重要。

2）应用孔隙介质毛细管压力确定界面张力

油层中流体流动的通道是形状极其复杂的孔隙网络，其基本单元是无数个形状各异的毛细孔隙。在聚合物—表面活性剂二元体系注入过程中，油和二元体系在油藏的孔隙中形成两相渗流。要用流体把储集于这些孔隙网络中的残余油尽可能多的驱替出来，主要取决于孔道的大小以及流体性质。当给定某一种孔隙介质来研究问题的时候，流体性质便成了主要因素了。黏度和界面张力是反映流体性质的基本参数，必然会对两相渗流的基本特征产生影响。每一个有油水两相存在的毛细孔隙中，都同时存在着黏滞力和毛细管力。通常我们可以用毛细管数的大小来表征油水渗流过程中动力和阻力的相对影响。毛细管数决定着不同毛细管中油滴的不同运动状态、滞留位置和滞留油滴的大小等。在特定的孔隙介质中，对于存在不同孔隙中的不同大小的油滴，其能否开始移动，都直接和毛细管数 N_c 值的大小有关，即和黏滞力与毛细管力哪一个占优势及占优势的程度如何有关。

油藏喉道在 $0.2 \sim 7.2 \mu m$ 之间，平均约为 $4.1 \mu m$，要使孔隙中的油滴产生运移，则该油滴在喉道的毛细管压力梯度可近似表示为：

（1）假设油滴的长度为 $100 \mu m$，即 $1 \times 10^{-2} cm$；

（2）假定水线以 $1.5 m/d$ 的速度（v）向前推进，这时 $v = 1.74 \times 10^{-3} cm/s$；

（3）在地层温度（$40 \, ℃$）下，原油黏度 $6.0 mPa \cdot s$，水黏度为 $0.65 mPa \cdot s$，二元体系黏度为 $12.0 mPa \cdot s$；

（4）油/水界面张力约为 $36 mN/m$。

水驱喉道 $0.2 \mu m$ 毛细管压力梯度：

$$\frac{dp_c}{dL} = \frac{2\sigma}{rL} = \frac{2 \times 36}{(0.2 \times 10^{-1} \times 1 \times 10^{-2})} = 3.60 \times 10^8 Pa/cm$$

水驱喉道 $7.2 \mu m$ 毛细管压力梯度：

$$\frac{dp_c}{dL} = \frac{2\sigma}{rL} = \frac{2 \times 36}{(7.2 \times 10^{-1} \times 1 \times 10^{-2})} = 1.0 \times 10^7 Pa/cm$$

水驱喉道 $4.1 \mu m$ 毛细管压力梯度：

$$\frac{dp_c}{dL} = \frac{2\sigma}{rL} = \frac{2 \times 36}{(4.1 \times 10^{-1} \times 1 \times 10^{-2})} = 1.76 \times 10^7 Pa/cm$$

可见，对七中区油藏来说，要使水驱残余油启动运移，必须克服的最小压力为 $1.00 \times 10^7 Pa/cm$。目前七中区克下组油藏注水的水驱压力梯度约为 $248 Pa/cm$，这个数值显然远远小于使油藏中水驱残余油启动所需的压力梯度数值（$1.00 \times 10^7 Pa/cm$）。因此水驱过程中由于毛细管力束缚而剩余的那部分"残余油"，仅仅依靠水驱提高驱油效果很难。

在室内实验研究中，水驱以后，大约有 40% 以上的油作为"残余油"留在模型内，这些油主要是由于毛细管力效应以分散的油滴、油膜或者油块的形式被束缚在孔隙网络中，以致一般水驱方式对它们无能为力。要使这部分残余油启动，主要方法是降低毛细管压力梯度，降低毛细管阻力，使残余油重新启动运移起来。由于油藏条件下流体的黏度一定，现场的注入速度提高幅度有限，因此降低毛细管压力梯度最有效的方法是降低油水界面张力，在油田应用的表面活性剂驱、二元复合驱、三元复合驱等都是通过降低油水界面张力，达到降低毛细管压力梯度、提高驱油效率的目的。

当驱动压力梯度大于或等于毛细管压力梯度时，残余油中的束缚油滴开始启动运移，即当 $\dfrac{\mathrm{d}p}{\mathrm{d}x} \geqslant \dfrac{\mathrm{d}p_{\mathrm{c}}}{\mathrm{d}L}$ 时，油滴启动运移。其中：

$$\frac{\mathrm{d}p}{\mathrm{d}x} = 248\mathrm{Pa/cm}$$

$$p_{\mathrm{c}} = \frac{2\sigma}{r} = \frac{\mathrm{d}p}{\mathrm{d}x \times L} = 248 \times 10^{-2} = 2.48\mathrm{Pa/cm}$$

启动 0.2μm 孔隙中残余油：

$$\sigma = \frac{\mathrm{d}p}{\mathrm{d}x} \times L \times \frac{r}{2} = 2.48r \times 10^{-3} \times \frac{1}{2} = 2.48 \times 10^{-4}\mathrm{mN/m}$$

启动 7.2μm 孔隙中残余油：

$$\sigma = \frac{\mathrm{d}p}{\mathrm{d}x} \times L \times \frac{r}{2} = 2.48r \times 10^{-3} \times \frac{1}{2} = 8.93 \times 10^{-3}\mathrm{mN/m}$$

启动 4.1μm 孔隙中残余油：

$$\sigma = \frac{\mathrm{d}p}{\mathrm{d}x} \times L \times \frac{r}{2} = 2.48r \times 10^{-3} \times \frac{1}{2} = 5.1 \times 10^{-3}\mathrm{mN/m}$$

因此七中区水驱后束缚在孔隙中的残余油启动所需要的界面张力要在 $8.93 \times 10^{-3}\mathrm{mN/m}$ 以下，二元体系需要尽可能降低油水界面张力，以最大限度提高采收率。

3）毛细管数与驱油效率、剩余油饱和度曲线确定界面张力

新疆克拉玛依油田七中区克下组油藏在水驱条件下，毛细管数的取值范围计算如下：

（1）假定水以 1.5m/d 的速度（v）向前推进，这时 $v = 1.74 \times 10^{-3}\mathrm{cm/s}$。

（2）在地层温度（40℃）下，原油黏度 6.0mPa·s，水黏度为 0.65mPa·s，二元体系黏度为 12.0mPa·s。

（3）油/水界面张力约为 36mN/m。

（4）二元体系 KPS-1 与原油界面张力为 $7.33 \times 10^{-2}\mathrm{mN/m}$。

（5）二元体系 KPS-2 与原油界面张力为 $6.78 \times 10^{-3}\mathrm{mN/m}$。

水驱毛细管数是：

$$N_{\mathrm{c}} = \mu_{\mathrm{w}} \times \frac{v}{\sigma} = 0.00065 \times 1.74 \times 10^{-3} \times \frac{10}{36} = 2.71 \times 10^{-7}$$

二元体系 KPS-1 毛细管数：

$$N_c = \mu_w \times \frac{v}{\sigma} = 0.012 \times 1.74 \times 10^{-3} \times \frac{10}{7.33 \times 10^{-2}} = 2.85 \times 10^{-3}$$

二元体系 KPS-2 毛细管数：

$$N_c = \mu_w \times \frac{v}{\sigma} = 0.012 \times 1.74 \times 10^{-3} \times \frac{10}{6.78 \times 10^{-3}} = 3.08 \times 10^{-2}$$

通过降低界面张力，二元驱的毛细管数升高 10^4 倍以上，驱油效率明显提高，残余油饱和度显著降低。

4）物理模拟实验确定二元体系/原油界面张力

物理模拟实验选用填充油砂模型，验证以上经过计算和推测出的界面张力的界限。表 3-13 为模型的主要参数。实验所用的体系见表 3-14。

表 3-13　模型主要参数

模型	长度 L（cm）	直径 D（cm）	孔隙度 ϕ（%）	水相渗透率 K（D）	原始含油饱和度 S_{oi}（%）	束缚水饱和度 S_{wc}（%）
1	20.00	1.98	31.34	921	65.32	34.68
2	20.00	1.98	32.21	937	64.67	35.33
3	20.00	1.98	30.13	968	63.22	36.78
4	20.00	1.98	31.78	952	64.76	35.24
5	20.00	1.98	32.22	945	63.12	36.88

表 3-14　不同驱油体系界面张力

化学剂种类	活性剂浓度（%）	界面张力（mN/m）
聚合物	0	15.2
DR-3	0.3	3.11×10^{0}
LAyL	0.3	3.38×10^{-1}
KPS-1	0.3	7.33×10^{-2}
KPS-2	0.3	6.52×10^{-3}
SP-1207	0.3	6.78×10^{-3}

表 3-15 为不同界面张力二元体系的驱替结果，从结果可以看出，界面张力大小对均质模型提高采收率幅度影响明显。二元体系界面张力由 3.11×100 mN/m 降到 6.52×10^{-3} mN/m 时，对应提高采收率幅度由 13.81% 提高到 21.43%。油水间界面张力降低，其提高采收率幅度增加明显，这点与毛细管数与驱油效率、剩余油饱和度曲线结果相符。但是对于表面活性剂 SP-1207 是一个特例，该表面活性剂配置的二元体系与七中区原油能够达到 10^{-3} mN/m，但是提高采收率的幅度却与相近界面张力的 KPS-2 二元体系相差较大，分析其原因主要是由于 KPS 表面活性剂的生产原料为新疆克拉玛依油田的原油，所生产的表面活性剂与原油

之间存在"相似相容"现象，而 SP-1207 表面活性剂的生产原料为其他原油，同时该表面活性剂配制的二元体系与原油之间的界面张力在接触 40 分钟以后才有明显下降，造成体系的界面张力在驱油过程中发挥的作用小，其提高采收率的幅度甚至不如 KPS-1 二元复合驱体系。

表 3-15 不同界面张力二元体系对驱油效率的影响实验结果

模型	注入体系	注入段塞（PV）	界面张力（mN/m）	最大含水降幅（%）	水驱采出程度（%）	最终采出程度（%）	提高采收率（%，OOIP）
1	0.15%HPAM	0.3	15.2×10^0	10.20	46.42	56.22	9.80
2	0.3%DR-3+0.15%HPAM	0.3	3.11×10^0	11.25	45.43	59.24	13.81
3	0.3%LAyL+0.15%HPAM	0.3	3.8×10^{-1}	13.24	46.18	61.6	15.42
4	0.3%KPS-1+0.15%HPAM	0.3	7.33×10^{-2}	16.35	45.11	63.45	18.34
5	0.3%KPS-2+0.15%HPAM	0.3	6.52×10^{-3}	20.12	46.06	67.49	21.43
6	0.3%SP-1207+0.15%HPAM	0.3	6.78×10^{-3}	14.38	45.84	61.95	16.11

表 3-16 为不同界面张力二元体系驱油过程中含水率降低幅度比较，从表中可以看出，除了表活剂 SP-1207 二元体系外，其他 5 个体系驱油过程中最大含水降幅随着界面张力的降低逐渐增大，界面张力为 7.33×10^{-2} mN/m 的 0.3%KPS-1+0.15%HPAM 体系与聚合物驱相比含水降低了 16.35%；界面张力为 6.52×10^{-3} mN/m 的 0.3%KPS-2+0.15%HPAM 含水比聚合物驱多降低 20.12%。从含水降低的角度来说，界面张力越低越容易使含水率下降。

表 3-16 不同界面张力二元体系驱油过程中含水率降低幅度比较

模型	注入体系	界面张力（mN/m）	最大含水降幅（%）	与聚合物驱相比（%）
1	0.15%HPAM	15.2×10^0	10.20	0
2	0.3%DR-3+0.15%HPAM	3.11×10^0	11.25	1.05
3	0.3%LAyL+0.15%HPAM	3.8×10^{-1}	13.24	3.04
4	0.3%KPS-1+0.15%HPAM	7.33×10^{-2}	16.35	6.15
5	0.3%KPS-2+0.15%HPAM	6.52×10^{-3}	20.12	9.92
6	0.3% SP-1207+0.15%HPAM	6.78×10^{-3}	14.38	4.18

图 3-20 为不同界面张力体系注入孔隙体积与采出液含水率关系，从图中可以看出，二元驱中，含水率降低幅度大于聚合物驱，同时，含水率降低窗口也较聚合物驱大，二元驱的这种行为显然与二元驱的低张力条件分不开，也就是说，与聚合物驱相比，二元驱中的界面张力因素增加了含水率降低的幅度，延长了多孔介质中低含水率渗流时间。

二元驱的低界面张力表面活性剂在与聚合物一起渗流过程中，低张力条件促使更多剩余油活化、启动，参与渗流过程，使得流出液含水比聚合物驱更低。图 3-21 为不同界面张力体系采出程度与采出液含水率关系曲线，从曲线可以看出，界面张力越低，采出液最低含水率越小，且随着采出程度的增加含水率上升越缓慢。

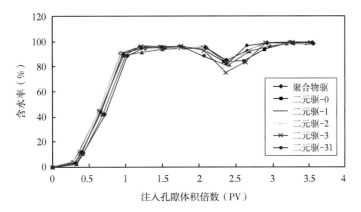

图 3-20 不同界面张力体系注入孔隙体积与采出液含水率关系

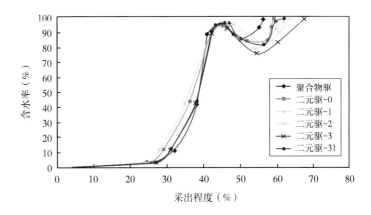

图 3-21 不同界面张力体系采出程度与采出液含水率关系

图 3-20、图 3-21 还综合表明，不同二元体系对含水率改变行为不同，界面张力为 6.52×10^{-3} mN/m 的 0.3%KPS-2+0.15%HPAM 二元体系驱油行为最佳，驱油条件最好。表现为含水率降低幅度最大，低含水率窗口持续最长。并且，不同二元驱油体系的含水率降低和低含水率窗口变化规律与二元体系与原油之间的界面张力行为呼应关系非常一致，即油水界面张力越低，含水率降低幅度越大，低含水率窗口越长，那么，原油采收率提高幅度则越大，如图 3-11 所示。

图 3-22 为不同界面张力体系注入孔隙体积倍数与采出程度关系曲线，从采出程度与注入孔隙体积倍数变化来看，界面张力越高，油藏的最终采出程度越低。

图 3-23 为体系界面张力与提高采收率关系曲线，从曲线中可以看出，聚合物—表面活性剂二元驱的提高采收率随着界面张力的降低有明显的增加。从提高采收率的幅度来看，聚合物驱提高 9.80%，二元驱随着界面张力的降低提高采收率幅度逐渐增加（除 0.3%SP-1207+0.15%HPAM 外）。实验的其他条件基本一致，区别在于注入体系的界面张力，与聚合物驱提高采收率相比得到的提高值应该就是二元驱中表面活性剂的作用效果。一维均质模型中二元体系黏弹性与界面张力对提高采收率贡献见表 3-17。可以看出随着界面张力的降

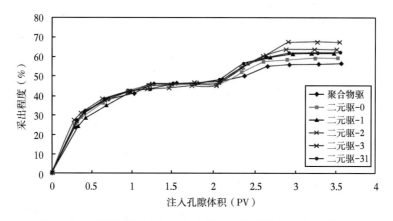

图 3-22　不同界面张力体系注入孔隙体积倍数与采出程度关系

低，在提高采收率的贡献中，聚合物黏弹性作用所起到的作用减小，而表面活性剂降低界面张力对提高采收采收率的贡献增加。界面张力越低，聚合物和表面活性剂的贡献越接近，在实验的范围内（界面张力大于 6.52×10^{-3} mN/m），聚合物贡献总是大于表面活性剂的贡献，因此在进行二元驱配方设计过程中，应充分重视聚合物的作用，尽可能加大聚合物的分子量和注入浓度，除了发挥聚合物本身提高驱油效率的作用外，还要充分发挥其扩大波及体积的作用，以最大限度提高二元驱采收率。

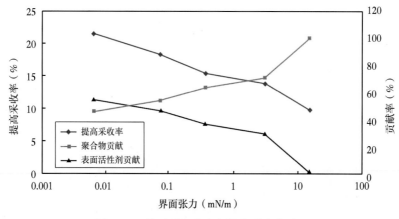

图 3-23　体系界面张力与提高采收率关系

　　将表 3-17 中的实验结果与黏性驱油效果对比，研究发现，聚合物弹性行为对驱油效率贡献高于黏性行为，同一数量级界面张力下，二元驱驱油效率比相同黏度聚合物驱油效率高，二元黏弹性流体，除具有一定的黏度外，还具有弹性行为，它可以驱替和从侧面拖曳拉动油滴，这种拖曳力则为黏弹行为法向应力，与二元体系流速梯度有关，这样，流体所要波及的范围就要比牛顿流体所波及的范围大，在低界面张力机制下，剩余油动用率较高。

表3-17   二元体系黏弹性与界面张力对提高采收率贡献

模型编号	注入体系	界面张力（mN/m）	提高采收率（%，OOIP）	聚合物贡献		表面活性剂贡献	
				采收率（%）	比例（%）	采收率（%）	比例（%）
1	0.15%HPAM	$15.2×10^0$	9.80	9.8	100	0	0
2	0.3%DR-3+0.15%HPAM	$3.11×10^0$	13.81	9.8	70.96	1.8	29.04
3	0.3%LAyL+0.15%HPAM	$3.8×10^{-1}$	15.42	9.8	63.55	3.41	36.45
4	0.3%KPS-1+0.15%HPAM	$7.33×10^{-2}$	18.34	9.8	53.44	6.33	46.56
5	0.3%KPS-2+0.15%HPAM	$6.52×10^{-3}$	21.43	9.8	45.73	9.42	54.27

综上所述，新疆克拉玛依七中区克下组油藏二元驱驱油体系临界界面张力为 10^{-2} mN/m，也就是要求二元体系与原油的界面张力在 10^{-3} mN/m 量级。

通过上述三种方法，在充分考虑技术和经济的情况下，提出在新疆克拉玛依七中区克下组油藏条件下，为了提高驱油效率幅度达到试验的要求，则界面张力值应低于 10^{-2} mN/m，也就是要求二元体系与原油的界面张力在 10^{-3} mN/m 量级。但是应当注意的是，对于实际油藏，由于油藏的非均质型，同时油藏微观非均质型较强，界面张力值低并不意味着提高采收率幅度高。界面张力值低只是必要条件而非充要条件。这是因为界面张力值降低，使毛细管阻力减小，流体在多孔介质中窜流会增强。从提高采收率的实际出发，必须考虑波及体积。新疆克拉玛依七中区克下组油藏条件下，界面张力在低于 10^{-2} mN/m 的同时，还应最大限度地扩大波及体积，将上述二者有机结合起来，才能最大限度地提高采收率。

3. 渗透率对二元驱驱油效率影响

渗透率的大小对聚合物—表面活性剂二元驱提高采收率具有明显的影响，一般来说岩心的渗透率越高，聚合物驱提高采收率的幅度越大。实验所用表面活性剂为 0.3%KPS-2，聚合物相对分子质量为 2500 万、浓度为 1200mg/L，二元体系与原油界面张力为 10^{-3} mN/m，注入段塞为 0.5PV。选用 5 块不同渗透率的人造胶结岩心，岩心参数与提高采收率值见表 3-18。

表3-18   不同渗透率岩心注二元体系实验岩心数据及提高采收率

水渗透率（mD）	表面活性剂浓度（%）	聚合物浓度（mg/L）	聚合物相对分子质量	注入段塞	提高采收率（%）
51.3	0.3	1200	2500 万	0.5PV	10.32
457.2	0.3	1200	2500 万	0.5PV	20.45
908.4	0.3	1200	2500 万	0.5PV	21.87
2400.5	0.3	1200	2500 万	0.5PV	21.68
3219.4	0.3	1200	2500 万	0.5PV	21.33

1) 岩心渗透率与驱油效率的关系

岩心渗透率不同直接造成岩心的物性不同，孔隙结构等方面也都有一定的差别。低渗透与高渗透的岩心注二元体系提高采收率的差别很大，如图 3-24 所示。

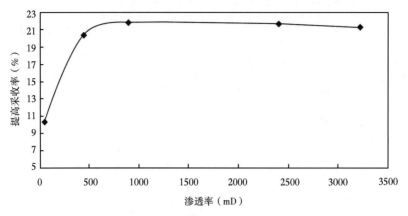

图 3-24 岩心渗透率与二元驱驱油效率的关系

从图中可以看出，当岩心渗透率较低时，注二元体系提高采收率值很小，当渗透率为 51.3mD 时，提高采收率只有 10.32%左右，而随着岩心渗透率的增大，注二元体系的驱油效率上升很快，但当渗透率增大到一定程度时，驱油效率的提高值也趋于稳定。

2）岩心渗透率与含水率的关系

不同渗透率岩心注二元体系的驱油效率差别较大，而含水率的变化情况也有较大的差别。图 3-25 是注入二元体系后 5 块岩心含水率的变化情况。

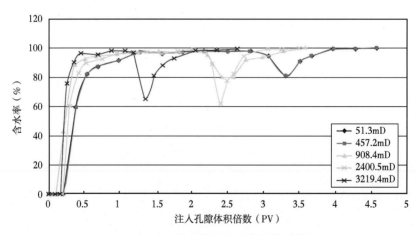

图 3-25 岩心渗透率与含水率的关系曲线

从图中可以看到，当渗透率较低时，注二元体系后出口含水率下降幅度很小，持续时间也较短，驱油效率较差。随着渗透率的增大，含水率下降幅度变大。渗透率越大水驱至含水 98%的时间越短，渗透率较大时岩心含水下降幅度大。

3）岩心渗透率与压力的关系

由于 5 块岩心的渗透率相差太大，一次水驱压力相差也较大，注二元体系、二次水驱压力均有较大的差别，如图 3-26 所示，实验过程中高渗透岩心注入压力较低，低渗透岩心注入压力较高。

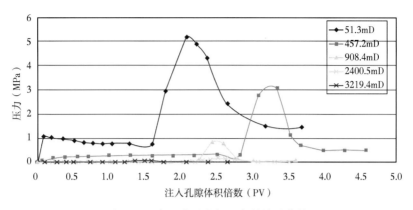

图 3-26 岩心渗透率与压力的关系曲线

4. 七中区二元复合驱配方性能评价指标

根据微观驱油实验以及宏观驱油实验的结果，可以确定二元体系在油藏中的性能指标为二元体系的黏度为原油黏度的 2 倍以上，二元体系/原油界面张力在 10^{-3} mN/m 数量级，因此地面注入二元体系的要求黏度为大于 24mPa·s（七中区油藏原油黏度为 6mPa·s，地面注入设备及炮眼剪切掉一半的黏度），界面张力在 10^{-3} mN/m 数量级。同时由于 KPS 表面活性剂的生产原料为新疆油田原油，所生产的表面活性剂与原油具有很好的乳化能力，因此建议以 KPS 为主进行表面活性剂复配使二元体系与原油界面张力达到 10^{-3} mN/m。

第四章　新疆砾岩油藏聚合物—表面活性剂二元体系与储层适用性

决定二元复合驱的关键因素除聚合物和表面活性剂本身性质外，油藏特点和地层流体性质是一项重要的筛选前提。其中最重要的就是能保证二元体系能在储层中顺利流动，发挥其流度控制与提高洗油效率的作用，砾岩油藏特殊的孔隙结构使得研究人员不能照搬砂岩油藏的成功经验，首要问题就是要明确砾岩油藏复杂的复模态孔隙结构，建立一套适用于复模态砾岩油藏的聚合物—表面活性剂二元体系与储层的配伍关系。

第一节　砾岩油藏储层分类

新疆准噶尔盆地砾岩油藏属于多旋回的山前陆相盆地边缘沉积（图4-1），为多物源、多水系、多变的山麓洪积扇沉积，形成了多类型、窄相带的复模态孔隙结构特征碎屑岩体系，储层以其严重非均质性和复模态孔隙结构区别于砂岩储层。油藏平面上相变快，导致不同成因砂体连通关系复杂、物性差异大；不同成因砂体内部物性差异大，表现为砂体顶、底物性差，中部物性好，高渗透位置变化快。需要进行油藏分区、储层分类。

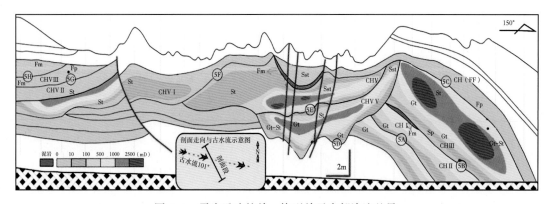

图4-1　露头反映的单一构型单元内部渗流差异

根据新疆砾岩油藏的宏观特征（油藏特征、流体特征以及开发特点）和微观孔隙结构特征，将其细分为三类，其孔隙结构特征见表4-1。下面从岩石学特征、物性和孔隙结构特征以及开发效果分析各类储层的特点。

表 4-1 三类储层的微观孔隙结构特征

储层类型	中值半径（μm）	中值压力（MPa）	最大孔喉半径（μm）	变异因数	分选系数	平均毛细管半径（μm）
Ⅰ类	3.81	0.37	57.78	0.45	3.47	19.01
	1.51~6.11	0.02~0.72	19.70~95.87	0.39~0.51	3.27~3.67	5.85~32.17
Ⅱ类	0.99	2.12	13.68	0.29	2.74	4.41
	0.09~1.89	0.38~3.86	0.25~27.10	0.19~0.38	2.19~3.30	0.32~8.50
Ⅲ类	0.37	2.49	13.07	0.27	2.71	2.93
	0.20~0.54	1.15~3.83	3.87~22.27	0.22~0.31	2.38~3.04	0.72~5.14

一、岩石学特征

三类油藏砂砾岩储层岩石颗粒成分以石英、长石和岩屑为主，但各组分质量分数差别明显，如图 4-2 所示。Ⅰ类油藏砂砾岩石英质量分数最高，为 30.6%~64.5%，平均为 48.4%；长石质量分数为 5.9%~40.6%，平均为 22.1%；岩屑质量分数为 13.9%~39.2%，平均为 25.2%。Ⅱ类油藏砂砾岩石英质量分数为 12.6%~49.9%，平均为 33.5%；长石质量分数为 17.9%~37.9%，平均为 30.2%；岩屑质量分数为 14.1%~60.2%，平均为 29.3%。Ⅲ类油藏砂砾岩石英质量分数为 5.8%~55.2%，平均为 23.2%；长石质量分数为 3.8%~17.6%，平均为 33.4%；岩屑质量分数为 34.9%~65.3%，平均为 40.2%。

三类油藏砂砾岩储层矿物质量分数表明，在成分成熟度方面，Ⅰ类的最高，Ⅱ类的次之，Ⅲ类的最差；在颗粒磨圆和分选方面，Ⅰ类油藏砂砾岩储层岩石颗粒分选因子为 2.0~4.7，磨圆为半圆状—次棱角状，结构成熟度较高；Ⅱ类油藏分选因子为 2.3~5.2，磨圆为半圆状—次棱角状，结构成熟度较低；Ⅲ类油藏分选因子为 2.9~7.6，磨圆为次棱角状，结构成熟度最低。三类油藏沉积物源相同，由于沉积环境、水动力、搬运距离及后期成岩作用差异，导致储层岩石学特征差别明显。

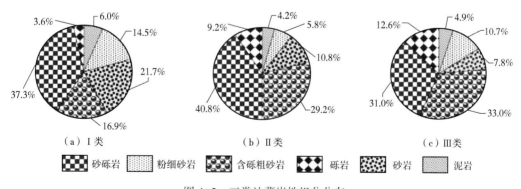

图 4-2 三类油藏岩性组分分布

二、物性和孔隙结构

1. 储层物性

三类油藏砂砾岩储层物性分布特征表明，Ⅰ类油藏储层孔隙度为13.7%~22.1%，平均为16.9%；渗透率为0.01~225mD，平均为117.6mD，孔渗分布相对集中，属于中低孔—中渗透型储层。Ⅱ类油藏储层孔隙度为11.2%~22.9%，平均为15.8%；渗透率为0.005~331.9mD，平均为49.9mD，其物性较Ⅰ类差，属于中低孔—中低渗透型储层。Ⅲ类油藏储层孔隙度为13.0%~25.3%，平均为18.7%；渗透率为0.02~1025.6mD，平均为298.4mD，其渗透性最好，属于中孔—中高渗透型储层。

2. 孔隙类型和孔隙结构

通常砾岩油藏储层具有原生孔隙与次生孔隙并存的孔隙类型组合特点。分析研究铸体薄片，三类油藏砂砾岩储层发育粒间孔、填隙物微孔（晶间孔）、粒间溶孔、粒内溶孔、微裂缝及砾缘缝等六种孔隙类型。其中，Ⅰ类油藏砂砾岩储层粒间孔最为发育，粒间溶孔和粒内溶孔依次发育，填隙物微孔相对较少，砾缘缝和微裂缝少见，该种孔隙类型组合导致储层渗透性较好（图4-3a）；Ⅱ类油藏砂砾岩储层以粒间孔和粒内溶孔为主，粒间溶孔次之，填隙物微孔和微裂缝较为常见，砾缘缝相对少见，该种孔隙类型组合导致储层渗透性较差（图4-3b）；Ⅲ类油藏砂砾岩储层以粒间溶孔为主，粒内溶孔次之，粒间孔较少，填隙物微孔和微裂缝较常见，砾缘缝少见，该种孔隙类型组合导致储层渗透性较好（图4-3b）。

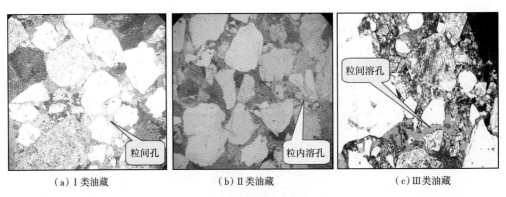

（a）Ⅰ类油藏　　　　　（b）Ⅱ类油藏　　　　　（c）Ⅲ类油藏

图4-3　三类油藏砂砾岩典型铸体薄片

三类油藏砂砾岩典型的压汞曲线（图4-4）存在较大差别。Ⅰ类油藏排驱压力较高，曲线斜度较大，几乎无明显平台段（图4-4a），偶见孔隙平台段的样品，其平台部分占进汞饱和度的10%以下，表明最大连通孔隙喉道集中程度低，进汞饱和度为75%~92%，反映储层微孔和小孔发育，微观非均质性较强；Ⅱ类油藏排驱压力与Ⅰ类的相似，但曲线斜度更大，完全无孔隙平台段（图4-4b），表明最大连通孔隙喉道集中程度很低，进汞饱和度为56%~70%，反映储层微孔和小孔发育程度高，孔隙连通性很差，微观非均质性强；Ⅲ类油藏排驱压力较低，曲线斜度相对前两类较小，且有较明显的孔隙平台段，平台部分占进汞饱和度的10%~25%（图4-4c），表明最大连通孔隙喉道集中程度高于前两类油藏，渗透性最好，进汞饱和度为 60%～92%，说明储层微孔和小孔发育，由于排驱压力段明显倾斜，表明其孔喉分选性很差，因此该类储层渗透性能好，但微观非均质性是三类油藏里面最强的。

对于砾岩油藏的三类储层特征，Ⅰ类油藏渗透性中等，非均质性相对最弱，储层品质最好；Ⅱ类油藏渗透性最差，非均质性较强，储层品质较差；Ⅲ类油藏渗透性最好，但颗粒分选差、分布不均匀及接触关系复杂等因素导致非均质性严重，储层品质最差。

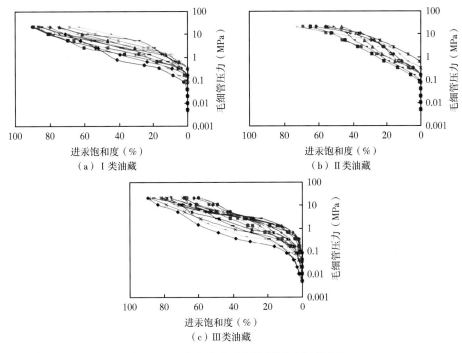

图 4-4　三类油藏砂砾岩储层压汞曲线形态

三、水驱油效率特性

在相同的注入孔隙体积倍数和注入速度条件下，使用这三类储层岩心进行水驱油实验，最终残余油饱和度、水驱油效率及水驱过程中相对渗透率曲线的变化趋势等有较大的差异，说明不同类型砾岩油藏的储层特征对水驱油的影响存在一定的差异性。三类砾岩油藏储层特征和对应的水驱油结果见表 4-2，由表 4-2 可知：Ⅰ类油藏为中低孔中渗透储层，物性较好，微观非均质性相对较弱，储层弱亲水，原油黏度低，在同等注水条件下水波及程度最均匀，能够获得较高的水驱油效率。Ⅱ类油藏与Ⅰ类油藏相比，物性较差，润湿性为中性—弱亲水，导致束缚水饱和度高且原油黏度较高，水驱油相对困难，加之非均质性强，注入水主要沿分布不均的大孔道等优势疏导体系渗流，导致残余油饱和度较高，水驱油效率比Ⅰ类油藏的低。Ⅲ类油藏渗透性最好，但微观非均质性最强，注入水波及范围严重不均匀导致大量小孔和中孔道内的原油无法被驱替；另外储层润湿性表现为弱亲油且原油黏度比较高，增加驱替难度，最终水驱油效率明显低于Ⅰ、Ⅱ类油藏。三类砾岩油藏的储层物性、微观非均质性、润湿性及黏度差异决定储层的最终水驱油效率。

表4-2 三类储层的微观孔隙结构特征

油藏类型	物性	非均质性	润湿性	原油黏度（mPa·s）	束缚水饱和度（%）	残余油饱和度（%）	水驱油效率（%）
Ⅰ类	中渗透	较强	弱亲水	6.0~6.2	21.3	27.0	65.7
Ⅱ类	中低渗透	强	中性—弱亲水	6.1~27.9	33.5	28.1	57.7
Ⅲ类	中高渗透	极强	弱亲油	28.9~86.3	17.8	38.2	53.5

新疆油田开展的复合驱主要是针对Ⅰ类和Ⅱ类油藏，相对砂岩油藏储层条件不甚理想，尤其是Ⅱ类砾岩油藏，物性更差、非均质严重，开发难度大。如何保证化学体系可以在复模态孔隙结构中的流动和形成有效驱替至关重要，首先要明确化学体系与砾岩储层的配伍关系。

四、砂砾岩孔隙结构预测模型

模态是储层结构的理论化、模式化。美国地质学家 R. H. Clarke 于 1979 年在充分研究砾状砂岩的充填结构的基础上提出了双模态的概念，并建立了双模态结构岩石的孔隙度和渗透率的表达式。刘敬奎根据砾岩储层的结构特点，把双模态的定义更推广了一步，提出了复模态的概念。

按照岩心孔隙特征，将七东$_1$区 T71721 井压汞数据分为单模态、双模态、复模态三类（表4-3），其中假设单模态、双模态、复模态取值为1、2、3，然后将 8 个孔隙结构参数（均值 D_M；分选系数 S_p；偏态 S_{kp}；峰态 K_p；中值孔隙半径 R_{50}；最大孔隙半径 R_{max}；孔喉比 V_p/V_t；平均孔隙半径）与模态假设参数进行多元回归分析，求取孔隙结构参数与模态参数之间的回归方程。对参数输入，进行多元回归分析，得到如下回归方程：

模态参数：$C = 0.111826D_M - 0.03328S_p + 0.199074S_{kp} + 0.032787K_p - 0.02718R_{50} - 0.00036R_{max} + 0.033236V_p/V_t - 0.06677R + 1.778001$

考虑到多元回归方程的标准误差，所以当模态参数满足以下条件时，分别代表对应的模态。单模态：$0.5<C<1.5$；双模态：$1.5<C<2.5$；复模态：$2.5<C<3.5$。

表4-3 T71721 井孔喉结构参数模态判断

井号	深度（m）	孔隙度（%）	渗透率（mD）	半径平均值（μm）	分选系数	偏态	峰态	中值半径（μm）	最大孔喉半径（μm）	视孔喉体积比	平均毛细管半径（μm）	模态判断	模态
T71721	1074.05	24.5	5000	6.99	3.81	0.84	2.05	19.23	42.05	5.75	19.84	1.00	单模态
	1087.07	22	5000	7.23	3.7	0.67	1.89	12.69	41.79	3.31	18.45	1.18	
	1091.2	21.4	3460	7.47	3.67	0.52	1.75	8.66	44.94	3.48	17.6	1.34	
	1095.3	22.5	4630	7.48	3.75	0.46	1.62	9.62	51.45	3.48	18.38	1.24	

续表

井号	深度（m）	孔隙度（%）	渗透率（mD）	半径平均值（μm）	分选系数	偏态	峰态	中值半径（μm）	最大孔喉半径（μm）	视孔喉体积比	平均毛细管半径（μm）	模态判断	模态
T71721	1058.48	21.2	500	8.93	2.76	−0.02	2.07	0.8	16.69	1.11	5.71	2.38	双模态
	1076.03	21.9	50.8	8.85	3.26	0.09	1.68	1.09	18.98	1.08	7.18	2.25	
	1077.28	24.4	829	8.02	3.36	0.27	1.74	2.3	33.89	2.06	12.47	1.83	
	1077.42	24.8	1550	8.46	3.39	0.11	1.7	1.23	34.5	1.69	12.04	1.90	
	1084.02	18.1	624	8.89	3.3	−0.08	1.62	0.77	30.4	1.86	7.58	2.22	
	1086.84	22.6	425	8.12	3.11	0.26	1.92	2.32	34.99	2.1	8.63	2.11	
	1098.26	19.5	247	8.9	3.35	−0.04	1.62	0.9	32.52	1.56	7.59	2.22	
	1077.42	23.1	1520	7.92	3.4	0.19	1.72	1.95	50.44	1.87	15.35	1.61	
	1093.49	24.2	750	7.81	3.23	0.44	1.75	4.81	31.7	2.41	11.88	1.83	
	1057.61	16.4	15.7	11.03	2.4	−0.81	2.62	0.16	6.48	1.34	1.48	2.80	复模态
	1062.23	12.1	12.4	11.11	1.88	−0.27	2.13	0.2	2.09	1.36	0.62	2.97	
	1062.76	15.1	6.09	10.67	2.36	−0.16	1.84	0.3	4.33	1.48	1.24	2.88	
	1063.36	14.4	2.35	11.47	1.96	−0.51	2.08	0.17	1.97	1.26	0.56	2.96	
	1068.34	13.7	0.97	11.9	2.18	−0.81	2.17	0.06	2.18	1.3	0.61	2.95	
	1068.6	13.2	0.409	11.59	2.24	−0.62	1.98	0.09	2.88	0.86	0.73	2.92	
	1069.06	11.7	0.409	11.28	2.03	−0.37	1.95	0.17	2.38	0.84	0.64	2.94	
	1076.45	21.4	22.7	10.88	2.07	−0.35	2.09	0.21	3.06	1.06	0.82	2.90	
	1082.28	6.7	0.089	12.25	1.8	−0.94	2.56	0.06	1.31	2.52	0.33	3.04	

1. 用压汞曲线参数预测储层物性

分别对不同模态孔隙参数与其对应的孔隙度、渗透率值进行多元线性回归，其中孔隙度与均值 D_M、分选系数 S_p、偏态 S_{kp}、峰态 K_p、中值孔隙半径 R_{50}、最大孔隙半径 R_{max}、孔喉比 V_p/V_t、平均孔隙半径 R 之间的相关性都较好，而渗透率与中值孔隙半径 R_{50}、最大孔隙半径 R_{max}、孔喉比 V_p/V_t、平均孔隙半径 R 相关性较好。不同模态物性值计算模型如下：

$$物性计算模型 = A \times D_M + B \times S_p + C \times S_{kp} + D \times K_p + E \times R_{50} + F \times R_{max} + G \times V_p/V_t + F \times R + X$$

表4-4 为不同模态物性计算方程的系数。为验证多元回归方程准确性，将七东₁区 T71721 井的孔隙结构参数代入多元回归方程，计算出不同样品的模态参数及模态物性值（表4-5）。

表4-4 不同模态物性计算系数值

系数	单模态		双模态		复模态	
	孔隙度（%）	渗透率（mD）	孔隙度（%）	渗透率（mD）	孔隙度（%）	渗透率（mD）
A	−19.8017	0	7.213519	0	−9.32137	0
B	16.18632	0	−16.9069	0	−1.70981	0
C	−26.1451	0	10.7399	0	1.028433	0

系数	单模态		双模态		复模态	
	孔隙度（%）	渗透率（mD）	孔隙度（%）	渗透率（mD）	孔隙度（%）	渗透率（mD）
D	2.755981	0	−14.8898	0	5.330493	0
E	−0.31879	288.3782	0.91155	−104.515	−27.43	−44.6126
F	−0.28853	−58.009	0.114755	−28.0812	−2.07642	−6.8086
G	0.52341	−287.00	−2.56441	−204.623	−0.90809	0.203631
H	−0.35646	−14.6157	1.187971	213.6689	8.407874	50.63721
X	139.5839	4781.296	28.26125	−45.1822	119.0204	−2.74193

表4-5 T71721井物性测试值与预测值对比

井号	模态	深度（m）	孔隙度（%）		渗透率（mD）		模态判断
			实测值	预测值	实测值	预测值	
T71721	单模态	1074.05	24.5	24.20	5000	5947	1.00
		1087.07	22.0	23.05	5000	4797	1.18
		1091.20	21.4	22.12	3460	3416	1.34
		1095.30	22.5	21.96	4630	3304	1.24
		平均	22.6	22.83	4522	4366	1.19
	双模态	1058.48	21.2	21.56	500	395	2.38
		1076.03	21.9	21.87	50.8	621	2.25
		1077.28	24.4	21.82	829	1006	1.83
		1077.42	24.8	22.89	1550	1084	1.90
		1084.02	18.1	20.04	624	260	2.22
		1086.84	22.6	19.46	425	144	2.11
		1098.26	19.5	20.84	247	250	2.22
		1077.42	23.1	25.34	1520	1232	1.61
		1093.49	24.2	21.56	750	395	1.83
		平均	22.2	21.71	721	599	2.04
	复模态	1057.61	16.4	18.62	15.7	21	2.80
		1062.23	12.1	17.47	12.4	6	2.97
		1062.76	15.1	17.03	16.09	17	2.88
		1063.36	14.4	14.13	2.35	5	2.96
		1068.34	13.7	12.88	7.97	11	2.95
		1068.60	13.2	13.98	9.40	11	2.92
		1069.06	11.7	15.43	5.40	6	2.94
		1076.45	21.4	18.66	22.7	9	2.90
		1082.28	6.7	10.56	0.089	3	3.04
		1082.43	7.8	9.87	3.28	5	3.02
		平均	13.25	14.86	9.54	9.4	2.94

孔隙度和渗透率的实测结果与预测结果见表 4.5，结果显示，单模态测试孔隙度和预测孔隙度分别为 22.60%、22.83%，测试平均渗透率和预测平均渗透率分别为 4522mD、4366mD；双模态测试平均孔隙度和预测平均孔隙度分别为 22.20%、21.71%，测试平均渗透率和预测平均渗透率分别为 721mD、599mD；复模态测试平均孔隙度和预测平均孔隙度分别为 13.25%、14.86%，测试平均渗透率和预测平均渗透率分别为 9.54mD、9.4mD。其中孔隙度预测较准确，而渗透率预测误差较大；单模态物性预测较准，复模态物性预测较差。

2. 用岩石粒径分布预测储层孔喉参数

不同模态实际反映了不同的沉积环境及对应的不同粒径的岩石颗粒的堆积比例，不同粒径岩石颗粒的含量和堆叠方式决定了岩石的物性以及孔隙结构参数。整理 T71721 井、T71740 井、T71911 井（$N = 115$）的粒度资料及其对应深度的物性、孔隙结构资料，将不同粒径的累计含量与物性参数、孔隙结构参数进行多元线性回归，其多元回归方程如下：

$$孔喉参数 = A * \varphi1 + B * \varphi2 + C * \varphi3 + D * \varphi4 + E * \varphi5 + F * \varphi6 + G * \varphi7 + H * \varphi8 + I * \varphi9 + J * \varphi10 + X$$

其中 A、B、C、D、E、F、G、H、I、J、X 表示多元回归方程的系数，$\varphi1$、$\varphi2$、$\varphi3$、$\varphi4$、$\varphi5$、$\varphi6$、$\varphi7$、$\varphi8$、$\varphi9$、$\varphi10$ 分别表示 >16mm，>8mm，>4mm，>2mm，>1mm，>0.5mm，>0.25mm，>0.125mm，>0.06mm，>0.03mm 的岩石颗粒的累积值。不同物性值与孔隙结构参数计算方程的系数见表 4-6；由于渗透率、孔喉半径等参数与颗粒堆积方式有关，粒度累计含量与孔隙度、均值、分选系数、偏态、峰态的多元回归标准差较小。

表 4-6　孔隙结构计算方程系数表

系数	孔隙度	半径均值	分选系数	偏态	峰态
A	0.175355	-0.17175	0.064971	0.040935	-0.02016
B	0.091047	-0.07857	0.029701	-0.00255	0.019502
C	-0.14254	0.092086	-0.0371	-0.01078	6.41E-06
D	0.180523	-0.07198	0.0278	0.019801	-0.01081
E	-0.26137	0.084669	-0.02214	-0.0309	0.006204
F	-0.03315	0.035381	-0.03222	0.006279	0.016887
G	-0.19692	0.045581	0.045753	-0.05498	-0.05739
H	0.578361	-0.40382	-0.13197	0.290456	0.160774
I	0.29387	0.089295	0.298281	-0.26629	-0.1617
J	-0.57329	0.221877	0.029247	-0.09189	-0.09105
X	20.96946	6.744135	-17.3577	13.13834	15.29857

为验证回归方程的准确性，将 T71839 井的粒度资料代入多元回归方程，计算对应的物性值及孔隙结构参数（表 4-7）：其中平均孔隙度的测试值与预测值分别为 17.73%、17.98%，平均均值的测试值与预测值分别为 8.43、9.24，平均分选系数的测试值与预测值分别为 3.20、2.87，平均偏态的测试值与预测值分别为 0.37、0.11，峰态的测试值与预测

值分别为 1.97、2.00。可见多元回归方程对孔隙度和峰态的预测较准确。

表 4-7　孔隙结构参数实测值与预测值对比表

井号	深度	孔隙度（%）		半径均值（μm）		分选系数		偏态		峰态	
		实测值	预测值	实测值	预测值	实测值	预测值	实测值	预测值	实测值	预测值
T71839	1381.12	15.80	18.36	8.48	8.85	3.32	3.08	0.05	0.08	1.99	2.00
	1382.00	17.10	16.30	7.83	9.82	3.82	2.78	0.51	-0.10	1.74	1.91
	1382.47	16.90	16.62	7.34	9.76	3.88	2.82	0.61	-0.08	1.88	1.89
	1391.45	17.20	18.21	6.96	8.22	3.65	3.37	0.75	0.06	2.15	2.13
	1391.89	20.00	16.22	8.64	9.62	3.52	2.77	-0.03	-0.05	1.62	2.02
	1393.75	17.70	17.07	7.63	9.05	3.27	2.76	0.46	0.25	2.22	2.06
	1394.55	8.30	15.35	11.24	10.12	2.05	2.62	-0.10	-0.13	1.73	1.98
	1396.26	23.00	25.19	7.41	6.89	2.96	3.61	0.71	0.71	2.73	2.13
	1401.53	22.90	18.53	6.88	8.87	3.86	3.03	0.87	0.18	2.13	1.97
	1401.87	15.20	15.70	11.13	11.67	1.61	1.40	0.40	0.22	2.16	2.11
	1402.52	15.60	14.40	11.00	10.40	2.44	2.42	-0.32	-0.05	1.72	1.98
	1404.88	20.10	20.29	7.19	8.16	4.04	3.35	0.63	0.28	1.75	1.90
	1416.48	20.70	21.37	7.89	8.71	3.19	3.27	0.25	0.11	1.85	1.86

第二节　二元体系在储层中的流动性

大庆油田一度将聚合物驱所用的聚合物相对分子质量由 1200 万提高至 2500 万，在配制聚合物过程中的稀释水质由低矿化度清水逐渐转变为高矿化度污水，为了保证聚合物的黏度，注入浓度也由 1000mg/L 逐渐上升到 2000mg/L，甚至更高。但是由于油层条件的不同，不同区块取得的开发效果也不尽相同，这也引出了有关聚合物与储层的匹配性问题的讨论。

水溶性高分子在溶液中以氢键的作用与水分子形成具有一定厚度的水化层，使得高分子线团外包裹了水化层。化学驱中作为增稠剂的水溶性聚合物水化分子流经多孔介质时会经受孔喉尺寸的自然选择。当二元体系在储层深部流动时，由于压力梯度很小，如果聚合物的分子量较大或浓度较高，二元体系在注入时有可能存在注入困难，甚至堵塞地层的问题，因此必须研究二元体系中聚合物分子的水动力学特征尺寸与油层渗透率的匹配关系。

一、聚合物分子水动力学特征尺寸

在化学驱中作为增稠剂的水溶性聚合物水化分子流经多孔介质时，会经受孔喉尺寸的自然选择。在聚合物浓度相同条件下，有关研究表明聚合物相对分子质量愈高聚合物溶液黏度愈高，其扩大波及体积的能力愈强，同时聚合物溶液的黏弹性越大，在油层中的扫油效率越高。如果聚合物分子尺寸较小，那么驱替效果不是很明显，经济成本高，聚合物驱油效果变差。但如果聚合物的尺寸过大，那么将会和岩石孔隙尺寸不匹配，造成大部分聚合物水化分子通过孔喉时受阻，将会使聚合物溶液注入困难，造成岩石孔隙堵塞。所以在聚合物驱方案设计中，对选择的聚合物必须了解其分子尺寸，同时考虑油藏条件下与孔喉尺寸配伍性问题，优选出适合特定油层条件下聚合物的分子量，这对油田聚合物驱方案设计有着重要的意义。常用的筛选聚合物分子量方法包括静态法及动态法。

1. 静态法

静态法主要是利用静态的聚合物分子尺寸（R_h）和岩石孔隙尺寸（R）来评价，根据"架桥"原理，当 R_h 大于 $0.46R$ 时，聚合物水化分子线团借助于"架桥"，便可形成较稳定的三角结构，堵塞孔喉。在 R_h 小于 $0.46R$ 时，也可形成不稳定的堆积，但流动的冲力稍大便易解堵。堵塞的稳定性还与聚合物水化分子线团的黏弹性形变有关，即聚合物水化分子线团的刚性越强，堵塞越稳定。另外，由于聚合物水化分子线团具有黏弹性，在压力作用下会产生形变，经一定时间后会出现屈服流动，即使 R_h 大于 R，也可能产生屈服运移而解堵。

2. 动态法

动态法评价聚合物分子是否和岩石孔隙尺寸配伍的方法主要是做驱替实验，将岩心饱和油后，用聚合物溶液驱替，记录相关数据，然后再用水等驱替，记录相关数据对比数据变化。具体指标有压力变化、聚合物采出液黏度损失率、采出液浓度损失率、阻力系数，也可以利用双塞法、动态光散射法、和微孔滤膜法来评价。

（1）压力变化法。

张志英等人在研究孤岛油田时做出了不同分子量的聚合物溶液、不同渗透率的岩心组合和其注入压力的关系曲线，在曲线的拐点可以看出压力显著升高，这就意味着该体系和油层不配伍。张运来等人在研究江苏油田时做出了聚合物溶液在岩心中流动时注入压力与注入体积关系曲线，如果曲线上出现水平段，这就意味着聚合物驱后期压力并没有上升，因此表明该聚合物和岩心相匹配。曹瑞波等在用物理模拟方法研究低渗透油藏时，先聚合物驱，得出压力变化数据，然后再水驱，再得出压力变化数据，在大量实验的基础上得出了两类压差与注入倍数关系曲线，分别代表了聚合物相对分子质量与岩心渗透率间的不同匹配关系，随着聚合物驱转水驱后，岩心两端压差大幅下降，而随着聚合物驱转水驱后，岩心两端压差下降得不明显，据此可以判断聚合物会堵塞岩心。根据后续水驱后的压力与聚合物驱前的水驱压力对比结果来判定配伍性。

（2）采出液黏度损失率法。

姜维东等人在研究时发现在聚合物相同条件下，岩心渗透率愈小，黏度损失率愈大；在岩心渗透率相同条件下，聚合物相对分子质量愈大，采出液黏度损失率愈大，然后结合流动实验的压力变化数据，分析聚合物采出液的黏度损失率就可以判断该聚合物和岩石孔隙尺寸是否配伍了。

（3）采出液浓度损失率法。

聚合物相对分子质量越大则其在岩心中的滞留量越大。在相对分子质量相同条件下，随着岩心渗透率的增大，聚合物在岩心内的滞留量减小，采出液聚合物浓度升高。在聚合物分子量、岩石尺寸与浓度关系曲线的拐点处代表配伍性的临界点，聚合物分子量大于该值时不配伍。

（4）阻力系数变化法。

程杰成等人认为，如果聚合物堵塞岩层，阻力系数将会不断增加；如果阻力系数随着注入体积的增加，起初上升很快，后来变缓，最后边平衡，则该聚合物没有堵塞油层。

（5）双塞法。

将高质量浓度的聚合物和 NH_4SCN 的混合体系注入岩心中去。待压力稳定后分析采出液 HPAM 和 NH_4SCN 的质量浓度，注入 10PV 后向岩心中注入水，分析采出液 HPAM 和 NH_4SCN 的浓度，直至采出液无 HPAM 为止，绘制无量纲质量浓度和注入 PV 数的关系图，再做另一组聚合物的驱替实验。对比两次 HPAM 和 NH_4SCN 围成的面积差，面积越大越不配伍。

（6）动态光散射法。

聚合物通过岩心后，水动力学半径的分布函数峰会发生变化，水动力学半径较大的聚合物分子变化明显。岩心渗透率越低，流出液中水动力学半径大的聚合物分子数量越少。流经岩心后聚合物溶液的 R_h 均值也随岩心渗透率降低而减小，根据水动力学半径分布函数峰的变化就可以判断聚合物是否和岩心配伍。

（7）微孔滤膜法。

微孔滤膜的方法操作简单，该方法可以分析聚合物分子聚集体的表观尺寸，通过测定聚合物分子的水动力学特征尺寸，做出配伍性图版。

水动力学特征尺寸测定原理是：先测出配制好的二元体系的黏度，在同一压力条件下，让该化学体系流过不同孔径的微孔滤膜，然后测出滤液的黏度，算出黏度损失率，做出滤液黏度、黏度损失率和微孔滤膜孔径管线的曲线，最后根据曲线拐点，分析确定样品的水动力学特征尺寸，如图 4-5 所示。

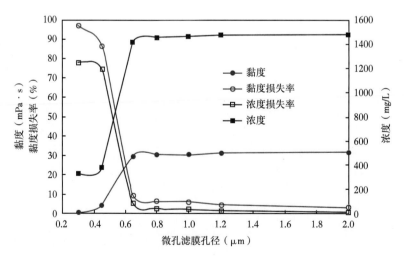

图 4-5　水动力学特征尺寸测量原理图（聚合物：2500 万相对分子质量，1500mg/L）

通过测量二元体系的水动力学特征尺寸，发现其大小受表面活性剂的影响较小，而主要还是受聚合物浓度和分子量影响，随着聚合物浓度的增大而增大（表 4-8）。这是因为在极稀溶液中，聚合物分子是相互分离的，当浓度增大到某种程度后，聚合物分子相互交叠缠绕，这时候溶液中的聚合物的尺寸不仅与相对分子质量、聚合物结构有关，而且与溶液的浓度有关，浓度越大，分子链之间的穿插交叠的机会越大，表观分子尺寸越大。

表 4-8　二元体系水动力学特征尺寸的测定结果

相对分子质量	聚合物浓度（mg/L）	活性剂浓度（%）	水动力学特征尺寸（μm）		
			黏度保留率 100%	黏度保留率 50%	黏度保留率 35%
2500 万	1500	0.3	1.28	0.85	0.63
	1000		0.91	0.54	0.45
2000 万	1500	0.3	1.05	0.7	0.51
	1200		0.93	0.6	0.41
	1000		0.93	0.55	0.36
	800		0.91	0.45	0.28
1500 万	1500	0.2	0.84	0.56	0.41
	1500	0.3	0.85	0.55	0.4
	1500	0.4	0.84	0.54	0.41
	1000	0.2	0.87	0.51	0.34
	1000	0.3	0.84	0.50	0.34
	1000	0.4	0.79	0.45	0.30
	800	0.2	0.78	0.38	0.24
	800	0.3	0.80	0.40	0.27
	800	0.4	0.76	0.36	0.22
1000 万	1500	0.3	0.83	0.52	0.41
	1000		0.70	0.42	0.28

影响聚合物溶液表观水动力学尺寸的因素如下：

（1）蒸馏水配制的聚合物溶液表观水动力学尺寸。

用蒸馏水配制五种不同相对分子质量（700 万、1000 万、1500 万、1900 万、2300 万）、五种不同浓度（500mg/L、1000mg/L、1500mg/L、2000mg/L、2500mg/L）的聚合物溶液，利用微孔滤膜实验装置，在恒定压差 0.2MPa 下进行过滤实验，分别测定上述聚合物溶液的表观水动力学尺寸，实验结果见表 4-9。

浓度对于聚合物的表观水动力学尺寸影响较大，当聚合物的浓度逐渐变大时，不论聚合物的分子量高低，聚合物的表观水动力学尺寸都是随浓度的增加逐渐增大的。当聚合物的分子量逐渐增大时，同一浓度聚合物溶液的表观水动力学尺寸也是逐渐增加的，说明聚合物的表观水动力学尺寸受分子量影响也较大。控制聚合物的浓度和分子量中的其中一种因素发生变化，当分子量变大时，聚合物的表观水动力学尺寸的增幅要大于浓度增加时表观水动力学尺寸的增幅，可以推断：聚合物的表观水动力学尺寸受分子量的影响比受浓度对其的影响更大些。

表 4-9　蒸馏水配制聚合物溶液表观水动力学尺寸

相对分子质量 ＼ 浓度（mg/L）＼水动力学尺寸（μm）	500	1000	1500	2000	2500
700 万	0.51	0.59	0.67	0.71	0.74
1000 万	0.63	0.68	0.81	0.85	0.92
1500 万	0.73	0.8	0.93	0.98	1.02
1900 万	0.87	1.04	1.12	1.24	1.29
2300 万	0.91	1.16	1.24	1.30	1.34

（2）污水配制的聚合物溶液的表观水动力学尺寸。

实验中所用的污水总矿化度约为 3900mg/L，Ca^{2+}、Mg^{2+} 离子含量约为 55mg/L。使用 0.45μm 的滤膜过滤污水，去除其中较大颗粒。然后使用过滤后的污水分别配制五种不同相对分子质量（700 万、1000 万、1500 万、1900 万、2300 万）、五种不同浓度（500mg/L、1000mg/L、1500mg/L、2000mg/L、2500mg/L）的聚合物溶液，利用微孔滤膜实验装置，保持压差（0.2MPa）恒定不变，分别测定上述聚合物溶液的表观水动力学尺寸，实验结果详见表 4-10。

表 4-10　污水配制聚合物溶液表观水动力学尺寸

相对分子质量 ＼ 浓度（mg/L）＼水动力学尺寸（μm）	500	1000	1500	2000	2500
700 万	0.42	0.48	0.58	0.64	0.72
1000 万	0.57	0.66	0.69	0.77	0.82
1500 万	0.66	0.70	0.81	0.85	0.87
1900 万	0.74	0.78	0.87	0.94	1.01
2300 万	0.81	0.89	0.95	1.04	1.10

使用污水配制与清水配制的结果相似，当聚合物溶液浓度逐渐增大时，不论是大分子量还是小分子量聚合物，使用污水配制的聚合物溶液的表观水动力学尺寸都是逐渐增大的。随着聚合物分子量的增大，同一浓度的污水配制的聚合物溶液的表观水动力学尺寸也是逐渐增加的，这和清水配制变化趋势是一致的，与配制聚合物溶液时使用何种水质并无关系。通过对比可以知道：使用污水配制聚合物溶液时，聚合物分子量的影响比浓度的影响更大些。

（3）分子量对聚合物溶液表观水动力学尺寸的影响。

图 4-6 和图 4-7 分别是使用蒸馏水和污水配制的聚合物溶液表观水动力学尺寸随聚合物相对分子质量的变化曲线。可以看到，不论使用何种水质配制聚合物溶液，一定浓度的聚合物溶液，当聚合物的分子量逐渐变大时，聚合物溶液的表观水动力学尺寸也是逐渐增大的。

实验结果说明聚合物溶液的表观水动力学尺寸受分子量的影响比较明显。聚合物溶液的表观水动力学尺寸受分子量影响较大主要是因为，聚合物溶于水中后，分子长链上有大量强极性的—CONH$_2$和—COO-Na+侧基，聚合物分子链水化舒展，氢键作用很强，分子与分子之间容易形成物理交联点，从而构成空间网状结构。当聚合物相对分子质量增大，聚合物分子链变长，在水溶液中的聚合物分子链越容易发生缠绕，会形成更加复杂、更加稳定的网状结构。所以聚合物溶液的表观水动力学尺寸随相对分子质量增大而增加。

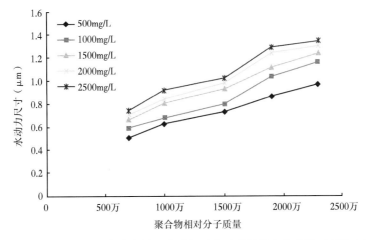

图 4-6　聚合物表观水动力学尺寸随相对分子质量的变化曲线（蒸馏水）

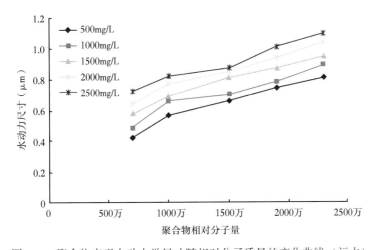

图 4-7　聚合物表观水动力学尺寸随相对分子质量的变化曲线（污水）

（4）聚合物溶液的浓度对表观水动力学尺寸的影响。

图 4-8 和图 4-9 为不同水质配制的聚合物溶液表观水动力学尺寸随浓度的变化曲线。从图中可以看出，一定分子量的聚合物，当溶液浓度逐渐增大时，无论是使用清水还是污水配制，聚合物溶液的表观水动力学尺寸都是明显增大的。

当聚合物溶液的浓度较低时，分子线团之间相互比较独立，分子链之间很少发生缠绕穿插，所以尺寸较小；当浓度较高时，溶液中的分子线团数量也相应增加很多，线团之间容易产生纠结而缠绕在一起。此时浓度对于高分子链尺寸的影响很大，浓度越大，高分子链之间穿插交叠的机会也就越大，而且缠绕也越复杂。因此聚合物溶液的表观水动力学尺寸与浓度密切相关，浓度越大，则表观水动力学尺寸越大。

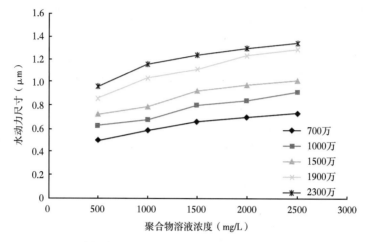

图 4-8　聚合物表观水动力学尺寸随浓度的变化曲线（蒸馏水）

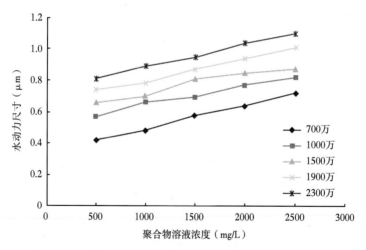

图 4-9　聚合物表观水动力学尺寸随浓度的变化曲线（污水）

二、二元体系在砾岩中的流动性研究

如果体系在储层中的流速过慢达不到经济有效开采的要求，因此需要在模拟储层压力条件下开展流动性实验，得到不同体系在不同渗透率岩心中的流动速度，换算成储层流速来判断其与储层的配伍性。

1. 流动压力计算

目前，大多数室内聚合物—表面活性剂二元体系驱替实验以恒速注入为主。由于现场注水井与油井附近都存在着压降漏斗，二元体系在近井地带的流动状况与在地层深部恒压流动的情形相差较大，为了模拟聚合物—表面活性剂二元体系在地层深部中的运移过程，克服恒速注入方式的缺点，采用恒压法注入进行实验。

为了研究聚合物—表面活性剂二元体系在地层深部的运移情况，对聚合物—表面活性剂二元体系在地层运移过程及压力分布应该有清楚的认识。均匀储层条件下，五点法井网的等势图如图4-10所示，在注入井和生产井周围大约为23%的井网面积上，渗流是径向的，大约有90%（位势降）压力降发生在这一区域。

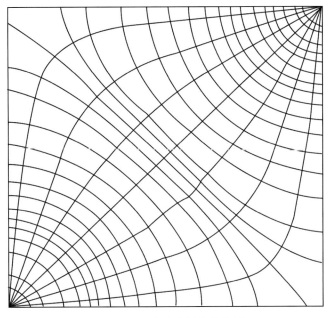

图4-10　五点法井网的等势图

从解析的角度分析，流体在油、水井底具有不同的流向，油井可以认为是汇，水井可以认为是源。假设流体为平面径向稳定流，其基本渗流方程为

$$\frac{\mathrm{d}^2p}{\mathrm{d}r^2} + \frac{1}{r}\frac{\mathrm{d}p}{\mathrm{d}r} \tag{4-1}$$

根据连续性原理，在稳定流时，$Q = v \times A = $ 常数。渗流速度可以表示为

$$v = \frac{Q}{A} = \frac{Q}{2\pi rh} \tag{4-2}$$

油井的产液量可由式（4-3）计算：

$$Q = \frac{2\pi Kh(p_e - p_w)}{\mu\ln\dfrac{R_e}{R_w}} \tag{4-3}$$

把式（4-3）代入得地层任一点的渗流速度的表达式：

$$v = \frac{K(p_{\mathrm{e}} - p_{\mathrm{w}})}{\mu \ln \dfrac{R_{\mathrm{e}}}{R_{\mathrm{w}}}} \cdot \frac{1}{r} \tag{4-4}$$

利用达西定律，可得地层中任一点的压力梯度的表达式：

$$\frac{\mathrm{d}p}{\mathrm{d}r} = \frac{p_{\mathrm{e}} - p_{\mathrm{wf}}}{\ln \dfrac{r_{\mathrm{e}}}{r_{\mathrm{w}}}} \frac{1}{r} = \frac{p_{\mathrm{e}} - p_{\mathrm{wf}}}{r \ln \dfrac{r_{\mathrm{e}}}{r_{\mathrm{w}}}} \tag{4-5}$$

假设注采井间距离为 300m 和 480m，变化不同的注采压差（16~24 MPa），可以根据解析法式（4-5）以及各油田的生产参数，计算出均质条件下注采井间的压力剖面，计算结果如图 4-11 和图 4-12 所示。

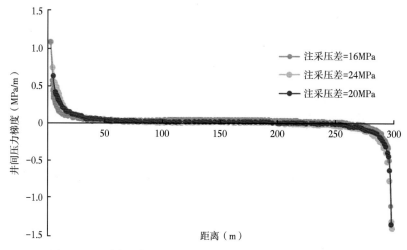

图 4-11　不同注采压差下的井间压力梯度分布（井距 300m）

图中 X 轴 0 点处为注入井，X 轴最大处为生产井（生产井处压力梯度为负值，是由于地层压力高于生产井井底流压所致）。从计算结果可以看出，解析方法与经典渗流理论的定性认识一致，压力梯度曲线呈现两端弯曲，中间平缓的形态，大部分压力降消耗在近井地带，距离井底 10m 以内的区域，压力梯度数值较大，且对生产压差与注采井距不敏感，压力梯度曲线较平缓。无论井距和生产压差如何变化，压力梯度曲线的拐点基本不变，距离井底 10m 以内的区域，压力梯度数值较大，压力降落速度较快，距离井底 10m 以外的区域，压力梯度曲线较平缓，不同位置的压力梯度计算结果见表 4-11。

表 4-11　距离注入井井底不同位置的压力梯度计算结果

不同位置	0.3~1m	1~5m	5~10m	10~50m	50~75m
压力梯度（MPa/m）	1.146	0.272	0.096	0.032	0.018
压力梯度（MPa/m）	0.2444（0.3~10）			0.0269（10~75）	
压力梯度比	0.2444/0.0269=9.09 倍				

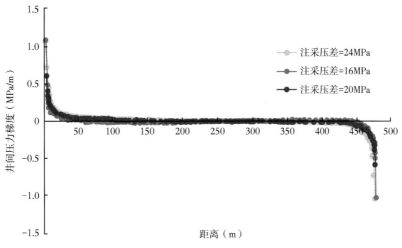

图4-12 不同注采压差下的井间压力梯度分布（井距500m）

2. 岩心流动实验

利用恒压驱替方式开展流动性实验，研究不同体系在不同渗透率（有效渗透率分别为50mD、100mD、120mD、170mD、300mD）岩心中的流动性，恒压压力选取地层压力梯度（0.1MPa/m）对应到岩心尺度为0.01MPa，通过在不同注入时刻出口端出液量计算该压力梯度条件下对应地层内部体系流动速度。

不同浓度不同分子量聚合物的二元体系在不同渗透率岩心中流动速度差别较大，基本规律是在同一岩心渗透率条件下，随着聚合物分子量和浓度的增大，流动速度变慢，而随着岩心渗透率的降低，同一体系的流动速度也变慢（图4-13至图4-15）。当对应地层中渗流速度小于0.2m/d时，体系流动困难，当对应地层中渗流速度大于0.2m/d时，体系流动顺利。从三个图中可以清晰地得到三种分子量聚合物的不同浓度的二元体系在地层中的流动情况，

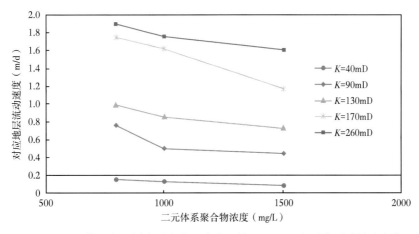

图4-13 二元体系在不同渗透率岩心中注入性（1000万相对分子质量聚合物）

进而判断其与不同渗透率储层的配伍性。

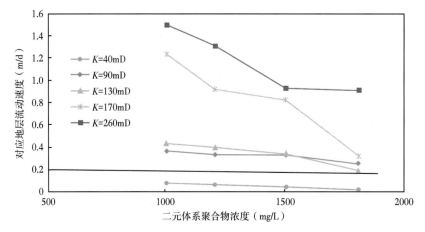

图 4-14　二元体系在不同渗透率岩心中注入性（1500 万相对分子质量聚合物）

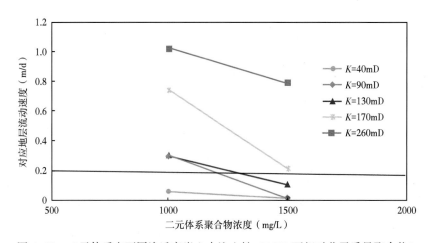

图 4-15　二元体系在不同渗透率岩心中注入性（2500 万相对分子质量聚合物）

三、二元体系与油藏配伍关系图版

根据上一节的研究结果，通过将体系在地层中流动速度、聚合物相对分子质量、浓度和储层渗透率相互关联，建立了二元驱驱油体系与砾岩油藏渗透率关系图版（图 4-16）。结果表明二元体系（2500 万相对分子质量）的油藏配伍有效渗透率下限为 90~130mD，二元体系（1500 万相对分子质量）的油藏配伍有效渗透率下限为 40~90mD，在低于对应渗透率的油藏中会出现可注入但不可流动的现象。此研究结果为后续的方案设计，开发动态调整提供了重要的依据。

通过压汞曲线得到了不同渗透率砾岩岩心的孔隙半径数据（表 4-12），发现其与聚合物的水动力学特征尺寸有着很好的对应关系，比较配伍性结果可知，当孔隙中值半径是体系水动力学特征尺寸的 8~9 倍时，体系可以顺利流动，而对于砂岩油藏，这种关系为 5~6 倍，这意味着对于相同渗透率的砾岩岩心和砂岩岩心，体系在砾岩岩心的流动更加困难。

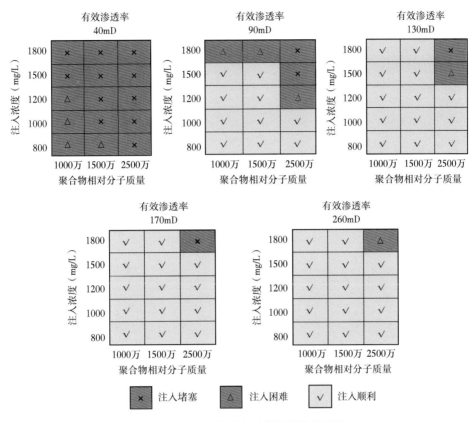

图4-16 二元体系与油藏配伍关系图版

表4-12 不同渗透率砾岩对应的孔隙中值半径

渗透率 （mD）	孔隙中值半径 （μm）	渗透率 （mD）	孔隙中值半径 （μm）	渗透率 （mD）	孔隙中值半径 （μm）
30	0.6	65	2.52	1000	9.34
40	1.31	100	3.60	2000	9.71
50	1.87	500	7.61	—	—

第三节 二元驱注入界限研究

通过配伍性研究可以确定不同渗透率储层的最佳注入体系，然而砾岩储层的非均质性很强，存在多旋回大级差，如何选择注入体系是一个难题。应用梯次注入，分级动用的理论研究了多种渗透率组合储层的动用问题。

一、不同储层的注入界限

1. 不同渗透率储层的有效驱动压力

聚合物驱阶段以梯次降黏的方式注聚可更好地提高聚合物驱效果，但压力升高会使高浓度段塞进入与其不配伍的中、低渗透地层中，产生堵塞现象。通过三维平板并联模型进行聚合物驱物理模拟实验，研究聚合物在不同渗透率油层特定含油饱和度条件下的有效流动压力，目的在于建立储层渗透率、聚合物浓度与有效流动压力的图版，为矿场压力调整提供指导基础。具体实验方案见表4-13。

表4-13　有效流动压力方案

编号	开发阶段		各层有效渗透率		
	水驱阶段	聚合物驱阶段	$700\mu m^2$	$400\mu m^2$	$100\mu m^2$
1		2500mg/L			
2		2000mg/L	结合水驱结束时刻注采压差，		
3	并联驱替至综合含水95%	1500mg/L	分别给出无量纲有效驱动压力、启动压力		
4		1000mg/L			
5		500mg/L			
聚合物注入段塞尺寸		0.6 PV			

在驱替过程中，通过主流线前缘推进速度相似原理，设计水驱恒速驱替速度为0.6mL/min；在聚合物驱过程中，采用恒速注入的驱替方式，聚合物驱阶段注入速度为水驱注入速度的1/2倍，即为0.3mL/min。

结合储层非均质性，水驱至模型产出液综合含水率达到95%时，记录高渗透层、中渗透层以及低渗透层的分流率F1、F2、F3，同时记录下此时的注入压力P1。然后用不同浓度的聚合物进行恒速驱替，驱替速度为0.3mL/min，在驱替过程中每隔3~5min读取一次低、中、高渗透层的出液量，实时统计各层分流率，同时记录注入端压力变化状况。当中渗透层开始出液时，此时压力P2与P1的比值为中渗透层的无量纲启动压力，当中渗透层分流率到达F2时，此时压力P4与P1的比值为中渗透层的无量纲有效流动压力；当低渗透层开始出液时，此时压力P3与P1的比值为低渗透层的无量纲启动压力，当低渗透层分流率到达F3时，此时压力P5与P1的比值为低渗透层的无量纲有效流动压力。

测完这4个关键压力数据之后，计算累计注聚体积，若未达到0.6PV，则继续开展聚合物驱，此时改变为恒压注入，注入压力为低渗透层的有效流动压力，每隔10min或20min记录一次各层产液及压力变化情况，直至累计注聚达到0.6PV，然后切换至后续水驱，驱替至实验结束；若已达到0.6PV，则直接切换至后续水驱，后续水驱速度为0.6mL/min，驱替至实验结束。实验方法示意图如图4-17所示。

1）无量纲启动压力图版

结合三维平板并联模型实验结果及分流率曲线特征，给出了不同渗透率油层在不同浓度聚合物体系下的无量纲启动压力及无量纲有效驱动压力图版，具体见表4-14。

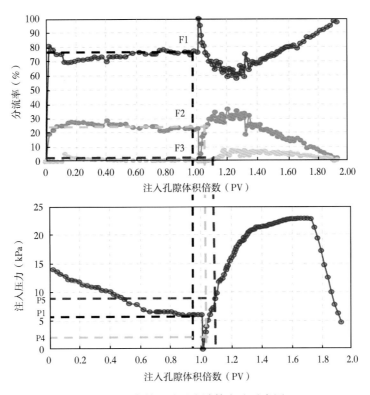

图 4-17 有效驱动压力计算方法示意图

表 4-14 无量纲启动压力图版

体系浓度	无量纲启动压力	
（mg/L）	400mD	100mD
2500	1.000	1.620
2000	0.778	1.369
1500	0.597	1.221
1000	0.368	1.078
500	0.148	0.852

以上实验结果表明：在相同渗透率的岩心条件下，聚合物溶液浓度越高，无量纲启动压力越高。由于聚合物溶液浓度越高黏度越大，在孔隙中的阻力也越大。针对不同体系浓度下的无量纲启动压力进行拟合，拟合结果如图 4-18 所示。

拟合结果图表明：在相同渗透率岩心中，无因次量纲压力随着聚合物浓度的增加呈现线性增长的关系，渗透率越低，线性曲线的截距也越大，即无量纲启动压力也越大。

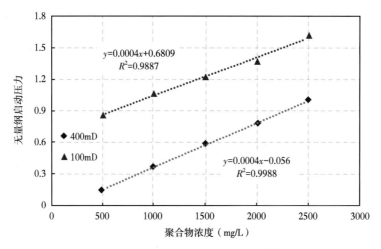

图 4-18　无量纲启动压力拟合结果图

2）有效驱动压力图版

无量纲有效驱动压力图版也有着相同的规律，具体无量纲有效驱动压力图版见表 4-15。同无量纲启动压力图版规律一致，在相同渗透率的岩心，聚合物溶液浓度越高，无量纲有效流动压力越高。由于聚合物溶液浓度越高生产黏度越大，因而需要更大的注采压差保证聚合物体系在多孔介质中的有效流动。同样，针对不同体系浓度下的无量纲有效驱动压力进行拟合，拟合结果如图 4-19 所示。

表 4-15　无量纲有效驱动压力图版

体系浓度（mg/L）	有效驱动压力	
	400mD	100mD
2500	1.45	2.01
2000	1.29	1.82
1500	1.17	1.57
1000	1.08	1.19
500	1.01	1.05

拟合结果图表明：在相同渗透率岩心中，无量纲有效驱动压力随着聚合物浓度的增加呈现指数增长的关系，渗透率越低，指数增长指数越大，即无量纲有效驱动压力也越大。

3）矿场实际的启动压力与有效驱动压力图版

在室内测试得到的无量纲启动压力和有效驱动压力图版的基础上，结合现场实际注采压差和生产工作制度，给出矿场实际条件下的满足不同渗透率油层启动和有效流动下的注入井压力，具体结果见表 4-16。

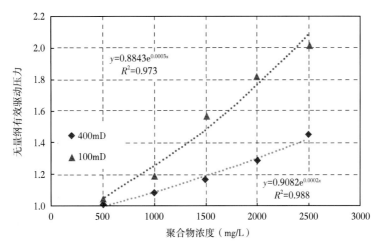

图 4-19 无量纲有效驱动压力拟合结果图

表 4-16 矿场实际启动压力与有效流动压力图版

聚合物浓度（mg/L）	注入井压力（MPa）				注聚初期采油井流压压力
	中渗透层		低渗透层		
	启动压力	有效驱动压力	启动压力	有效驱动	
2500	2.6	5.44	6.51	8.96	
2000	1.2	4.43	4.92	7.77	
1500	0.96	3.67	3.99	6.19	6MPa
1000	0.67	3.10	3.11	3.80	
500	0.12	2.66	1.67	2.92	

由表 4-16 结果可知，当注入井压力达到 9MPa 时（注聚初期采油井流压为 6MPa 时），2500mg/L 段塞在低渗透层可达到有效流动。另外，低渗透层启动时刻、中渗层有效流动时刻下的注入井压力近乎一致。

2. 梯次降黏注入提高采收率

对于强非均质油层，单一段塞注入方式更易发生剖面返转现象，聚合物溶液大量在高渗透层内部突进，聚合物驱开采结束后中低渗透层仍存在大量剩余油未得到有效动用。为更加高效地开发强非均质油层，通过油墙聚并理论和流度控制理论研究为强非均质油层聚合物驱所需的聚合物质量浓度计算提供理论依据。王锦梅等人提出的聚合物驱油墙聚并理论指出：最佳的聚合物溶液浓度是黏度—浓度曲线上斜率较大点对应的浓度；姜瑞忠、赵明等人的流度控制理论研究指出：含水饱和度越大，所需要的最小聚合物质量浓度越大。因此随着聚合物驱替前缘油墙的聚并，起到流度控制的聚合物浓度逐渐下降。在考虑聚合物降本增效的基础上提出聚合物驱梯次注入方式方法。

1) 技术原理及依据

在化学驱驱替过程中通常伴随有油墙的产生，即原油富集区的形成。化学驱油墙形成的大小直接反映了提高采收率方法的有效性，富集的油墙规模越大，即提高采收率方法越有效。王锦梅针对聚合物驱形成油墙的动力学机理数学模型推导，得出油墙形成的条件有

$$\left| \frac{K_{rw}K_{ro}}{\mu_w} \cdot \frac{d\mu_p}{dC_p} \cdot \frac{dC_p}{dx} \right| > \left| \left(K_{rw}\frac{dK_{ro}}{dS_o} + K_{ro}\frac{dK_{rw}}{dS_w} \right) \cdot \frac{dS_o}{dx} \right|$$

其中，形成油墙条件中最为敏感的参数为聚合物驱替前缘的黏度梯度，黏度梯度越大，油墙形成越有利，形成油墙的规模也越大。结合油墙富集条件中敏感参数及多段塞驱油条件下的段塞浓度、尺寸等条件，定义了无量纲的油墙聚并能力（Oil Bank Forming Ability），以便定量表征聚合物梯次注入过程中的油墙富集能力，具体定义如下：

$$\text{OBFA} = \sum_i Cp_i \cdot pV_i \left(\frac{d\mu_w}{dC_p} \right)_i \Big/ \mu_o, \quad i = 1, 2, 3$$

式中　　OBFA——油墙聚并能力；

Cp_i——段塞浓度，mg/L；

pV_i——段塞进入量，PV；

$\dfrac{d\mu_w}{dC_p}$——段塞的黏—浓梯度，mPa·s/mgL^{-1}，具体数值由黏浓曲线计算。

梯次降黏注入方法为选用不同浓度和不同黏度的聚合物溶液，依次匹配进入不同渗透率的油层，以实现不同渗透率储层对流度控制能力的需求。其中，高黏聚合物溶液段塞作为前置段塞进入高渗透层后，由于高黏聚合物在黏度—浓度曲线上具有较大的斜率，驱替前缘可形成高饱和度油墙，从而起到了良好的流度控制能力，并大幅增加了高渗层渗流阻力；随着注入压力的增加，中低渗透层吸液压差明显增加，后续低黏段塞以较高注入速度进入中低渗透层，在扩大了波及体积的同时也减少了高、中、低渗透层内聚合物溶液的流度差异。另一方面，由于聚合物驱替前缘黏度梯度的作用，高渗透层内所形成的高饱和度油墙，使含水饱和度快速下降，随着后续满足流度控制作用的降黏段塞注入，使低黏段塞以近似活塞式驱替缓慢推动油墙至采出端，延缓了高渗透层突破时间，该方式不仅适合于聚合物驱，也适合于二元复合驱。

2) 物理模拟实验

结合矿场实际油层物性参数，制作三种渗透率平板模型，模型尺寸为60cm×60cm×5cm，有效渗透率分别为700mD、400mD、100mD，各平板模型上布置电极和压力监测井，其中使用电极监测模型内各点电阻率的变化，采用标准电阻率—饱和度标准曲线反演各点的饱和度变化规律。其中，室内层间非均质平板模型并联实验流程图如图4-20所示。

实验使用1200万相对分子质量的聚合物，浓度分别是2500mg/L、2000mg/L、1500mg/L、1000mg/L和500mg/L，配成目的液的黏度见表4-17。

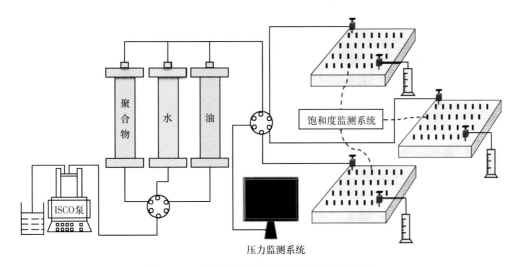

图 4-20 三维层间并联平板模型实验流程图

表 4-17 聚合物不同浓度下黏度特征

聚合物分子量	聚合物浓度 （mg/L）	剪前黏度 （mPa·s）	剪后黏度 （mPa·s）	水质矿化度 （mg/L）
大庆中分 相对分子质量：1200 万	2500	267.33	177.07	918
	2000	177.07	103.47	
	1500	98.13	51.20	
	1000	45.87	28.80	
	500	13.87	11.73	

用层间非均质平板模型对聚合物梯次注入方式进行研究，具体实验方案可见表4-18。

表 4-18 梯次注入实验方案

模型	方案	注入方式	聚合物段塞组合方式 ［注入浓度（mg/L），注入段塞大小（PV）］					
非均质模型 700mD、400mD、 100mD	1	梯次降黏	2500mg/L 0.072PV	2000mg/L 0.09PV	1500mg/L 0.12PV	1000mg/L 0.18PV	500mg/L 0.36PV	各段塞按照等聚合物干粉用量设计
	2	单一恒黏	1500mg/L，0.6PV					
	3	梯次增黏	500mg/L 0.36PV	1000mg/L 0.18PV	1500mg/L 0.12PV	2000mg/L 0.09PV	2500mg/L 0.072PV	
实验过程： 1. 水驱至综合含水95%时水驱结束； 2. 聚合物驱阶段采用恒速限压的驱替方式，聚合物驱最高压力不超过水驱最高压力的2倍； 3. 后水驱至综合含水98%								

3）采出程度、含水率与油墙聚并的关系

从三种注入方式实验结果（表4-19）和含水率下降幅度（图4-21）看，含水率最大可下降至59.8%，明显低于单一恒黏注入时的67.1%和梯次增黏的75.8%；同样比较梯次降黏注入方式的采收率提高幅度高，最终提高采收率20.04%，明显高于单一恒黏注入的17.79%和梯次增黏的17.28%。表明梯次降黏中优先注入的高黏段塞在驱替前缘可形成高饱和度油墙，大幅降低含水率，大幅提高采出程度。

表4-19 梯次注入实验结果

模型	方案编号	采收率（%）		提高幅度（%）			聚合物驱注入孔隙体积倍数（PV）
		水驱	最终	综合	聚合物驱	后水	
非均质模型 700，400，100mD	1	42.39	62.43	20.04	19.01	1.03	1.03
	2	42.47	60.26	17.79	15.88	1.91	0.85
	3	42.22	59.60	17.28	14.59	2.69	1.21

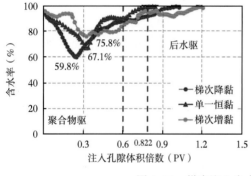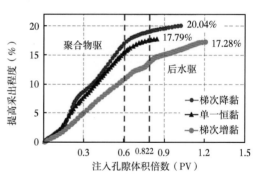

图4-21 梯次注入含水率、采出程度变化规律

结合油墙聚并能力公式（OBFA）对三种注入方式计算（表4-20），对比发现梯次降黏注入油墙聚并能力最强，为单一恒黏注入的3.04倍，是梯次增黏注入的31倍；该计算结果同含水率最低点结果相印证，含水率下降幅度越大，油墙聚并能力越强；同样结合含水最低时刻的饱和度分布图（图4-22）可以发现，梯次降黏驱替前缘所富集形成的油墙与单一恒黏、梯次增黏注入相比要高得多。

表4-20 不同梯次注入方式下的油墙聚并能力

方案编号	注入方式	聚合物驱提高采出程度（%）	油墙聚并段塞大小（PV）	含水率最低点（%）	油墙聚并能力
1	梯次降黏	19.01	0.294	42.17	8.01
2	单一恒黏	15.88	0.281	58.9	2.63
3	梯次增黏	14.59	0.33	72.16	0.254

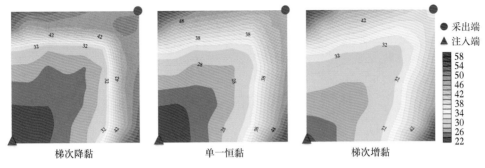

图4-22 不同梯次注入方式下含水率最低时刻的含油饱和度图

以含水率下降至最低点作为油墙聚并的结束，通过油墙聚并段塞大小的统计发现，梯次降黏油墙聚并段塞大小为0.294PV，明显小于梯次增黏的0.33PV，但油墙聚并能力明显高于梯次增黏。以上结果表明油墙聚并取决于段塞聚并油墙的效率而非取决于段塞尺寸的大小。

4）各层阻力变化规律

随着驱替前缘位置的油墙聚并形成，高渗透层阻力明显上升，而富集的油墙规模越大，其阻力越大。为了充分表征高、中、低渗透层阻力变化规律，本文采用总流度的计算方式对各层的阻力变化进行表征，具体公式为：

$$\lambda_{\text{total}} = \frac{KK_{\text{rw}}}{R_{\text{k}} \cdot \mu_{\text{eff}}} + \frac{KK_{\text{ro}}}{\mu_{\text{o}}} + \frac{KK_{\text{rw}}}{\mu_{\text{w}}}$$

式中 λ_{total}——总流度，mD/（mPa·s）；

μ_{eff}——聚合物有效黏度，mPa·s；

K_{ro}，K_{rw}——油水相对渗透率；

R_{k}——残余阻力系数；

K——岩心有效渗透率，mD。

其中，总流度包括聚合物的流度和油、水两相的流度特征，数值大小反映着流动能力的强弱，相当于电导的概念，总流度数值越小，流动阻力越大。

由不同注入方式的各层总流度变化特征曲线（图4-23）可见，梯次降黏注入的高渗透层总流度下降幅度最大，最低时刻可小于低渗透层的总流度，即低渗透层与高渗透层流度比值可大于1（图4-23d）；其次为单一恒黏注入，最差为梯次增黏，最低时刻高渗透层总流度仍高于中渗透层。

总流度变化特征曲线反映出梯次降黏注入高渗透层阻力增长幅度明显，造成阻力大幅增长的原因有：聚合物驱替段塞形成的阻力；驱替前缘形成的油墙造成含油饱和度明显上升，油相阻力增加；油墙的聚并形成过程中，水相饱和度大幅下降，原高含水的渗流通道逐渐被高阻力特征的聚合物和富集的高饱和度油墙所取代，水相流动能力下降明显。以上三种原因造成梯次降黏注入高渗透层阻力大幅增长，为后续低黏段塞注入中低渗透层提供了重要的基础。

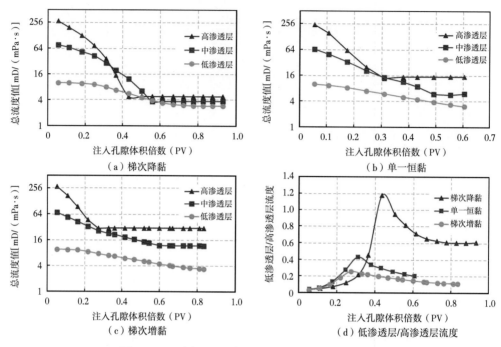

图4-23　不同注入方式下各层总流度变化特征曲线

5）分流率变化规律

由三种注入方式的分流率曲线（图4-24）可见，高渗透层分流率下降幅度进行对比，梯次降黏下降幅度最大，最大可降低至49.38%；单一恒黏注入次之，最大降低至56.63%；

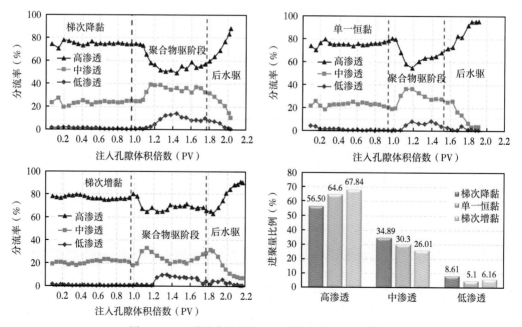

图4-24　三种聚合物驱注入方式的分流率对比曲线

梯次增黏注入最差，仅降低至66.52%；该现象同油墙聚并能力有着明显相关性，反映高黏段塞优先注入在驱替前缘形成高浓油墙，大幅增加了高渗透层渗流阻力，明显降低高渗透层分流率，大幅提升了中低渗透层吸液量。

对比统计三种注入方式的进聚量比例发现（图4-24），梯次降黏注入方式下中低渗透层吸液比例明显高于单一恒黏和梯次增黏注入。原因在于高黏段塞以低速注入到高渗透层形成高浓油墙，大幅降低了高渗透层的流动能力。随着注入压力的升高，达到中低渗透层的有效驱动压力，后续注入的低黏段塞与中低渗透层相匹配，较大的压力梯度明显增加了中低渗透层的吸液速率，减少了高、中、低渗透层间流度差异，因此梯次降黏注入时分流率形态呈"U"形变化，中低渗层吸液量大，延缓了剖面返转的发生。

6）平面波及效率

平板模型的饱和度电极监测获得了三种注入方式的平面波及效率，从后续水驱结束后波及系数实验结果看（图4-25、表4-21），梯次降黏注入在高、中、低渗透层的波及效率以梯次降黏注入方式为最高，综合波及效率为54.41%；其次为单一恒黏注入，综合波及效率为47.64%；最差为梯次增黏注入，波及效率仅为46.77%。

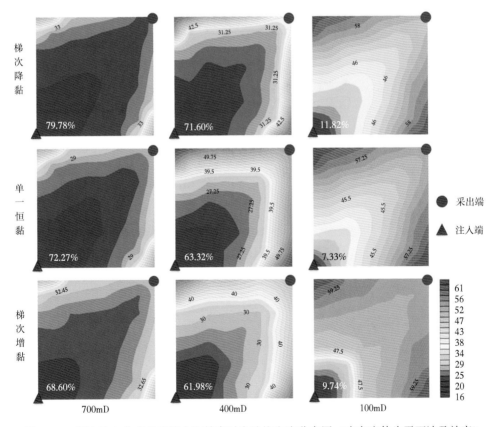

图4-25　梯次注入方式的后续水驱结束时含油饱和度分布图（白色字体为平面波及效率）

表 4-21　不同注入方式后续水驱结束时驱油实验结果

注入方式＼渗透率	700mD 提高采收率（%）	400mD 提高采收率（%）	100mD 提高采收率（%）	综合提高采收率（%）
梯次降黏	14.67	29.28	16.88	20.04
单一恒黏	12.98	25.85	14.34	17.79
梯次增黏	12.24	24.83	15.44	17.28

　　对比高、中渗透率区域的波及效率发现，其大小依次为梯次降黏>单一恒黏>梯次增黏。由于含水饱和度越大，所需要流度控制的聚合物段塞浓度越大，因此优先注入的高黏段塞相较于低黏段塞具有更强的流度控制作用，起到高效调堵因饱和度差异产生的高渗透条带、大幅增加平面波及面积的作用。而低渗透层波及效率的大小依次为梯次降黏>梯次增黏>单一恒黏，原因在于单一段塞（1500mg/L）与低渗层配伍关系较差，大尺寸的高黏段塞进入低渗透层后，易造成低渗透层渗流阻力大幅增加，剖面返转时机提前，因此恒黏注入易造成低渗透层波及效率过低的情况。

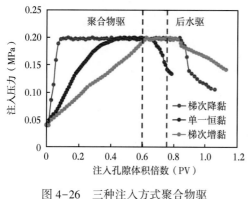

图 4-26　三种注入方式聚合物驱注入压力对比曲线

7）压力传播规律

　　从三种方式聚合物驱过程中的注入压力变化曲线看（图 4-26），梯次降黏注入压力上升速度较快，达到限制压力时注入孔隙体积为 0.15PV，梯次增黏注入压力上升速度最慢，达到限制压力时注入孔隙体积分别为梯次降黏的 3~4 倍。

　　梯次降黏优先注入的高黏段塞具有高阻力系数特征，可大幅降低储层内流体的流动能力，油层阻力增长明显，压力上升速度快，同时在驱替前缘可形成较大的压力梯度，可高效启动孔隙喉道中残余油，油滴逐渐聚并形成高浓油墙，大幅提高采收率。从注入压力的变化规律角度验证了梯次降黏注入方式的油墙形成机理。

　　从不同渗透率油层主流线压力场变化看（图 4-27），在梯次降黏方式的注聚过程中，层间压力差趋于均衡，而单一恒黏和梯次增黏压力差异越来越大，尤其在中低渗透层存在黏度高注入困难，造成驱替相沿高渗透层突进。而梯次降黏注入方式的初期高黏段塞有利于控制高渗透层快速突破，逐步降低黏度后有利于中低渗透层注入，同时中低渗透层压力梯度提升明显，有效扩大波及体积，因此梯次降黏注入减小了层间压力差异，减缓了聚合物单层和单方向突破。

　　综合以上研究结果，在配伍的前提下需要梯次降黏注入化学体系，可以获得最大的动用程度。

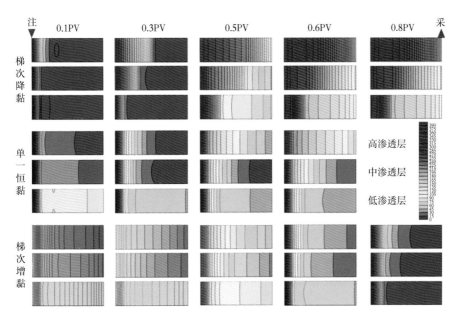

图 4-27　三种注入方式下注采井主流线压力场变化图

二、不同孔喉的注入界限

砾岩油藏孔隙结构复杂，分为单模态和复模态，采用核磁共振技术分析水驱和化学驱动用孔隙剩余油的界限。核磁共振测井技术已被国内外各油田广泛采用。在核磁共振测井中一般采用差谱、移谱技术来识别油、水信号并定量测量油、水饱和度。然而大量实验研究结果表明，我国典型油田储层内油相的弛豫时间与大孔隙内水相的弛豫时间很接近，直接进行核磁共振测量难以分辨油、水信号。

本次实验为了通过核磁共振的手段表征不同驱替阶段岩心内原油在孔隙内的变化，实验过程采用重水建立束缚水和用重水配制的驱替液驱替岩心。重水与普通水具有相近的物理化学性质（表 4-22）。

表 4-22　普通水与重水的性质对比

类型	特征 分子式	相对分子质量	密度（25℃）（g/cm³）	熔点（℃）	沸点（℃）
普通水	H_2O	18.0153	0.99701	0.00	100.00
重水	D_2O	20.0275	1.1044	3.81	101.42

原油与普通水含有氢原子核，处于低能态的氢核通过吸收电磁辐射能跃迁到高能态，产生核磁共振现象。但对于重水，是由氘原子和氧原子构成，其中氘原子是由一个质子和中子组成，氘原子的质量数是偶数，而原子序数是奇数，不能够产生核磁共振现象，通过核磁共振信号区别分辨水和油。实验过程，采用重水饱和岩心，再用原油建立束缚水饱和度，后再用重水配制的驱替液驱替岩心。对比图表明重水配制的驱替液基本没有信号，只有原油具有核磁共振信号。

1. 七东₁区克下组水驱/聚合物驱油实验评价

为了研究水驱与聚合物驱孔隙中原油动用规律，分别选取了 T71911 井、T71721 井、T71839 井、T71740 井四口井岩心，其中 T71740 井及 T71911 有 5 块岩心渗透率低，实验共完成 15 块岩心驱替实验。实验岩心以含砾粗砂岩、砂砾岩、细粒小砾岩为主，平均孔隙度为 17.52%，平均气测渗透率为 1089D。实验结果见表 4-23。

表 4-23 水驱/聚合物驱实验结果

井号	岩心号	深度（m）	岩性	层位	ϕ	K_g	K_o	S_{wi}	S_{or}	R_b	E_s	E_j	ΔE
T71911	5-9/15-2	1147.8	砂砾岩	S_7^{2-3}	16.68	994.5	94.8	31.92	28.30	16.44	43.55	58.4	14.8
	6-2/16-1	1150.1	细粒小砾岩	S_7^{2-3}	19.09	2333	56.2	31.34	17.60	9.96	65.08	74.38	9.30
	7-14/22	1155.2	含砾粗砂岩	S_7^{3-1}	15.58	1011	99.3	41.55	29.92	16.01	38.41	48.8	10.4
	8-7/12-1	1156.4	含砾中砂岩	S_7^{3-2}	17.95	670.6	49.8	27.24	22.70	8.03	42.82	62.89	20.07
	9-3/13	1160.6	含砾粗砂岩	S_7^{3-2}	17.64	1876	126.9	45.42	42.06	13.33	38.33	46.7	8.33
	9-6/13	1161.6	砾质砂岩	S_7^{3-2}	16.11	100.9	6.7	35.22	28.97	17.91	45.96	53.7	7.76
	9-11/13-2	1163.2	砂砾岩	S_7^{3-2}	17.75	577.2	39.3	46.01	17.21	8.47	57.46	67.7	10.3
	10-1/16	1164.4	砂砾岩	S_7^{3-2}	18.16	1588	119.2	33.58	26.32	0.14	23.89	28.8	4.89
	10-12/16-1	1167	含砾粗砂岩	S_7^{3-3}	21.04	1552	119.2	42.76	19.19	10.31	55.18	65.5	10.3
T71721	13-12	1085.1	含砾粗砂岩	S_7^{3-1}	16.52	29.9	0.2	29.74	30.60	7.28	44.61	56.4	11.8
T71839	1381.12	1381.1	细粒小砾岩	S_7^{2-1}	15.77	49.5	3.8	33.73	27.85	19.07	55.29	55.7	0.38
	73	1405.5	细粒小砾岩	S_7^{3-3}	20.12	362.4	145.5	30.45	32.61	16.81	38.79	53.7	14.9
	20	1381.7	细粒小砾岩	S_7^{2-1}	13.92	2047	34.5	31.23	15.72	5.14	66.79	77.1	10.3
平均值					17.02	1037	93.72	36.93	33.20	11.82	47.49	57.82	12.17

备注：ϕ：孔隙度，%；K_g：气测渗透率，D；K_o：液测渗透率，D；S_{wi}：束缚水饱和度，%；S_{or}：残余油饱和度，%；R_b：无水驱油效率，%；E_s：水驱油效率，%；E_j：聚合物驱油效率，%；ΔE，聚合物提高驱油效率，%；实验用聚合物相对分子质量为 2500 万，浓度为 2000mg/L。

对 15 块岩心数据进行统计分析，使用重水建立的束缚水饱和度范围为 27.24% ~ 46.01%，平均值为 36.93%。水驱油效率范围为 23.89% ~ 66.79%，平均值为 47.49%；注聚合物段塞后再水驱，驱油效率可达到 28.78% ~ 77.14%，平均值为 57.82%，聚合物驱平均提高驱油效率为 12.17%。

2. 不同模态下的水驱与聚合物驱原油动用规律

砂砾岩储层经过水驱开发后剩余油形态纷繁多样，分散到了各种大小孔喉当中，注聚开发后，剩余油分布会变得更加复杂。因此通过室内实验研究砂砾岩储层水驱/聚合物驱过程中原油在不同半径的孔喉中是如何分布和动用的对现场注水、注聚生产以及注聚后深度挖潜都有较好的指导意义。本次实验采用重水饱和岩心，重水与普通水的物理化学性质很相近，但无法产生核磁共振，所以利用重水饱和岩心再建立束缚水，可以在核磁下区分油与水之间的分布差别。

1）单模态岩心水驱/聚合物驱油原油动用规律

表4-24为6-2-16-1岩心实验结果，孔隙度为19.09%，气测渗透率为2333D，建立束缚水饱和度为31.34%，水驱驱油效率为65.08%，注聚驱油效率为71.93%，累计水驱/聚合物驱油效率为74.38%，聚合物驱提高采收率9.30%。单模态岩心物性较好，前期水驱油效率较高，后续聚合物驱进一步提高驱油效率，属于聚合物驱提高采收率效果较好的岩心。

表4-24 单模态岩心驱油实验结果

	井号	T71911
	深度（m）	1150.09
	层位	S_7^{2-3}
	岩性	细粒小砾岩
	束缚水饱和度（%）	31.34
	孔隙度（%）	19.09
	气测渗透率（D）	2333
	水驱阶段驱油效率（%）	65.08
	注聚阶段驱油效率（%）	71.93
	累计水驱/聚合物驱油效率（%）	74.38
6-2-16-1岩心宏观照片	聚合物提高驱油效率（%）	9.30

单模态岩心铸体薄片观察（图4-28）显示，岩石颗粒粗大，仅含有一级颗粒，以砾石、粗砂为主。孔隙粗大，孔喉连通性较好，呈网络状分布。扫描照片观察，颗粒之间基本不含

（a）孔隙较大，基本不含杂基　　　　（b）孔喉分布呈网络状

（c）岩石胶结疏松　　　　（d）发育溶蚀孔

图4-28 单模态岩心孔隙结构及岩石颗粒特征

（T71911，1150.09m，S_7^{2-3}，细粒小砾岩，实验样）

有黏土矿物，偶可见溶蚀孔。

对岩心并列样做压汞分析（表4-25），数据显示：单模态岩心进汞曲线有平缓段，且平缓段较低，说明岩心大孔粗喉较多，最大孔喉半径可以达到55.41μm，孔喉主要分布在9.19~73.50μm区间内，并是岩心主要渗流通道。分选系数大于3.5，分选较好，偏态大于零，为粗歪度，峰态大于1，孔喉分布呈明显单峰分布，且大孔喉对岩心渗流起主要作用。模态参数 C 为1.26，属于单模态岩心孔隙结构。

表4-25　单模态岩心压汞分析

半径均值（μm）	7.35	分选系数	3.78
偏态	0.61	峰态	1.83
变异系数	0.51	饱和中值半径（μm）	10.08
最大孔喉半径（μm）	55.41	孔喉体积比	5.42
平均毛细管半径（μm）	19.26	模态参数 C	1.26

备注	T71911，1150.09m，S_7^{2-3}，细粒小砾岩，并列样

单模态岩心驱替过程中，含水率上升快，驱替压力为0.015MPa，驱替体积达到1.5PV时，含水率上升到95%以上。水驱结束，驱替压力维持在0.015MPa，水驱油效率65.08%。注入聚合物段塞，驱替压力变为水驱压力的3倍，为0.05MPa，含水率陡降，下降20%，然后再迅速上升，段塞驱替提高驱油效率6.85%。注聚结束后，再后续水驱驱替至不出油为止，驱油结束时，驱替压力恢复至0.02MPa，驱油效率为74.38%，聚合物提高驱油效率9.30%。

实验饱和岩心、建立束缚水饱和度以及后续水驱/聚合物驱，都使用重水。并在水驱阶段、注聚阶段以及后续水驱阶段，分别测试核磁共振，观察不同阶段的核磁共振信号变化情况，并将核磁共振信号转化成孔喉分布，分析不同大小的孔喉内原油的动用规律。

表4.26为不同阶段的孔喉内原油变化，从中可以看出，在单模态岩心建立束缚水后，束缚水多分布在小于1μm的孔隙内，原油主要分布在较大的孔隙内。随着水驱的深入，大部分原油被动用，其中大于18.39μm以上孔径内原油全部被取出，而18.38~1.14μm还残余部分原油。注入聚合物段塞后，18.38~1.14μm孔隙内的原油进一步减少，而大于4.59μm以上孔隙聚合物动用程度最高。说明聚合物可以充分波及大于4μm孔隙内的原油。后续水驱阶段中孔隙内的少量原油被动用。

从表4-26中还可以看出在整个驱油实验过程当中，单模态岩心不同孔径内原油动用程度都很高。大于18.39μm这个孔径范围的原油被全部驱出，而1.14~18.19μm这个孔径范围的原油动用程度次之，最终有少量原油残留。

表4-26　不同驱油阶段绝对含油饱和度分布变化

孔喉半径 （μm）	孔喉分布 （%）	不同驱油阶段绝对含油饱和度（%）			
		原始含油	水驱完成	注聚完成	后续水驱完成
0~0.03	2.25	0.14	0.89	0.02	0.31
0.03~0.07	5.29	1.32	1.26	1.32	0.83
0.07~0.14	6.83	1.58	0.91	0.90	0.68
0.14~0.28	7.22	2.35	0.99	0.86	0.71
0.28~0.57	11.86	5.27	2.32	2.11	1.68
0.57~1.14	9.56	7.38	2.94	2.37	2.33
1.14~2.29	9.56	8.34	4.35	2.94	3.53
2.29~4.59	9.70	8.01	5.76	3.53	4.21
4.59~9.19	8.12	8.28	4.51	2.75	2.62
9.19~18.38	12.55	12.64	2.95	2.16	1.11
18.39~36.77	14.06	12.25	0.01	0.29	0.00
36.78~73.55	3.00	3.09	0.00	0.00	0.00
合计	100.00	70.66	26.88	19.27	18.01

为了便于分析原油动用规律，将孔喉半径范围划作<1μm、1~5μm、5~10μm、>10μm四个区间（表4-27），统计孔喉分布、绝对含油（剩余油）饱和度及原油动用程度分布频率。由表可知，水驱对大于10μm孔径内原油动用程度最高，达到89.15%，而1~5μm孔径内原油动用程度较低，为34.41%。而聚合物对大于10μm的孔径范围剩余油动用程度最大，动用程度为95.94%。水驱/聚合物驱之后剩余油主要分布在较小孔隙中，小于5μm的孔隙内绝对含油饱和度为14.28%，而大于5μm的孔隙内绝对含油饱和度为3.73%。大孔隙内原油动用程度明显大于小孔隙，大于10μm的孔径范围原油动用程度最大，动用原油95.94%，1~10μm动用程度相对较弱，而小于1μm的孔喉动用程度较低。

表4-27　单模态岩心孔喉分布及原油动用规律

孔喉半径（μm）		<1	1~5	5~10	>10
孔喉分布（%）		43.01	19.25	8.12	29.61
含油饱和度（%）	原始	20.14	15.40	7.81	27.31
	水驱	9.31	10.10	4.51	2.96
	聚合物驱	6.54	7.74	2.62	1.11
原油动用程度（%）	水驱	53.78	34.41	42.28	89.15
	聚合物驱	67.51	49.73	66.46	95.94

2) 双模态岩心水驱/聚合物驱油原油动用规律

表 4-28 为双模态岩心 5-9-15-2 水驱/聚合物驱油实验结果，岩心孔隙度为 16.68%，气测渗透率为 994.48D，建立束缚水饱和度 31.92%，属于中孔高渗透岩心。水驱阶段的驱油效率为 43.55%，注聚阶段完成驱油效率 53.42%，后续水驱阶段驱油效率为 58.35%，驱油效率整体不高，聚合物驱累计提高驱油效率为 14.80%。

表 4-28　双模态岩心驱油实验结果

井号	T71911
深度（m）	1147.78
层位	S_7^{2-3}
岩性	砂砾岩
束缚水饱和度（%）	31.92
孔隙度（%）	16.68
气测渗透率（D）	994.48
水驱阶段驱油效率（%）	43.55
注聚阶段驱油效率（%）	53.42
累计驱油效率（%）	58.35
聚合物提高驱油效率（%）	14.80

5-9-15-2 岩心宏观照片

双模态岩心含有两级颗粒。一级颗粒以砾石、粗砂为主，二级颗粒充填于一级颗粒之间，呈充填式双模态结构。孔喉连通较好，呈星点状分布。电镜分析岩石颗粒之间含有少量黏土矿物，局部可见长石溶蚀孔发育（图 4-29）。

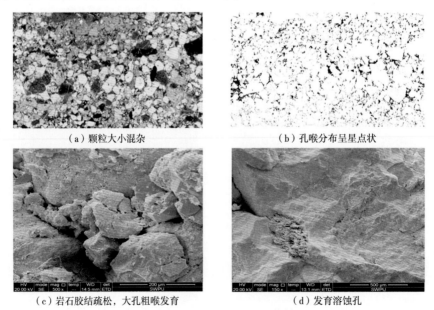

（a）颗粒大小混杂　　　　　　　　　（b）孔喉分布呈星点状

（c）岩石胶结疏松，大孔粗喉发育　　　（d）发育溶蚀孔

图 4-29　双模态岩石孔隙结构特征

（T71911，1147.78m，S_7^{2-3}，砂砾岩，实验样）

双模态岩心压汞数据显示：岩心进汞曲线整体呈上升趋势，没有平缓段，最大孔喉半径可以达到 37.94μm，孔喉分布呈双峰分布，其主要渗流峰为 9.19～36.75μm 之间。峰态大于 1，偏态小于零，为细歪度，岩心渗流一般。岩心模态参数 C 为 2.02，属于双模态岩心（表4-29）。

表4-29 双模态岩心压汞分析

半径均值（μm）	8.84	分选系数	3.33
偏态	-0.08	峰态	1.86
变异系数	0.38	饱和中值半径（μm）	0.95
最大孔喉半径（μm）	37.94	孔喉体积比	2.96
平均毛细管半径	11.03	模态参数 C	2.02

备注	T71911，1147.78m，S_7^{2-3}，砂砾岩，并列样

驱替过程中，岩心含水率上升快，水驱替压差较小，为 0.015MPa。水驱 2PV 以后，含水率基本维持在 90% 以上。水驱含水率连续两个 PV 维持在 98% 以上后，停止水驱，注入 0.7PV 聚合物段塞。注聚过程中，聚合物驱使含水率下降 3%，驱替压力上升 5 倍，注聚合物段塞过程中，驱油效率提高 9.97%。注聚合物后再后续水驱，直到岩心驱液连续两个 PV 不含油为止。后续水驱开始，岩心压力下降，直到压力降至水驱压力。驱替结束时，水驱油效率为 43.55%，聚合物提高驱油效率 14.80%，水驱/聚合物驱油效率为 58.35%。

从表4-30 中可以看出原油基本充满大孔隙内，小孔隙内含有束缚水，含油饱和度相对较低。在整个驱油实验过程当中，原油动用程度较大的主要为大于 4.59μm 这个孔径范围，小于 4.59μm 这个孔径范围的原油动用程度较少。水驱完成以后，对于大于 4.59μm 的孔喉，原油动用程度很高，大部分原油都被驱出；而 1.14～4.59μm 的孔喉内的原油动用程度偏低；小于 1.14μm 孔喉内的原油基本未动用。后续的注聚合物与水驱结束后，聚合物进一步加大了 9.19μm 的孔喉内原油的动用程度，几乎驱出全部的原油，而 4.59～9.19μm 的孔喉内的原油也在聚合物作用下被驱出部分。

表4-30 不同驱油阶段含油饱和度分布

孔喉半径（μm）	孔喉分布（%）	不同驱油阶段绝对含油饱和度（%）			
		原始含油	水驱阶段	注聚阶段	后续水驱阶段
0~0.03	0.40	0	0	0.12	0
0.03~0.07	2.85	0.94	0.86	1.41	0.84
0.07~0.14	3.40	1.63	1.49	1.62	1.48
0.14~0.28	3.99	1.79	1.53	1.49	1.37
0.28~0.57	9.90	2.82	2.98	2.96	2.19
0.57~1.14	11.82	2.96	2.94	2.06	2.34
1.14~2.29	12.48	5.70	4.78	4.27	3.90
2.29~4.59	11.28	9.78	8.14	7.73	7.45
4.59~9.19	9.14	9.30	6.64	6.38	5.41
9.19~18.38	14.57	14.07	6.93	5.55	4.87
18.39~36.77	13.84	13.53	3.58	0.40	0
36.78~73.55	6.33	5.55	0.27	0	0
合计	100.00	68.08	40.13	33.99	29.85

为了便于分析原油动用规律，将孔喉半径范围划分为<1μm、1~5μm、5~10μm、>10μm四个区间（表4-31），分别统计孔喉分布、绝对含油（剩余油）饱和度及原油动用程度。由表可知，随孔喉半径增大，水驱对原油动用程度依次增大，对大于10μm孔径内原油动用程度最高，可达到76.34%，5~10μm孔喉内原油动用了28.14%，而小于5μm孔径内原油动用程度相对较低。而聚合物对大于10μm的孔径范围剩余油动用程度最大，这部分孔隙内的原油全部都被聚合物驱出，而5~10μm孔径内剩余油动用程度提高程度最大，说明在聚合物作用下，与大于10μm孔喉相连的5~10μm的孔隙内的原油被驱出。而小于5μm孔喉半径内的剩余油动用程度相对较低。水驱/聚合物驱之后剩余油在较小孔隙中的比例相对较高，小于5μm的孔隙内绝对含油饱和度为22.35%，而大于5μm的孔隙内绝对含油饱和度为6.69%。大孔隙内原油动用程度明显大于小孔隙，大于10μm的孔径范围原油动用程度最大，原油动用程度100%，1~10μm动用程度相对较弱，而小于1μm的孔喉动用程度较偏低。

表4-31 双模态岩心孔喉分布及原油动用规律

孔喉半径（μm）		<1	1~5	5~10	>10
孔喉分布（%）		32.36	23.76	9.14	34.73
含油饱和度（%）	原始	12.80	16.06	10.48	35.58
	水驱	11.95	12.25	7.53	8.42
	聚合物驱	11.12	11.23	5.54	1.15
原油动用程度（%）	水驱	6.70	23.75	28.14	76.34
	聚合物驱	13.15	30.08	47.11	96.76

3）复模态岩心水驱/聚合物驱油原油动用规律

9-6-13 岩心岩性为砂质砾岩，为复模态结构，岩心的水驱/聚合物驱油实验结果见表4-32，岩心物性条件中等，孔隙度为16.11%，气测渗透率为100.9D，建立束缚水饱和度为35.22%，水驱阶段驱油效率为45.96%，水驱/聚合物驱累计驱油效率为53.72%，聚合物驱累计提高采收率7.76%。

表4-32 复模态岩心驱油实验结果

9-6-13号岩心宏观照片	井号	T71911
	深度（m）	1161.56
	层位	S_7^{3-2}
	岩性	砂质砾岩
	束缚水饱和度（%）	35.22
	孔隙度（%）	16.11
	气测渗透率（D）	100.9
	水驱阶段驱油效率（%）	45.96
	注聚阶段驱油效率（%）	50.74
	累计驱油效率（%）	53.72
	聚合物提高驱油效率（%）	7.76

（表中左侧图片：9-6-13号岩心宏观照片）

复模态岩心含有三级颗粒。一级颗粒以砾石、粗砂为主，以中砂为主的二级颗粒充填于一级颗粒之间，而以泥质为主的三级颗粒充填于颗粒之间，呈悬浮式复模态结构。孔喉发育较差，孔隙类型以溶蚀孔为主。孔喉分布呈斑点状，连通性较差（图4-30）。

（a）颗粒大小混杂，悬浮式复模态　　　　　（b）孔喉分布呈星点状

（c）岩岩石颗粒间含有大量杂基　　　　　（d）发育溶蚀孔

图4-30 复模态岩心孔隙结构及岩石颗粒特征

（T71911，1161.56m，S_7^{3-2}，砂质砾岩，实验样）

岩心并列样压汞数据显示：岩心进汞曲线整体呈上升趋势，没有平缓段，且压汞压力较大，最大孔喉半径可以达到 5.08μm，孔喉分布呈双峰分布，其主要渗流峰为 1.15~4.59μm 之间。峰态大于 1，偏态小于零，为细歪度，岩心渗流较差。岩心模态参数为 2.85，属于复模态孔隙结构（表 4-33）。

表 4-33　复模态岩心压汞分析

半径均值（μm）	10.88	分选系数	2.46
偏态	-0.5	峰态	1.86
变异系数	0.23	饱和中值半径（μm）	0.16
最大孔喉半径（μm）	5.08	孔喉体积比	2.27
平均毛细管半径	1.43	模态参数 C	2.85

备注	T71911，1161.56m，S_7^{3-2}，砂质砾岩，并列样

岩心驱替过程中，含水率上升快，驱替压力为 0.2MPa，驱替体积达到 1PV 时，含水率上升 95% 以上；驱替 3PV 以后，驱油效率基本保持不变，含水率保持在 95% 以上。水驱结束，驱替压力维持在 0.2MPa，水驱油效率 45.96%。注入聚合物段塞，驱替压力变为水驱压力的 4 倍，为 0.8MPa，含水率基本不变，岩心驱出少量油花。后续水驱，基本不出油，驱替压力下降至 0.3MPa。聚合物提高驱油效率为 7.76%，水驱/聚合物驱累计驱油效率为 53.72%。

表 4-34 为不同阶段内的孔喉内原油变化，可以看出原油基本充满大孔大喉，小孔内含有束缚水，含油饱和度相对较低。在整个驱油实验过程当中，原油动用程度较大的主要为大于 2.29μm 这个孔径范围，小于 1.14μm 这个孔径范围的原油动用程度较少。水驱完成以后，对于大于 4.59μm 的孔喉，原油动用程度很高，大部分原油都被驱出；而孔径为 1.14~4.59μm 的孔喉内的原油，动用程度相对较低，驱出油量较少；小于 1.14μm 孔喉内的原油基本未被动用。后续的注聚与水驱结束后，聚合物进一步加大了 4.59~9.19μm 的孔喉内原油的动用程度，小于 4.59μm 孔径内原油动用程度提高较低。

表4-34 不同驱油阶段绝对含油饱和度分布变化

孔径范围 (μm)	孔喉分布 (%)	不同驱油阶段绝对含油饱和度 (%)			
		原始含油	水驱阶段	注聚阶段	后续水驱阶段
0~0.03	0	0.19	0.15	0.78	0.88
0.03~0.07	0.06	0.54	0.48	0.35	0.68
0.07~0.14	2.28	1.64	1.36	1.32	1.33
0.14~0.28	4.86	1.66	1.37	1.78	1.46
0.28~0.57	10.62	4.26	3.53	4.81	4.15
0.57~1.14	10.90	4.92	4.90	5.97	5.64
1.14~2.29	13.14	6.62	6.45	6.90	6.53
2.29~4.59	16.83	10.47	7.34	6.58	5.73
4.59~9.19	15.65	13.08	5.67	3.91	3.06
9.19~18.38	17.77	15.98	4.67	2.06	1.26
18.39~36.77	7.01	4.62	1.28	0	0.02
36.78~73.55	0.89	0	0	0	0
合计	100.00	63.97	37.21	34.44	30.75

为了便于分析原油动用规律，将孔喉半径范围划作$<1\mu m$、$1\sim5\mu m$、$5\sim10\mu m$、$>10\mu m$四个区间（表4-35），统计孔喉分布、绝对含油（剩余油）饱和度及原油动用程度。由表可知，随孔喉半径增大，水驱对原油动用程度依次增大。水驱对大于$10\mu m$孔径内原油动用程度最高，为90.21%，对$5\sim10\mu m$孔径内原油动用程度为66.86%，对小于$5\mu m$孔径内的原油动用程度都偏低。聚合物驱进一步提高大于$5\mu m$孔径内原油动用程度，小于$5\mu m$孔径内原油动用程度偏低。水驱/聚合物驱后，小于$5\mu m$孔径内的含油饱和度为25.76%，大于$5\mu m$孔径内的含油饱和度为2.82%。

表4-35 复模态岩心孔喉分布及原油动用规律

孔喉半径 (μm)		<1	1~5	5~10	>10
孔喉分布 (%)		28.72	29.97	15.65	25.67
含油饱和度 (%)	原始	16.76	15.52	11.67	20.82
	水驱	15.18	13.35	3.87	2.04
	聚合物驱	14.72	10.94	1.76	1.06
原油动用程度 (%)	水驱	9.44	14.00	66.86	90.21
	聚合物驱	12.16	29.53	84.89	94.90

4）岩石模态对水驱/聚合物驱油效率影响对比

为研究不同模态岩心的原油动用规律，使用重水驱替14块岩心，并在不同阶段测试T_2图谱，统计不同孔喉半径内原油的动用情况。不同模态岩心内原油动用规律见表4-36、图4-31。

表 4-36　不同模态岩心水驱/聚合物驱原油动用规律统计表

模态	水驱动用程度（%）				水驱（%）	聚驱动用程度（%）				聚合物驱（%）	样本数
	<1μm	1~5μm	5~10μm	>10μm		<1μm	1~5μm	5~10μm	>10μm		
单模态	49.58	41.03	59.29	91.42	18.69	57.15	55.69	80.24	98.09	12.66	2
双模态	9.57	19.94	40.83	76.27	33.58	15.91	37.07	71.05	95.06	23.36	7
复模态	13.27	19.59	32.86	68.72	35.91	16.70	29.31	36.86	83.80	29.90	5

　　单模态岩心水驱动用程度较高，其中大于 10μm 孔喉半径内的原油动用程度超过 90%，其他孔喉内的原油动用程度也大于 40%。水驱后，单模态岩心含油饱和度较低，为 18.69%。单模态岩心聚合物驱以后，岩心进一步加大动用程度，剩余油饱和度进一步降低，其中 5~10μm 孔喉内原油动用程度提高最大，动用程度提高 20.95%，而大于 10μm 孔喉半径内的原油动用程度达到 98.09%，基本将原油全部驱出，小于 1μm 孔隙内的原油动用程度也达到 57.15%。最终剩余油饱和度降低至 12.66%。

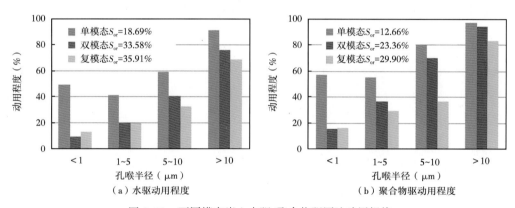

（a）水驱动用程度　　　　　　　　　　（b）聚合物驱动用程度

图 4-31　不同模态岩心水驱/聚合物驱原油动用规律

　　双模态岩心水驱后剩余油饱和度为 33.58%，其中大于 5μm 孔喉内原油动用程度较高，5~10μm 孔喉内原油动用程度达到 40.83%，大于 10μm 孔喉内原油动用程度为 76.27%，而小于 5μm 孔隙内原油动用程度较低，动用程度小于 20%。双模态岩心聚合物驱后，剩余油饱和度下降至 23.36%。大于 10μm 孔隙内原油基本被驱出，1~10μm 孔喉半径内原油动用提高幅度较大，5~10μm 孔喉半径内原油动用程度提高至 71.05%，1~5μm 孔喉半径动用程度达到 37.07%，提高幅度达到 17.13%。小于 1μm 孔喉内原油动用程度偏低，聚合物驱提高幅度也较低。

　　复模态岩心水驱后剩余油饱和度为 35.91%，其大于 10μm 孔喉半径内原油动用程度较高，其他孔喉半径内原油动用程度都偏低。后续聚合物驱提高幅度不大，聚合物驱后剩余油饱和度为 29.9%，聚合物驱提高幅度不大。其中聚合物对大于 10μm 孔喉内的原油动用提高程度较大，动用程度提高了 15.08%。

　　3. 水驱/聚合物驱动用岩石最小孔喉半径

　　1）岩石最小孔喉半径确定方法

　　研究水驱/聚合物驱最小动用半径，可以在注水和注聚合物开发过程中分析注入流体对剩余油的波及效果，明确剩余油分布的孔隙，为进一步的调整注水、注聚合物方案提供依据。本次主要对水驱、聚合物驱后的岩心测试核磁共振，对测试后的 T_2 谱反演得到剩余油在不同孔喉半径内的分布（图4-32），图4-32中红色曲线与 X 轴对应的是原始的含油饱和度，黑色曲线对应的是残余油饱和度，黑色曲线与红色曲线围成的面积就是可动用原油部分，对应红色竖线左边就是可动部分，右边就是束缚部分，红色的竖线就可以对应计算出最小动用半径。

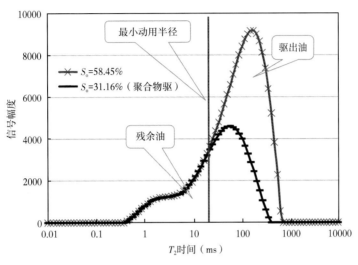

图4-32 最小动用半径示意图

单模态岩心水驱/聚合物驱最小动用半径都较小，分别为1.60μm、0.64μm，而双模态、复模态岩心最小动用半径较大。岩心注入聚合物以后，对岩心内的优势通道实现一定的封堵作用，后续水驱可以波及较小孔喉半径内的原油。所以水驱动用半径较聚合物驱的动用半径小（表4-37）。

表4-37 不同模态岩心水驱最小动用半径

井号	样号	深度（m）	岩性	层位	模态	残余油饱和度（%）	剩余油分布比例（%）				水驱 R_{min}（μm）	聚合物驱 R_{min}（μm）
							<1	1~5	5~10	>10		
T71839	20	1381.65	细粒小砾岩	S_7^{3-3}	单模态	15.76	51.87	41.83	6.30	0.00	1.28	0.72
T71911	6-2-16-1	1150.09	细粒小砾岩	S_7^{3-3}	单模态	17.60	36.32	42.99	14.53	6.16	1.92	0.72
平均值						16.68	44.09	42.41	10.42	3.08	1.60	0.64
T71839	73	1405.48	细粒小砾岩	S_7^{2-1}	双模态	32.61	26.35	34.84	19.40	19.41	4.56	0.64
T71911	5-9/15-2	1147.78	砂砾岩	S_7^{2-3}	双模态	28.35	36.54	44.44	15.16	3.85	3.92	0.80
T71911	7-14-22	1155.22	含砾粗砂岩	S_7^{2-3}	双模态	29.92	44.00	24.19	18.63	13.18	1.92	2.24
T71911	8-7-12-1	1306.39	含砾中砂岩	S_7^{3-1}	双模态	22.70	60.42	37.53	2.05	0.00	1.92	0.80
T71911	9-11-13-2	1163.21	砂砾岩	S_7^{3-2}	双模态	17.21	53.97	40.27	5.66	0.11	1.44	0.32
T71911	10-1-16	1164.4	砂砾岩	S_7^{3-2}	双模态	26.32	21.31	27.10	15.74	35.84	1.92	0.32
T71911	10-16-4-8	1165.75	砂砾岩	S_7^{2-3}	双模态	22.57	33.13	28.49	17.18	21.20	2.96	0.72
平均值						25.67	39.39	33.84	13.40	13.37	2.66	0.32

井号	样号	深度（m）	岩性	层位	模态	残余油饱和度（%）	剩余油分布比例（%）				水驱 $R_{\min}$（μm）	聚合物驱 $R_{\min}$（μm）
							<1	1~5	5~10	>10		
T71839	98	1416.28	含砾中砂岩	S_7^{4-2}	复模态	22.81	43.97	51.68	4.33	0.02	1.44	0.40
T71721	13-12	1085.06	含砾粗砂岩	S_7^{2-1}	复模态	30.60	72.77	27.23	0	0	1.84	0.48
T71839	1381.12	1381.12	细粒小砾岩	S_7^{3-1}	复模态	27.85	36.61	39.25	15.88	8.26	2.96	0.40
T71911	9-3-13	1160.61	含砾粗砂岩	S_7^{3-2}	复模态	42.06	19.16	33.00	18.82	29.02	2.16	0.96
T71911	9-6-13	1161.56	砾质砂岩	S_7^{3-2}	复模态	28.97	51.68	38.40	2.70	7.23	1.92	0.70
T71911	10-12-16-1	1167.03	含砾粗砂岩	S_7^{3-2}	复模态	19.19	27.00	26.84	18.87	27.28	1.84	0.72
平均值						28.58	41.87	36.07	10.10	11.97	2.03	0.72

2）聚合物水力学半径对波及效率的影响

图 4-33 是聚合物水化分子堵塞多孔介质（或滤膜）孔喉示意图。当 $R_h>0.46R$ 时，聚合物水化分子线团借助于"架桥"，便可形成较稳定的三角结构，堵塞孔喉。在 $R_h<0.46R$ 时，也可形成不稳定的堆积，但流动的冲力稍大便易解堵。堵塞的稳定性还与聚合物水化分子线团的黏弹性形变有关，即聚合物水化分子线团的刚性越强，堵塞越稳定。另外，由于聚合物水化分子线团具有黏弹性，在压力作用下会产生形变，经一定时间后会出现屈服流动，即使 $R_h>R$，也可能产生屈服运移而解堵。实验测定的不同相对分子质量聚合物在溶液中的水力学半径见表 4-38。

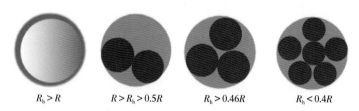

$R_h>R$ $R>R_h>0.5R$ $R_h>0.46R$ $R_h<0.4R$

图 4-33   聚合物水化分子堵塞多孔介质孔喉示意图

表 4-38   不同相对分子质量聚合物在溶液中的水力学半径

样品编号	相对分子质量	浓度（mg/L）	平均水力学半径（nm）
1	1000 万	113	134.9
2	1500 万	93	139.0
3	1800 万	100	145.9
4	2500 万	100	153.4
5	3000 万	100	195.1
6	3500 万	100	255.9

根据测定的聚合物分子水力学半径和聚合物分子堵塞孔喉的"架桥"原理（图4-33），即 $R_h \geq 0.46R$ 时形成堵塞，可换算出不同相对分子质量聚合物堵塞孔喉的直径（表4-39）。

表4-39 聚合物平均水力学半径与堵塞孔喉直径关系

相对分子质量	平均水力学半径（nm）	堵塞孔喉半径（μm）
1000 万	134.9	0.2933
1500 万	139.0	0.3022
1800 万	145.9	0.3172
2500 万	153.4	0.3335
3000 万	195.1	0.4242
3500 万	255.9	0.5563

本次实验使用聚合物分子量为 2500 万，聚合物分子平均水力学半径为 153.4nm，其堵塞的孔喉半径为 0.33μm。由于岩心孔喉最狭小处是喉道，所以聚合物首先堵塞喉道，导致聚合物无法通过并波及与喉道相连通的孔隙。结合恒速压汞资料，统计喉道半径小于 0.33μm 所控制的孔隙体积，可得到聚合物无法波及的岩心孔喉体积比例（表4-40）。

表4-40 聚合物无法波及孔喉体积比例

井号	编号	模态	孔隙度（%）	气测渗透率（D）	主流喉道半径（μm）	平均喉道半径（μm）	$r<0.33\mu m$ 喉道比例	$r<0.33\mu m$ 喉道连通孔喉比例
T71839	41	单模态	15.39	1803	5.39	4.29	2.90	2.90
T71839	72	双模态	15.55	1507	3.50	2.82	4.48	18.51
T71839	71 并列	双模态	15.31	519	5.40	4.05	5.21	22.78
T71721	13-17-23	复模态	13.81	145	1.84	1.49	12.63	45.89
T71839	61-1	双模态	19.36	2030	3.83	3.23	4.81	4.81
T71839	71	双模态	16.63	1742	5.40	4.05	5.21	22.78
T71721	6-8	双模态	18.27	247	3.03	2.71	23.72	24.12
T71721	17-9	复模态	19.8	53	5.07	3.92	23.02	80.79
T71721	18-9	复模态	11.37	1030	3.00	5.34	10.94	20.68
T71740	4	双模态	11.84	38	3.05	2.84	21.73	21.73
T71839	61-1 并列	双模态	16.78	1334	4.27	3.65	3.82	14.75
T71839	61-2	双模态	17.28	282	4.27	3.65	3.82	14.75
T71839	72 并列	双模态	17.78	1179	3.45	2.82	4.48	18.51
T71911	4-10-16	复模态	18.25	3	1.73	1.69	15.8	30.06
T71911	5-9-15-2	双模态	16.68	994	3.23	1.62	5.54	33.83
T71911	8-7-12-1	双模态	17.95	670	3.35	3.27	4.54	34.38
T71911	10-8-16-4	双模态	19.04	1587	6.00	2.71	3.07	67.16
平均值			16.53	892	3.91	3.32	9.16	28.14

实验共测试 18 样次的恒速压汞，对其喉道半径、半径小于 0.33μm 喉道所控制的喉道体积与孔喉体积比例统计。主流喉道半径平均值为 3.91μm，平均喉道半径为 3.32μm，小于 0.33μm 的喉道占孔喉总体的 9.16%，该部分喉道连通的孔喉体积占总孔喉体积的 28.14%。实验聚合物无法波及该部分孔喉空间。

第四节　二元体系在砾岩中的滞留

在复合驱过程中，聚合物和水中的杂质与微生物形成的胶凝物容易堵塞地层，造成地层的孔隙度和渗透率的下降，导致了注入压力的提高，对于砾岩油藏要明确聚合物体系在孔喉中的滞留位置，防止其不能有效驱替孔隙中的剩余油。

一、聚合物在多孔介质中的分布检测技术

电子探针（Electron Microprobe），全名为电子探针 X 射线显微分析仪，可对试样进行微小区域成分分析。除 H、He、Li、Be 等几个较轻元素外，还有 U 元素以后的元素以外都可进行定性和定量分析。电子探针的大批量是利用经过加速和聚焦的极窄的电子束为探针，激发试样中某一微小区域，使其发出特征 X 射线，测定该 X 射线的波长和强度，即可对该微区的元素作定性或定量分析。将扫描电子显微镜和电子探针结合，在显微镜下把观察到的显微组织和元素成分联系起来，解决材料显微不均匀性的问题，成为研究亚微观结构的有力工具（图 4-34）。

图 4-34　JEOL 电子探针和样品薄片喷碳处理

驱油用聚合物普遍存在酰胺基，使得溶液能够有"N"元素被检测出，而地层中却不存在 N 元素赋存，这就为运用"N"元素标定聚合物在多孔介质中的赋存位置和赋存量大小提供了依据（图 4-35）。

$$-(CH_2-CH_2)_x(CH_2-CH_2)_y-$$
$$\quad\quad\quad | \quad\quad\quad\quad\quad\quad |$$
$$\quad\quad\quad CONH_2 \quad\quad\quad COOH$$

图 4-35　HPAM 化学结构分子式

二、聚合物在井间的滞留位置

1. 模拟近井地带

实验模拟近井地带 1m 内的聚合物滞留状况，以距离注水井 1m 处的地层流速为基准折算到实验中的泵速。根据原始数据，近井地带的地层流速为 90m/d，折算到泵速为 6.25mL/min。所以进行流动性实验时，设置 HBS 泵的注入速度为 6.25mL/min。

将前期进行的近井地带流动性实验的岩心样品进行制片、喷碳处理后，采用电子探针技术进行分析，注入方案和体系见表 4-41。

表 4-41　近井地带聚合物滞留位置实验方案

编号	天然岩心气测渗透率（mD）	水测渗透（mD）	注入段塞 A 聚合物相对分子质量浓度	注入段塞 B 聚合物相对分子质量浓度	注入段塞 C 聚合物相对分子质量浓度	后续水驱
1-1/11	284.55	106.3	2500 万 1500mg/L	1500 万 1500mg/L	1000 万 1000mg/L	六九区污水
3-12/17-1	29.23	14.5				

首先是 284.55mD 岩心实验结果，如图 4-36 所示，从电子探针检测结果可以看出，孔隙处为黏土矿物（Al 离子）和岩石碎屑富集，这和电子探针结果是一致的，但是并未检测到 N 元素，说明对于配伍性较好的样品，加上近井地带冲刷严重，并不存在明显的聚合物滞留现象。

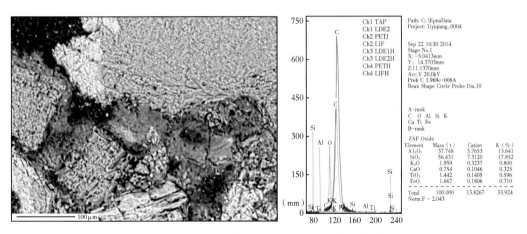

图 4-36　近井地带 284.55mD 岩心电子探针结果

其次是 29.23mD 岩心实验结果，如图 4-37 所示，从电子探针检测结果可以看出，孔隙处为黏土矿物（Al 离子）和岩石碎屑富集，这和电子探针结果是一致的，但是并未检测到 N 元素，说明对于配伍不好的样品，由于近井地带冲刷严重，也并不存在明显的聚合物滞留现象。

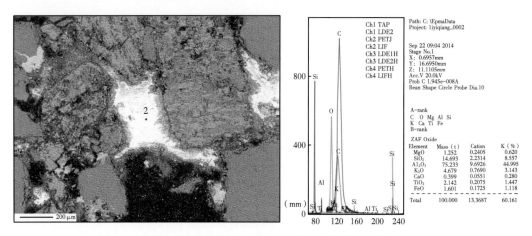

图 4-37　近井地带 29.23mD 岩心电子探针结果

2. 模拟地层深部

聚合物在地层深部的滞留位置实验研究方法与其在近井地带滞留位置的相似，但实验见表 4-42。

表 4-42　地层地带聚合物滞留位置实验方案

岩心编号	天然岩心气测渗透率（mD）	水测渗透率（mD）	注入段塞 A		注入段塞 B		注入段塞 C		后续水驱
			聚合物相对分子质量	浓度（mg/L）	聚合物相对分子质量	浓度（mg/L）	聚合物相对分子质量	浓度（mg/L）	
3-9/17	53.3	29.6	2500 万	1500	1500 万	1500	1000 万	1000	六九区污水
2-5/17	87.8	50.5							
2-3/17	153.5	90.2							

首先对地层深部 153.5mD 岩心进行分析，从图 4-38 中不难看出，N 元素全部分布在岩石碎屑表面，而优势水流通道几乎没有 N 元素分布，这是由于渗透率 153.5mD 的岩心二元体系注入性优良，没有发生明显的堵塞现象，所以水流通道里没有检测到聚合物的赋存。但是在岩石碎屑和孔隙边缘都检测到了明显的 N 元素分布，说明在复杂孔隙和黏土矿物富集的地方，有明显聚合物残留。复杂孔隙边缘的聚合物 N 元素平均含量达到了 11.76%，而黏土矿物和碎屑富集的区域，聚合物 N 元素平均含量为 8.52%。说明在不发生堵塞的样品中聚合物更多的赋存在复杂孔隙和小孔隙中，黏土矿物和岩屑也会滞留相当一部分聚合物。聚合物中 N 元素整体平均滞留量为 6.79%。

其次是对地层深部 87.8mD 岩心进行分析，从图 4-39 中不难看出，与高渗透岩心不同，87.8mD 样品开始发生了明显的堵塞，N 元素除了分布在岩石碎屑表面，一部分水流通道也开始有 N 元素分布，这是由于渗透率 87.8mD 的岩心二元体系注入性变差，高分子聚合物会在孔隙中发生堵塞现象，所以一部分水流通道里有检测到聚合物的赋存。与此同时，岩石碎屑和孔隙边缘也都检测到了明显的 N 元素分布，说明在复杂孔隙和黏土矿物富集的地方，

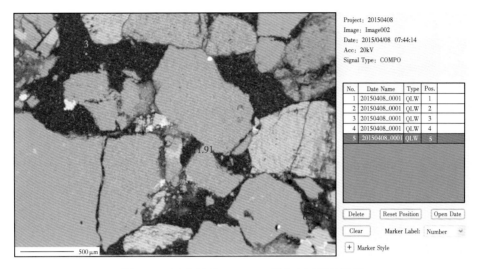

图 4-38 远井地带 153.5mD 岩心电子探针结果

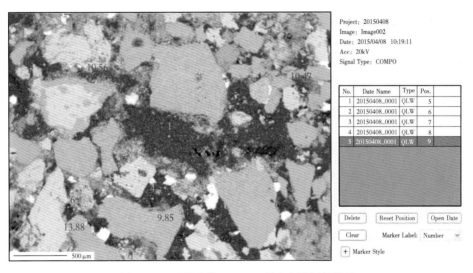

图 4-39 远井地带 87.8mD 岩心电子探针结果

有明显聚合物残留。复杂孔隙边缘的聚合物 N 元素平均含量达到了 11.63%，与高渗透样品结果相近。而黏土矿物和碎屑富集的区域，聚合物 N 元素平均含量为 8.92%，聚合物赋存含量略有上升。而水流通道中聚合物含量从 0 上升到平均 5.12%，说明聚合物在主孔喉中发生了堵塞。说明在开始发生堵塞的样品中聚合物不但赋存在复杂孔隙和黏土矿物、岩屑中，也会开始滞留在孔喉中。聚合物中 N 元素整体平均滞留量为 8.15%，高于高渗透样品的 6.79%。

最后，对地层深部 53.3mD 岩心进行分析，从图 4-40 中可以看出，与高渗透岩心不同，53.3mD 样品发生了更为明显的堵塞，N 元素除了分布在岩石碎屑表面，所有水流通道也检测到 N 元素分布，这是由于渗透率 53.3mD 的岩心二元体系注入性更差，高分子聚合物会在

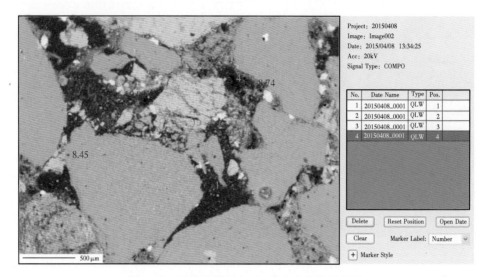

图4-40　远井地带53.3mD岩心电子探针结果

孔隙中发生明显的堵塞现象，所以所有水流通道里有检测到聚合物的赋存。与此同时，岩石碎屑和孔隙边缘也都检测到了明显的N元素分布，说明在复杂孔隙和黏土矿物富集的地方，有明显聚合物残留。复杂孔隙边缘的聚合物N元素平均含量达到了11.35%，与高、中渗透样品结果相近。而黏土矿物和碎屑富集的区域，聚合物N元素平均含量为8.93%，聚合物赋存含量与中渗透接近，高于高渗透含量。而水流通道中聚合物含量为9.17%，说明聚合物在主孔喉中发生了明显堵塞。说明在开始发生堵塞的样品中聚合物不但赋存在复杂孔隙和黏土矿物、岩屑中，也大量滞留在孔喉中。聚合物中N元素整体平均滞留量为9.36%，高于中渗透样品的8.15%，也高于高渗透样品的6.79%。

第五章 砾岩油藏聚合物—表面活性剂 二元复合驱开发方案设计

根据国内外研究结合矿场试验的结果，初步确定聚合物—表面活性剂复合驱技术适用的油藏标准，见表 5-1。该标准经过多年的实践，基本能够满足化学驱油藏筛选的需要，但是近年来随着化学驱技术的发展，某些指标有所调整，如二元复合驱适用油藏渗透率在 20mD 以上，但是近年来二元体系中聚合物分子量、浓度较高，造成矿场试验中注入困难、压力较高、油井产液量下降幅度大的问题，因此应根据各油田油藏物性、化学剂供应的具体情况，确定二元复合驱试验区块。

表 5-1 化学驱油藏筛选标准

参数	聚合物驱标准	表面活性剂驱标准	化学复合驱标准	二元复合驱标准
油层岩性	碎屑岩	碎屑岩	碎屑岩	碎屑岩
油层厚度	有效厚度>1m	有效厚度>1m	有效厚度>1m	>1m，层系组合后厚度 6~15m
地层温度	<75℃；若使用耐温聚合物，温度范围可以放宽	<80℃	<75℃；若使用耐温聚合物，温度范围可以放宽	30~85℃；使用耐温聚合物，温度范围可以适当放宽
油层非均质性	渗透率变异系数 0.4~0.8	渗透率变异系数 <0.6	渗透率变异系数在 0.4~0.8	渗透率变异系数 0.4~0.9
原油密度	<0.9g/cm³	<0.9g/cm³	<0.9g/cm³	<0.9g/cm³
总含盐量	地层水含盐量 <10000mg/L	地层水含盐量 <10000mg/L	地层水含盐量 <10000mg/L	地层水含盐量<100000mg/L，钙镁离子浓度小于300mg/L，使用耐盐聚合物，矿化度范围可以放宽
地层渗透率	>50mD	>10mD	>50mD	>20mD
地层原油黏度	<100mPa·s	<50mPa·s	<100mPa·s	<100mPa·s

砾岩油藏具备了实施二元复合驱的有利条件，其水驱剩余油饱和度较高，将利于复合驱充分发挥作用；地层温度范围适宜，在达到相同的黏度要求时有利于降低聚合物溶液浓度；原油黏度不高，有利于体系流度控制作用的发挥，同时注入水和地层水与化学体系有良好的配伍性，这些均有利于二元复合驱在砾岩油藏的开展，但砾岩油藏严重的非均质性是二元复合驱成功应用的巨大挑战。本节利用油藏工程方法结合数值模拟优化了砾岩油藏二元复合驱适合的井网井距、层系组合、注入速度、注采比以及段塞组合方法，利用油藏工程和数值模拟的方法优化了二元复合驱的实施方案。

第一节　聚合物—表面活性剂复合驱井网井距

目前国内水驱井网一般不完善，直接进行化学驱存在井距大、连通性差、井网控制程度低等问题，同时水驱井网的井况也存在套变、固井质量差等问题，化学驱过程中一般压力上升4MPa左右，对井况的要求比较高。化学驱持续时间长达5~8年，在此期间要保持注采井的稳定运行，因此建议试验全部采用新井，原水驱老井可作为观察井或者上返、下返到其他层生产。试验区井网、井距的设计直接决定了复合驱的技术经济效益，同时也是决定聚合物—表面活性剂复合驱试验成功与否的主要因素之一。不同井距条件下聚合物—表面活性剂复合驱都能够取得较好的增油降水效果，对井距的选择必须考虑的因素包括：一是注入压力，由于复合体系溶液黏度高，因此注入后会使油层的渗流阻力显著增加，造成注入能力大幅度下降。为保证一定的注入能力，需要提高注入压力，因此必须保证注入过程中压力有一定的上升空间。在其他条件不变的情况下，随着井距的增大，复合体系的注入压力也随之增大，使体系注入逐渐变得困难。二是复合体系在油藏中保持稳定，井距增加，注入速度变低，复合体系在油藏中停留的时间变长，聚合物的黏度下降越大，表面活性剂的吸附量变大、稳定性变差。复合驱的井网、井距优先考虑的是聚合物和表面活性剂在油藏中的稳定性，即界面张力和黏度要在一个时期内保持稳定，同时注入压力不能超过破裂压力，在调整后的井网、井距能够最大限度发挥复合驱的效果。为了确定出合理的井网、井距，一般采用类比分析法、油藏工程分析法、数值模拟及经济评价等研究方法对不同井网、井距条件下开采技术界限和开发效果进行了论证。

一、井网井距的优化原则

（1）一般采用五点法面积井网布井，具有独立完善注采系统，注采井比例适合；

（2）要综合考虑与水驱开发井网衔接关系，新布井井网井距均匀；

（3）井距原则上尽量小些，聚合物—表面活性剂复合驱井网一般在150m左右，对化学驱控制程度高，一般要求达到70%以上，最大限度提高采收率。

二、井网井距与提高采收率关系

通过试验区建立单井组理论模型，在相同的井网密度条件下，研究不同井网方式下的采收率提高值。计算结果表明，五点法提高采收率最为明显，为18.2%，四点法和七点法次之，分别为17.5%和17.8%，而反九点法提高采收率值最低，仅15.5%。主要原因是由于五点法注采井数比为1:1，化学驱驱油流线面积大，滞留面积小，如图5-1所示。而反九点法由于井网中边、角油井所处位置不同，距离水井距离不同，导致开发过程中两类油井开发阶段上存在较大差异，平面矛盾突出，因而开发效果相对比较差。因此，

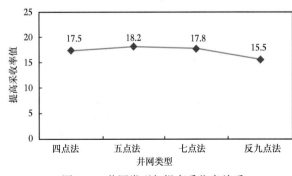

图5-1　井网类型与提高采收率关系

复合驱一般采用五点法面积井网。

通过对不同井距的典型井组应用数值模拟预测复合驱效果，在相同的注入条件下，井距越小，聚合物—表面活性剂复合驱控制程度越高，提高采收率值越高，但当井距缩小到150m以下，化学控制程度提高到86.2%以上时，采收率提高值明显增大，继续减小井距，提高采收率变化不明显（图5-2）。

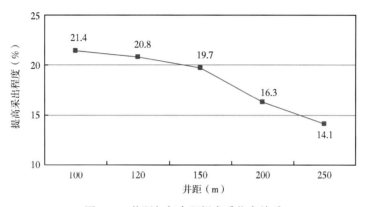

图5-2 井距与复合驱提高采收率关系

从目前国内化学驱现场试验结果看，采取五点法、150m左右井网也是比较合适的（表5-2）。国内复合驱矿场试验证明，采用较小井距复合驱试验产液能力下降幅度小，采收率相对较高，试验效果好。大庆油田三元复合驱试验较早，井距由开始200～250m大井距向125～175m较小井距发展，提高采收率也增加到20%以上。

表5-2 国内油田化学驱试验井网、井距与提高采收率关系

油田	方法	分类	分区	注剂时间	面积（km²）	储量（10⁴t）	井网形式	井距（m）	注入井（口）	生产井（口）	提高采收率（%）
大庆油田	三元复合驱	先导	中区西部	1994.09	0.09	11.73	五点法	106	4	9	21.4
			杏五区	1995.01	0.04	3.7	五点法	141	1	4	25.4
		工业	杏二区	1996.05	0.3	24	五点法	200	4	9	19.24
			北一断西	1997.03	0.75	110	五点法	250	6	12	20.0
			南五区	2005.12	—	—	五点法	175	29	39	19.8
			北一断东	2006.02	—	—	五点法	125	49	63	29.0
			北二区	2006.02	—	—	五点法	125	35	44	22.1
胜利油田	三元复合驱	先导	孤东七区	1992.02	0.031	7.795	五点法	50	4	9	13.4
		工业	孤岛西区	1997.05	0.61	198.8	五点法	210	6	13	12.5

复合驱由于注入大量的碱，容易与地层流体中的部分离子发生反应，形成沉淀，造成地层结垢，使地层渗透率下降，导致采液速度大幅度下降，从而影响复合驱效果。大庆油田已开展的强碱三元复合驱试验结垢程度研究表明，注采井距的增大，结垢程度加深，当井距缩小到141m时，三元复合驱中心井未发生结垢现象。克拉玛依油田二中区三元复合驱先导试

验中，采用 50m 的小井距也未出现结垢现象。

注采井距缩小有利于保持复合驱的注入采出能力，随着井距增大，采液能力下降幅度有变大的趋势。如大庆油田中区西部三元试验区采用 106m 注采井距，复合驱与水驱相比产液量下降幅度只有 14.2%，而北一区断西三元复合驱试验区采用 250m 注采井距，产液量下降幅度达到 60%（表5-3）。

大庆三元驱都采取五点法井网，井距在 75~250m；近年来随着二类油藏化学驱的展开，井距一般都在 150m 左右，最小为 106m；考虑到大庆油田油藏物性相比其他油田好，新疆砾岩油田开展的聚合物—表面活性剂复合驱区块应该采用更小的井距。

表5-3 各试验区产液能力变化情况表

项目　　区块	注采井距（m）	产液量（m³/d）			产液指数［m³/(d·m·MPa)］		
		水驱	复合驱	下降幅度（%）	水驱	复合驱	下降幅度（%）
中区西部	106	35	30	14.2	0.94	0.397	58.8
杏二区	200	133	40	69.9	10.32	2.4	81
北一断西	250	199	79	60	10.2	1.5	85.3

克拉玛依油田二中区三元复合驱先导试验区复合驱油过程中，50m 井距条件下注入井井口压力由复合驱前的 5.0MPa 上升至注主段塞时的 8.0MPa，增长幅度为 60%；地层平均吸水指数由复合驱前的 8.81t/(d·MPa)，下降到注主段塞时的 3.94t/(d·MPa)，约下降 55.3%。正开展的七东$_1$区聚合物驱矿场试验采用的 200m 注采井距，试验区南部由于油层物性较差，注聚过程中，注入压力上升速度快，已接近油藏破裂压力；油井表现出供液能力不足，2 口中心井经多次改造产液量仍达不到方案要求。因此，克拉玛依油田储层物性较低、非均质极强的砾岩油藏不宜采用大井距。

三、井网井距与控制程度关系

复合驱控制程度的物理意义是：在一定的井网、井距下，一定分子量的聚合物复合体系溶液可进入油层的孔隙体积占油层总孔隙体积的百分比。通过对试验区不同井距条件下化学驱控制程度统计分析可以看出（图5-3），150m 井距的化学驱控制程度为 84.4%，较 200m

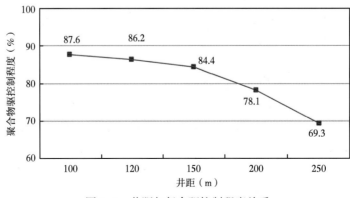

图5-3 井距与复合驱控制程度关系

井距高 6.4%，较 100m 井距仅减少 3.2%，而 250m 井距的化学驱控制程度却仅为 69.3%，远低于 150m 井距的化学驱控制程度。因此，井距由 250m 缩小到 150m，化学驱控制程度提高值比较明显。随着井距的减小复合驱控制程度增加，在 150m 井距时曲线出现拐点，继续缩小井距，控制程度增加幅度明显减小。

四、井距与经济效益的关系

新疆油田克下组油藏复合驱设计了井距为 200m、150m、120m 的三套反五点法面积井网，进行了数值模拟和经济评价。随着井距的减小，累计增油量和采出程度都在增加，但增幅较小；财务内部收益率降低，且降幅较大，见表 5-4。因此选择 150m 井距是合适的。

表 5-4　不同井距下技术经济指标预测数据表

井距 （m）	新打井数 （口）	累计采油 （10^4t）	累计采出程度 （%）	项目总投资 （万元）	财务净现值 （万元）	内部收益率 （%）
200	30	31.38	18.65	21796	2672	16.93
150	58	36.20	21.52	32844	528	12.84
120	81	39.67	23.58	41941	−5447	6.02

第二节　聚合物—表面活性剂复合驱层系组合

聚合物—表面活性剂复合驱改善了油层的纵向和平面非均质性，调整了吸水剖面，扩大波及体积，与表面活性剂综合作用提高洗油效率，提高了原油采收率。复合驱过程中，油藏层间矛盾和层内矛盾得到很大程度的缓解，但是其改善非均质性的作用有限。对于非均质性严重的油藏，特别是存在特高渗透率条带的情况下，驱替相窜流现象严重，仅仅依靠复合体系调剖作用不能有效改善油藏的非均质性，因此需要从油藏层系组合方面解决油藏的非均质性严重问题。一般适合化学驱的油藏非均质变异系数在 0.6~0.85 之间为最佳。合理划分开发层系，是开发多油层油田的一项根本措施，将特征相近的油层组合在一起，用独立的井网进行开采，有利于发挥各油层的生产能力，能够缓和层间矛盾，实现油田的稳产、高产、提高最终采收率；有利于合理地优化设计地面规划建设；有利于更好地发挥采油工艺技术；有利于提高采油速度，加速油田的生产，从而缩短开发时间，提高基本投资的周转率。

数值模拟实验结果表明，在油藏条件和注入流体一定的条件下，复合驱提高采收率的幅度与油层厚度有关。多油层同时注聚能够充分发挥聚合物的调剖作用，改善层间的动用状况，效果好于单油层注入聚合物。在特高含水期多层合注的优势更加明显。

一、组合原则

（1）开发层系间厚度要求尽量均匀，一段开发层系满足经济界限要求，有效厚度要大于 6m，一般小于 15m。若层系组合厚度大，可组成二段或以上组合段，应采用由下至上逐层上返方式，以减少后期措施工作量，降低措施工艺难度。

（2）一段开发层系内的单元要相对集中，层系内开发油层的地质条件应尽量相近，层间渗透率级差应尽量小于 2.5 倍。

（3）开发层系间要有稳定隔层，一般厚度大于 1.5m 的隔层钻遇率应大于 70%。

（4）每个开发层段的开采井段不宜过长。室内研究表明，一个注化学剂层段井段长度 40~60m 较为合适。

（5）每个层段内可调区域完善井组比例达到 80% 以上。

二、组合方法

大庆油田化学驱层系组合的层数以 3~4 层为主，避免层系太多造成的层间相互干扰，同时由于层系的组合，油层有效厚度控制在 15m 以下的合理范围。参考大庆油田三元复合驱的层系组合，聚合物—表面活性剂复合驱的层系组合中层数应小于 5，厚度小于 15m。

以克拉玛依油田七中区克下组油藏为例，试验区目的层段各单层的有效厚度统计，除 S_7^{2-1}、S_7^{4-2} 平均有效厚度不足 1.0m，分别为 0.7m、0.8m，其余层 S_7^{2-2}、S_7^{2-3}、S_7^{3-1}、S_7^{3-2}、S_7^{3-3}、S_7^{4-1} 的有效厚度都大于 1.0m。根据七中区克下组主力油层发育状况和隔层情况（表 5-5）、复合驱技术特点、工业化试验的要求以及开发技术经济指标，对该区克下组油层提出了四种可行的层系组合对比方案。

（1）选择 S_7^{2+3+4} 油层作为复合驱开采层系。优点是油层厚度大，储量丰度大，油层开发利用率高；缺点为油层跨度大，层间矛盾突出，S_7^{2-1} 层聚合物驱控制程度较低，S_7^{4-2} 层射开后下部隔层条件差。

（2）选择 S_7^{2+3} 油层作为复合驱开采层系。优点为油层厚度减小，层数较少，可提高开发效果；缺点为 S_7^{4-1} 层未利用，以后很难单独下返作化学驱对象。S_7^{2-1} 层聚合物驱控制程度较低。

（3）选择 S_7^{2+3}+S_7^{4-1} 油层作为复合驱开采层系。优点为同方案Ⅱ比较储量丰度大，油层开发利用率提高；缺点是油层跨度仍较大，层间矛盾突出，S_7^{2-1} 层聚合物驱控制程度较低。

（4）选择 S_7^{2-2}+S_7^{2-3}+S_7^3+S_7^{4-1} 油层作为复合驱开采层系。优点是储量丰度大，油层连片，钻遇率高，聚合物驱控制程度高；缺点为 S_7^{2-1} 层、S_7^{4-2} 层储量较难动用。

表 5-5　层系组合方案主要参数统计表

层系组合方案	油层厚度（m）	储量丰度（10^4t/km²）	层间渗透率级差	隔层厚度（≥1m）（%）
方式Ⅰ	12.5	102.7	6.5	≥80
方式Ⅱ	10	85.7	5.3	≥80
方式Ⅲ	11.7	100	5.3	≥80
方式Ⅳ	11	96.4	5.3	≥80

通过上述四种层系组合方式的对比，可见方式Ⅳ既具有储量丰度大、油层连片、钻遇率高、聚合物驱控制程度高的优点，且通过隔层的调整，使本层系的封隔条件得到有效改善，因此，本次试验层系组合推荐方式Ⅳ。

第三节　注入速度优化

为了保证区块具有较长的稳定期和化学驱技术经济效果，需要结合区块的实际情况，确定合理的注入速度。注入速率大，会使得注入井的压力升高，需要高压设备，对设备和地层造成伤害。另外，注入速度越大，毛细管数越大，驱油效率和波及体积都能提高，理论上是有利于驱油的。通常采用与同类油田类比的方法和数值模拟计算的方法确定合理的注入速度。

一、类比法

依据大庆油田化学驱经验和数值模拟计算，通常复合驱注入速度确定在 0.13~0.15PV/a 较合理。从表 5-6 中可以看出，与锦 16 储层条件类似的大庆聚合物试验区块井距在 250~300m 时设计的注入速度为 0.18PV/a，而实际注入速度均小于设计注入速度，因此对于锦 16 试验区的 150m 井距，注入速度设计在 0.13~0.15PV/a 是比较合适的。目前聚合物—表面活性剂复合驱区块的井距一般为 150m 左右，储层物性与大庆油田Ⅰ类储层相比较差，因此注入速度一般应控制在 0.12PV/a 以下，注采比保持在 1 左右。

表 5-6 大庆聚合物驱区块注入速度

区块	井距 （m）	有效渗透率 （mD）	设计注入速度 （PV/a）	实际注入速度 （PV/a）	采收率提高值 （%）	注采比
北一二排西	250~300	876	0.18	0.15	12.6	1.0
北一区中块	250~300	578	0.18	0.13	12.2	1.0
断东中块	250~300	780	0.18	0.15	13.1	1.1

二、计算法

通过化学驱数值模拟方法对化学驱驱油理论研究，发现随着注入速度的增加，含水降低的时间越早，也就是见效时间越早，但是含水上升也越快，稳产年限短（图 5-4）；另外随着注入速度降低，采收率有所提高，但开采年限增长，见表 5-7。因此为保证化学驱技术及经济效果，注入速度不宜过高和过低，在 0.12~0.16PV/a 间较合理。

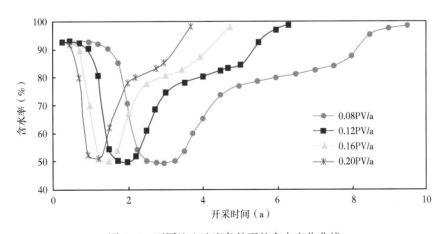

图 5-4 不同注入速度条件下的含水变化曲线

表 5-7 注入速度对聚合物驱效果的影响

注入速度 （PV/a）	聚合物驱采收率 （%）	采收率提高值 （%）	产聚率 （%）	开采时间 （a）	注入孔隙体积倍数 （PV）
0.08	51.51	12.32	48.36	9.54	0.763
0.10	51.36	12.17	48.46	7.62	0.762
0.12	51.22	12.03	48.57	6.34	0.761
0.14	51.07	11.88	48.68	5.43	0.760
0.16	50.94	11.78	48.81	4.75	0.760
0.18	50.81	11.62	48.93	4.22	0.760

对于存在速敏的油藏，油层容易出砂，并且化学驱过程中聚合物的携砂能力更强；另外，随着注入速度的提高，注采压差越大，造成套损井数也随之增加，出砂现象加剧。因此化学驱试验区的注入速度不宜过快。从图 5-5 注入速度与井口注入压力的关系可以看出，化学驱注入速度在 0.15PV/a 时，注剂初期的注入压力预计为 9.2MPa；化学驱注入过程中注入压力预计上升 3.15~4.3MPa，而该区块的破裂压力为 15MPa，为化学剂注入预留出较大的压力上升空间，也保证了试验区合理的开采年限。

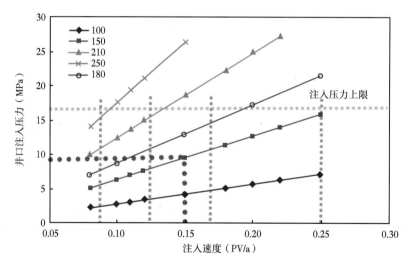

图 5-5 锦 16 块试验区注入速度与注入压力的关系图

第四节 注 采 比

化学驱中注采比影响化学驱的效果，注采比太低，试验区的压力上升不明显，甚至下降，注入流体沿原水流通道运移，复合驱扩大波及体积的作用不明显；注采比太高，试验区压力上升过快，容易造成注入流体窜流，也易使化学剂外溢到试验区的外部，影响化学驱的经济效益，因此目前国内外化学驱普遍采取注采比 1:1，最大限度发挥化学体系的提高采收率作用。

从开发效果评价可知，注采比为 1:1 使得试验区压力平衡，压力系统合理，单井平衡日注水量接近于单井日产液量，注水井井底流压也在破裂压力及工艺界限压力以下。因此保持 1:1 注采比能保持与周边水驱区域的压力衔接，也可防止化学驱过程中化学剂的外溢和外来水的入侵。图 5-6 为数值模拟计算不同注采比下的采收率，从结果可以看出，注采比在 1:1 时采收率最高。

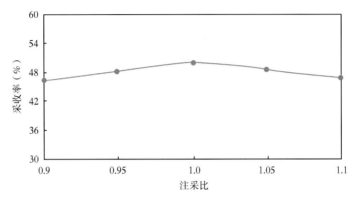

图 5-6　化学驱注采比与采收率关系曲线

第五节　段　塞　组　合

复合驱的段塞设计一般有两种方式：一种是聚合物前置段塞、复合驱主段塞、聚合物后置保护段塞；另一种是聚合物前置段塞、复合驱主段塞、复合驱副段塞、聚合物后置保护段塞。两者的差别是后一种段塞设计方式增加了复合驱副段塞，增加副段塞的目的是降低化学剂的用量，提高复合驱的经济效益。段塞设计的方法一般通过物理模拟和数值模拟的方法进行方案的优化，分别对化学剂组合方式、聚合物前置段塞、复合驱主段塞、复合驱副段塞及聚合物后置保护段塞进行了计算与对比，最终优化出最佳的驱油方案。

一、聚合物前置段塞对驱油效果的影响

1. 聚合物前置段塞浓度对驱油效果的影响

为了研究聚合物前置段塞浓度和段塞大小对驱油效果的影响，在二元驱主段塞（0.3PV 的 0.25% 表面活性剂+1600mg/L 聚合物）、副段塞（0.15PV 的 0.2% 表面活性剂+1600mg/L 聚合物）和后置聚合物保护段塞（0.1PV 的 1400mg/L 聚合物）的基础上，计算对比了不同前置聚合物浓度和段塞大小各方案。

在前置段塞大小 0.0375PV 条件下，聚合物浓度分别为 1300mg/L、1500mg/L、1800mg/L、2000mg/L、2200mg/L 五个方案。不同浓度的聚合物前置段塞对二元驱驱油效果影响的计算结果如图 5-7 所示，随着聚合物浓度的增大，驱油效果逐渐变好，但是升幅较小，聚合物浓度从 1300~2000mg/L 采收率值仅提高了 0.11 个百分点，表明前置聚合物段塞浓度对驱油效果影响要远小于主段塞中聚合物浓度的影响。当聚合物浓度大于 2000mg/L 后，驱油效果

不再提高，因此前置聚合物浓度确定为 2000mg/L。

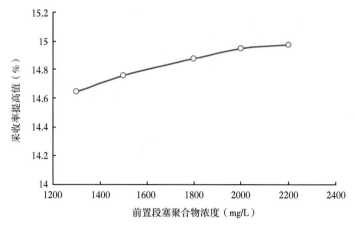

图 5-7　前置聚合物浓度与采收率提高值关系图

2. 聚合物前置段塞大小对驱油效果的影响

在注入前置聚合物浓度为 2000mg/L 一定的情况下，前置段塞大小分别为 0.00PV 、0.02PV、0.04PV、0.06PV、0.1PV 五个方案。前置段塞大小对二元驱驱油效果影响的数模结果如图 5-8 所示，从预测结果可以看出，随注入段塞的增大，驱油效果也相应增大，当前置段塞大小增加到 0.04PV 以后，采收率增幅减小。因此前置聚合物段塞应小于 0.04PV。

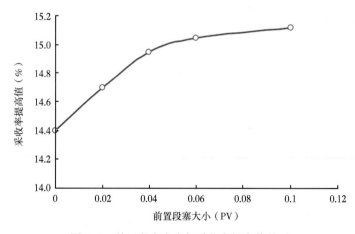

图 5-8　前置段塞大小与采收率提高值关系

二、主段塞对驱油效果的影响

在复合驱中，主段塞对驱油效果至关重要，为此对二元体系主段塞中的聚合物和表面活性剂浓度及段塞大小对驱油效果的影响分别进行计算分析。

1. 主段塞聚合物浓度对驱油效果的影响

在确定了前置聚合物段塞（0.04PV 的 2000mg/L 聚合物）、二元驱主段塞（0.3PV 的

0.25%表面活性剂)、二元驱副段塞（0.15PV 的 0.2%表面活性剂+1600mg/L 聚合物）和后置聚合物保护段塞（0.1PV 的 1400mg/L 聚合物）的基础上，设计并计算了主段塞聚合物浓度分别为 800mg/L、1000mg/L、1200mg/L、1400mg/L、1600mg/L、1800mg/L、2000mg/L 等七个方案。主段塞中聚合物浓度从 800~2000mg/L 的二元体系对驱油效果影响的数模计算结果如图 5-9 所示，从计算结果可以看出，增加二元体系中的聚合物浓度，能显著地提高二元驱的驱油效果。当聚合物浓度在 1600mg/L 驱油效果最好。聚合物浓度大于 1600mg/L 之后，驱油效果反而变差。因此主段塞聚合物浓度确定为 1600mg/L。

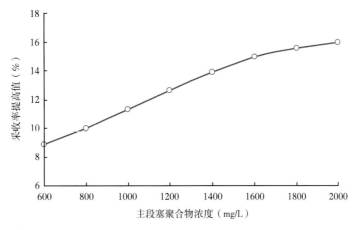

图 5-9　主段塞聚合物浓度与采收率提高值关系

2. 主段塞表面活性剂浓度对驱油效果的影响

在前置聚合物段塞（0.04PV 的 2000mg/L 聚合物）、二元驱主段塞（0.3PV 的 1600mg/L 聚合物）、二元驱副段塞（0.15PV 的 0.2%表面活性剂+1600mg/L 聚合物）和后置聚合物保护段塞（0.1PV 的 1400mg/L 聚合物）的基础上，设计、计算了主段塞表面活性剂浓度分别为 0.05%、0.1%、0.15%、0.2%、0.25%、0.3%六个方案。主段塞中表面活性剂浓度从 0.05%~0.3%（有效浓度）的二元体系对驱油效果的影响的数模计算结果如图 5-10 所示，

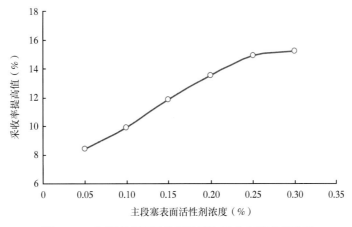

图 5-10　主段塞表面活性剂浓度与采收率提高值关系

在0.3%范围内增加表面活性剂浓度提高采收率值也相应增加，但表面活性剂在0.25%之前采收率升幅较大，表面活性剂浓度高于0.25%之后，增油效果不再明显。因此，主段塞的表面活性剂浓度选择0.25%是比较合理的。

3. 主段塞大小对驱油效果的影响

在前置聚合物段塞（0.04PV的2000mg/L聚合物）、二元驱主段塞（0.25%表面活性剂+1600mg/L聚合物）、二元驱副段塞（0.15PV的0.2%表面活性剂+1600mg/L聚合物）和后置聚合物保护段塞（0.1PV的1400mg/L聚合物）的基础上，设计、计算了主段塞大小分别为0.1PV、0.2PV、0.3PV、0.35PV、0.4PV、0.5PV六个方案。主段塞大小对驱油效果影响的数模计算结果如图5-11所示，计算结果表明，增大主段塞注入的PV数，驱油效果明显提高，主段塞注入量在0.1~0.4PV之间变化时，采收率的升幅较大，注入0.35PV以后升幅逐渐减小。

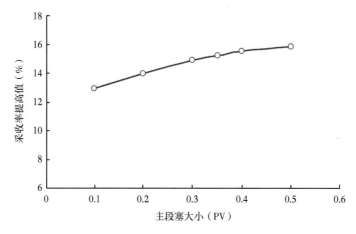

图5-11　主段塞大小与采收率提高值关系

三、二元副段塞对驱油效果的影响

对二元体系副段塞中的聚合物和表面活性剂浓度及段塞大小对驱油效果的影响分别进行分析。

1. 副段塞聚合物浓度对驱油效果的影响

在前置聚合物段塞（0.04PV的2000mg/L聚合物）、二元驱主段塞（0.35PV的0.25%表面活性剂+1600mg/L聚合物）、二元驱副段塞（0.15PV的0.2%表面活性剂）和后置聚合物保护段塞（0.1PV的1400mg/L聚合物）的基础上，设计、计算了副段塞聚合物浓度分别为1000mg/L、1200mg/L、1400mg/L、1600mg/L、1800mg/L、2000mg/L六个方案。副段塞中聚合物浓度从1000~2000mg/L的二元体系对驱油效果影响的数模计算结果如图5-12所示，从计算结果可以看出，随着二元体系中的聚合物浓度的增大，二元驱的效果越好。当聚合物浓度在1600mg/L左右对驱油效果影响最大，之后聚合物浓度对驱油效果的影响逐渐变小。

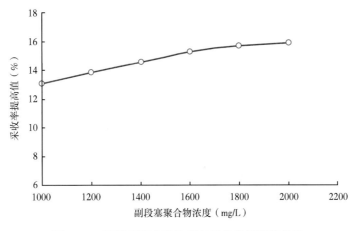

图 5-12 副段塞聚合物浓度与采收率提高值关系

2. 副段塞表面活性剂浓度对驱油效果的影响

在前置聚合物段塞（0.04PV 的 2000mg/L 聚合物）、二元驱主段塞（0.35PV 的 0.25% 表面活性剂+1600mg/L 聚合物）、二元驱副段塞（0.15PV 的 1600mg/L 聚合物）和后置聚合物保护段塞（0.1PV 的 1400mg/L 聚合物）的基础上，设计、计算了副段塞表面活性剂浓度分别为 0.05%、0.1%、0.15%、0.2%、0.25% 五个方案。副段塞中表面活性剂浓度从 0.05%~0.25%（有效浓度）的二元体系对驱油效果的影响的数模计算结果如图 5-13 所示，从提高采收率值来看，在 0.25% 范围内随着表面活性剂浓度的增加，驱油效果越好，但增加到 0.15% 之后，驱油效果增幅明显减少。因此，副段塞的表面活性剂浓度推荐选择 0.15%。

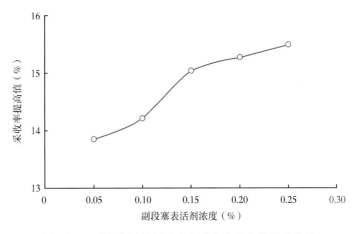

图 5-13 副段塞活性剂浓度与采收率提高值关系曲线

3. 副段塞大小对驱油效果的影响

在前置聚合物段塞（0.04PV 的 2000mg/L 聚合物）、二元驱主段塞（0.35PV 的 0.25%

表面活性剂+1600mg/L 聚合物）、二元驱副段塞（1600mg/L 聚合物+0.15%表面活性剂）和后置聚合物保护段塞（0.1PV 的 1400mg/L 聚合物）的基础上，设计、计算了副段塞大小分别为 0.05PV、0.1PV、0.15PV、0.2PV、0.25PV、0.3PV 六个方案。副段塞大小对驱油效果影响的数模计算结果如图 5-14 所示，计算结果表明，增大副段塞注入的 PV 数，驱油效果明显提高，副段塞注入量 0.2PV 以后升幅逐渐减小。

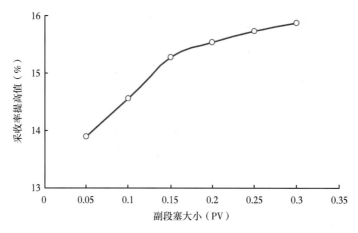

图 5-14　副段塞大小与采收率提高值关系

四、后置聚合物保护段塞对驱油效果的影响

为了研究后置保护段塞聚合物浓度和段塞大小对驱油效果的影响，在前置聚合物段塞（0.04PV 的 2000mg/L 聚合物）、二元驱主段塞（0.35PV 的 0.25%表面活性剂+1600mg/L 聚合物）、副段塞（0.2PV 的 0.15%表面活性剂+1600mg/L 聚合物）的基础上，计算对比了不同后置保护段塞聚合物浓度和段塞大小各方案。

1. 后置聚合物段塞浓度对驱油效果的影响

在后置保护段塞大小 0.1PV 条件下，设计、计算了后置保护段塞聚合物浓度分别为 800mg/L、1000mg/L、1200mg/L、1400mg/L、1600mg/L、1800mg/L 六个方案。浓度从 600～2000mg/L 的聚合物后置段塞对驱油效果影响的数值模拟计算结果如图 5-15 所示。计算结果表明，后置聚合物段塞浓度对提高二元驱的驱油效果影响显著，随着聚合物浓度的增大，提高采收率值也逐渐增大。后置聚合物段塞的浓度在 1400mg/L 以后采收率提高值逐渐减缓。

2. 后置聚合物段塞大小对驱油效果的影响

在后置保护段塞聚合物浓度为 1400mg/L 的情况下，设计、计算了后置保护段塞大小分别为 0.05PV 、0.1PV、0.15PV、0.2PV、0.25PV、0.3PV 六个方案。后置 0.05～0.3PV 的聚合物段塞对驱油效果影响的数值模拟计算结果如图 5-16 所示，后置聚合物段塞在 0.1PV 以前采收率提高值升幅较大，当后置聚合物驱段塞继续增加时，采收率升幅变小。因此确定后置聚合物段塞大小为 0.1PV。

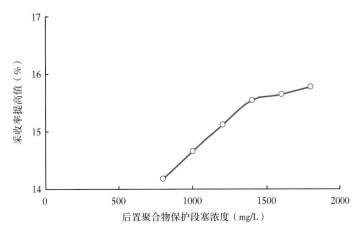

图 5-15　保护段塞聚合物浓度与采收率提高值关系

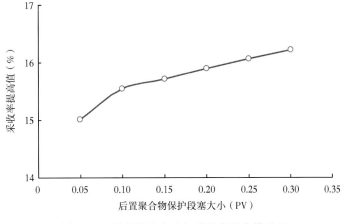

图 5-16　保护段塞大小与采收率提高值关系

五、推选方案

综合上述副段塞确定、主段塞注入参数优化、前置段塞、后置保护段塞以及注入时机等注入参数优化，确定优化方案注入方式为：前置段塞+主段塞+后置保护段塞，注入时机为：综合含水 90%时注入。方案具体注入程序和注入参数如下。

（1）空白水驱阶段。

（2）前置聚合物段塞。注入 0.06PV 的 1800mg/L 聚合物，共注 183 天，注入聚合物液量 14.6571×10⁴t，注入聚合物干粉量 263.82t。

（3）二元复合驱主段塞阶段。0.5PV×［0.25%（S）+1600mg/L（P）］。共注 1521 天，注入二元复合体系 122.1429×10⁴t，注入聚合物干粉量 1954.29t，注入有效表面活性剂 3053.57t。

（4）聚合物保护段塞阶段。注入 0.1PV 的 1400mg/L 聚合物。共注 304 天，注入聚合物液量 24.4285×10⁴t，注入聚合物干粉量 342.0t。

（5）后续水驱阶段：注水到区块综合含水95%时方案计算结束。

方案共注化学剂液量161.2×10⁴t，共注聚合物干粉量2560.1t，注入有效表面活性剂3053.6t。注化学剂4个月后开始见效，2011年1月达到见效高峰期，高峰期含水率下降至69%。含水率达95%预测方案计算结束时，与水驱相比，整个先导试验区，累计增油186473.4t，以价格比将聚合物用量换算为表面活性剂用量，则吨表面活性剂换油率为37.8t/t，综合系数5.8t/t，提高采收率15.4%；水平井区累计增油11776.9t，提高采收率16.24%（图5-17）。

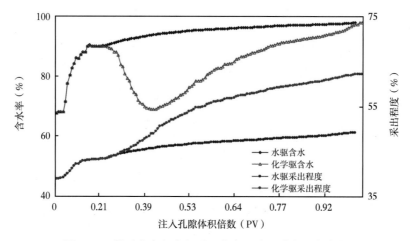

图5-17　推选方案与水驱对比含水、阶段采出程度变化

第六章 砾岩油藏聚合物—表面活性剂二元复合驱配套技术

第一节 二元复合驱钻采工艺技术

一、钻井工程设计

在克拉玛依砾岩油藏进行钻井时，容易遇到以下问题：侏罗系、三叠系经过多年注采开发，地层原始压力遭到破坏，地层压力分布不均衡，横向平面上和纵向剖面上差异较大，很难准确预报地层压力，钻井液密度很难确定，部分穿断层的井易井漏，钻井过程中井斜控制难度大；一些井钻至三叠系克下组使用钻井液密度偏高，钻井液中固相含量高，钻井液流变性能难以控制，易造成上部渗透性好的地层发生漏失；部分井还出现下钻遇阻、提钻卡钻现象；石炭系钻井速度慢，井下易出现复杂事故，因此钻井设计中要考虑到以上问题。

1. 井身结构设计

井身结构选取原则：

（1）要求下入 ϕ139.7mm 油层套管的井选择井型 I；

（2）要求下入 ϕ177.8mm 油层套管的井选择井型 II；

（3）要求下入 ϕ139.7mm 油层套管的井，如果上部井段发生井下复杂、难以处理时，为保证后续的钻井安全，采取备用方案，选择井型 III；

（4）要求下入 ϕ177.8mm 油层套管的井，如果上部井段发生井下复杂、难以处理时，为保证后续的钻井安全，采取备用方案，选择井型 IV。

井身结构设计见表 6-1、表 6-2、图 6-1、图 6-2、图 6-3 和图 6-4。

表 6-1 井身结构设计数据表

开钻次序	井深（m）	钻头尺寸（mm）	套管尺寸（mm）	套管下入地层层位	套管下入深度（m）	环空水泥浆返深（m）
直井主体方案（井型 I）						
一开	150	444.5	339.7	K_1tg	150	地面
二开	1176	215.9	139.7	P_1j	1176	330
直井主体方案（井型 II）						
一开	150	444.5	339.7	K_1tg	150	地面
二开	1176	241.3	177.8	P_1j	1176	330
直井备用（方案井型 III）						
一开	150	444.5	339.7	K_1tg	150	地面
二开	800	215.9钻进311.2扩眼	244.5	T_3b	800	地面
三开	1176	215.9	139.7	P_1j	1176	650

续表

开钻次序	井深（m）	钻头尺寸（mm）	套管尺寸（mm）	套管下入地层层位	套管下入深度（m）	环空水泥浆返深（m）
直井备用（井型Ⅳ）						
一开	150	444.5	339.7	K_1tg	150	地面
二开	800	215.9 钻进 311.2 扩眼	244.5	T_3b	800	地面
三开	1176	215.9（扩眼至241.3）	177.8	P_1j	1176	650

表 6-2 井身结构设计说明

开钻次序	套管尺寸（mm）	设计说明
直井主体方案（井型Ⅰ）		
一开	339.7	采用 ϕ444.5mm 钻头钻至井深 150m，下入 ϕ339.7mm 表层套管，水泥浆返至地面，封隔表层松散地层
二开	139.7	采用 ϕ215.9mm 钻头钻至完钻井深 1176m，下入 ϕ139.7mm 油层套管，水泥浆返至井深 330m（齐古组底界以上 50m）
直井主体方案（井型Ⅱ）		
一开	339.7	采用 ϕ444.5mm 钻头钻至井深 150m，下入 ϕ339.7mm 表层套管，水泥浆返至地面，封隔表层松散地层
二开	177.8	采用 ϕ241.3mm 钻头钻至完钻井深 1176m，下入 ϕ177.8mm 油层套管，水泥浆返至井深 330m（齐古组底界以上 50m）
直井备用方案（井型Ⅲ）		
一开	339.7	采用 ϕ444.5mm 钻头钻至井深 150m，下入 ϕ339.7mm 表层套管，水泥浆返至地面
二开	244.5	如果上部井段发生井下复杂、难以处理时，为保证后续的钻井安全，采用 ϕ311.2mm 钻头扩眼至复杂地层之下，补下入 ϕ244.5mm 技术套管，水泥浆返至地面
三开	139.7	采用 ϕ215.9mm 钻头钻至完钻井深 1176m，下入 ϕ139.7mm 油层套管，水泥浆返至技术套管内 100m
直井备用方案（井型Ⅳ）		
一开	339.7	采用 ϕ444.5mm 钻头钻至井深 150m，下入 ϕ339.7mm 表层套管，水泥浆返至地面
二开	244.5	如果上部井段发生井下复杂、难以处理时，为保证后续的钻井安全，采用 ϕ311.2mm 钻头扩眼至复杂地层之下，补下入 ϕ244.5mm 技术套管，水泥浆返至地面
三开	177.8	采用 ϕ215.9mm 钻头钻至完钻井深 1176m，再用 NBR800 扩眼器将井径扩至 ϕ241.3mm，下入 ϕ177.8mm 油层套管，水泥浆返至技术套管内 100m

2. 钻具组合设计

依据 SY/T 5172《直井下部钻具组合设计方法》行业标准要求进行设计，结合试验区块实际钻井施工情况，优选如下钻具组合（表 6-3）。

地层底界	深度（m）	井身结构示意图
K_1tg	380	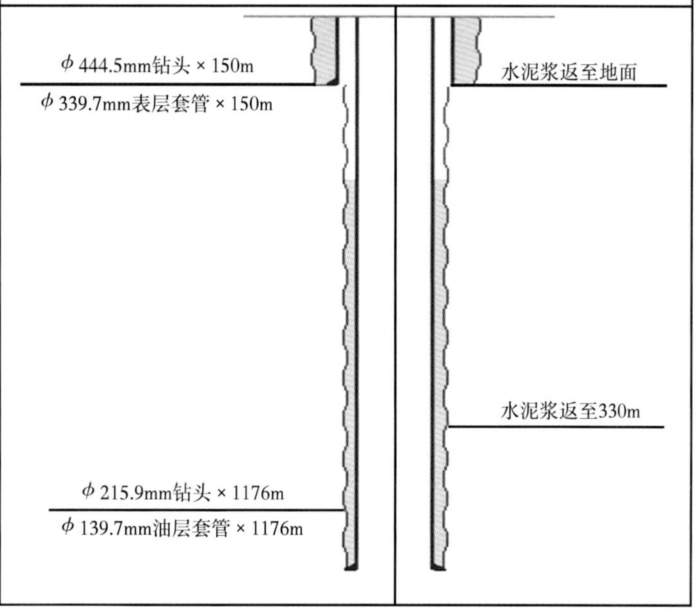 ϕ 444.5mm钻头×150m ϕ 339.7mm表层套管×150m　　水泥浆返至地面
J_3q	515	
J_2t	555	
J_2x	590	
J_1s	720	
J_1b	810	
T_3b	980	
T_2k_2	1085	水泥浆返至330m
T_2k_1	1146	ϕ 215.9mm钻头×1176m
P_1j （未穿）	1176	ϕ 139.7mm油层套管×1176m

图 6-1　井型Ⅰ井身结构示意图

地层底界	深度（m）	井身结构示意图
K_1tg	380	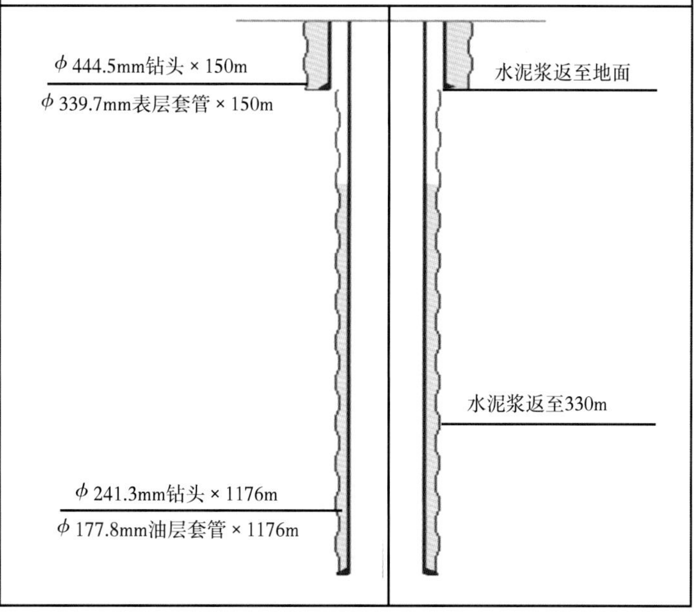 ϕ 444.5mm钻头×150m ϕ 339.7mm表层套管×150m　　水泥浆返至地面
J_3q	515	
J_2t	555	
J_2x	590	
J_1s	720	
J_1b	810	
T_3b	980	
T_2k_2	1085	水泥浆返至330m
T_2k_1	1146	ϕ 241.3mm钻头×1176m
P_1j （未穿）	1176	ϕ 177.8mm油层套管×1176m

图 6-2　井型Ⅱ井身结构示意图

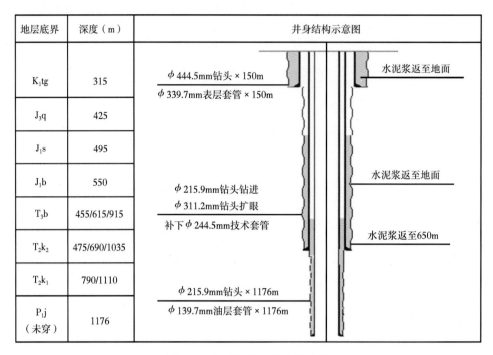

图 6-3　井型Ⅲ井身结构示意图

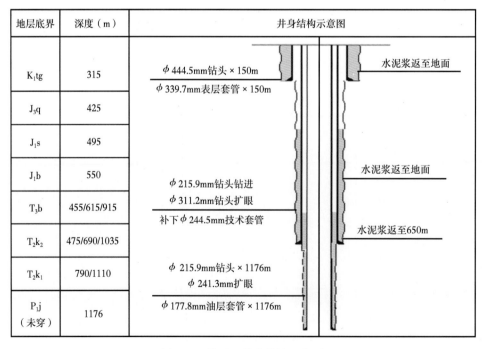

图 6-4　井型Ⅳ井身结构示意图

表6-3 钻具组合设计表

开钻次序	井眼尺寸 (mm)	钻进井段 (m)	钻具组合
			直井主体方案（井型Ⅰ或井型Ⅱ）
一开	4444.5	0~150	ϕ444.5mm 钻头+ϕ177.8mm 钻铤 6 根+ϕ158.8mm 钻铤 4 根+ϕ127.0mm 钻杆
二开	215.9 （或241.3）	~1176	①ϕ215.9mm（或ϕ241.3mm）钻头+ϕ158.8m 钻铤 2 根+ϕ215mm 稳定器+ϕ158.8mm 钻铤 21 根+ϕ158.8mm 随钻震击器+ϕ158.8mm 钻铤 2 根+ϕ127mm 钻杆 ②ϕ241.3mm（或ϕ215.9mm）钻头+ϕ158.8mm 钻铤 24 根+ϕ158.8mm 随钻震击器+ϕ158.8mm 钻铤 2 根+ϕ127mm 钻杆
			直井备用方案（井型Ⅲ或井型Ⅳ）
一开	444.5	0~150	ϕ444.5mm 钻头+ϕ228.6mm 钻铤 2 根+ϕ203.2mm 钻铤 4 根+ϕ177.8mm 钻铤 6 根+ϕ127mm 钻杆
二开	311.2 扩眼	~800	①ϕ311.2mm 钻头+ϕ228.6mm 钻铤 2 根+ϕ310mm 稳定器+ϕ228.6mm 钻铤 1 根+ϕ203.2mm 钻铤 6 根+ϕ177.8mm 钻铤 9 根+ϕ177.8mm 随钻震击器+ϕ177.8mm 钻铤 2 根+ϕ127mm 钻杆 ②ϕ311.2mm 钻头+ϕ228.6mm 钻铤 3 根+ϕ203.2mm 钻铤 6 根+ϕ177.8mm 钻铤 9 根+ϕ177.8mm 随钻震击器+ϕ177.8mm 钻铤 2 根+ϕ127mm 钻杆
三开	215.9	~1176	①ϕ215.9mm 钻头+ϕ158.8m 钻铤 2 根+ϕ215mm 稳定器+ϕ158.8mm 钻铤 21 根+ϕ158.8mm 随钻震击器+ϕ158.8mm 钻铤 2 根+ϕ127mm 钻杆 ②ϕ215.9mm 钻头+ϕ158.8mm 钻铤 24 根+ϕ158.8mm 随钻震击器+ϕ158.8mm 钻铤 2 根+ϕ127mm 钻杆 ③215.9mm 钻头+NBR800 扩眼工具+ϕ158.8mm 钻铤 16 根+ϕ158.8mm 随钻震击器+ϕ158.8mm 钻铤 2 根+ϕ127mm 钻杆

3. 钻井液设计

钻井完井液体系为聚磺钻井完井体系，配方为：轻泥浆+0.2%Na_2CO_3+0.2% NaOH +（0.3%~0.5%）FA367+（0.4% ~0.6%）SK-2+（0.4%~0.6%）复配铵盐+（1%~2%）SMP-1（胶）+（0.2%~0.3%）XY-27+（2%~3%）阳离子乳化沥青+铁矿粉。进入目的层前50m 加入：2%QCX-1、1%WC-1、2%阳离子乳化沥青和1%油溶性暂堵剂。

4. 钻头选型及钻井参数设计

1）钻头选型

根据三采试验区钻井地质特点，该区钻井主要以牙轮钻头为主。吐谷鲁群泥岩地层可选用 MP2 型刚齿钻头，可以获得较高机械钻速。克拉玛依组上部选用 HJ437 型滑动轴承镶齿钻头，硬质合金齿的承压能力大，增大钻压，牙齿对岩石体积破碎能力更强，钻头的使用寿命也会延长。目的层及钻井口袋佳木河组选用 HJ517G 型滑动轴承金属密封镶齿钻头，可以达到比较理想的机械钻速（表6-4）。

表 6-4 钻头设计数据表

序号	尺寸 (mm)	型号	数量	钻进井段 (m)	进尺 (m)	纯钻时间 (h)	预测机械钻速 (m/h)
直井主体方案（井型Ⅰ）							
1	444.5	MP2	1	0~150	150	10	15
2	215.9	HJ437	2	150~960	810	90	9
3	215.9	HJ517G	2	960~1176	216	72	3
直井主体方案（井型Ⅱ）							
1	444.5	MP2	1	0~150	150	10	15
2	241.3	HJ437	2	150~960	810	81	10
3	241.3	HJ517G	2	960~1176	216	62	3.5
井型Ⅲ							
1	444.5	MP2	1	0~150	150	10	15
2	215.9	HJ437	2	150~800	650	81	8
3	311.2 扩眼	HJ437	1	150~800	650	65	10
4	215.9	HJ517G	2	800~1176	376	94	4
井型Ⅳ							
1	444.5	MP2	1	0~150	150	10	15
2	215.9	HJ437	2	150~800	650	81	8
3	311.2 扩眼	HJ437	1	150~800	650	65	10
4	215.9	HJ517G	2	800~1176	376	94	4
5	215.9	HJ517G 旧	1	800~1176	扩眼 376	43	10

① T72247 井要求密闭取心 55m，设计 MQJ215B 人造金刚石取心钻头 3 只。
② 井型Ⅳ中 ϕ215.9mm HJ517G 钻头为配 NBR800 扩眼器领眼和配喷嘴用的旧钻头。

2）钻井参数设计

钻井参数优化要根据试验区的实际地层情况，借鉴成熟的先进技术，提高钻井效率，创造更高经济效益；要在满足机泵条件范围内，优选喷嘴组合，适当提高泵压，充分发挥水力喷射作用，改善井底流场，使水力参数达到最佳清岩和破岩作用，提高钻头使用效果；钻井参数必须和钻具组合相适应，要保证钻具的稳定性和刚度，有效地控制井斜，确保井眼质量。

对于试验区上部地层，相对岩石较疏松，产生的岩屑颗粒也较大，要及时调整好泵压和排量，减小发生桥塞的可能性，使井眼畅通，能较大幅度地提高机械钻速。试验区钻井作业泵选 F-800 型即可满足需要。ϕ444.5mm 井眼，用双泵排量控制在 55s^{-1} 以上，泵压控制在 7MPa 以上，ϕ393.7mm 井眼，用双泵排量控制在 50s^{-1} 以上，泵压控制在 8MPa 以上，ϕ311.2mm 井眼，用双泵排量控制在 45s^{-1} 以上，泵压控制在 10MPa 以上。ϕ241.3mm、ϕ215.9mm 井眼，排量控制在 28~30s^{-1}，泵压要求达到 12MPa 以上。ϕ444.5mm、

ϕ393.7mm 钻头采用一大两小喷嘴。ϕ311.2mm、Φ241.3mm、ϕ215.9mm 钻头采用一大一小的组合喷嘴，小喷嘴与大喷嘴直径比为 0.6~0.8。

二、完井工艺

1. 完井方式

为满足分层改造（酸化、压裂）和注入要求，保证井壁的稳定性，18 口注入井采用 ϕ139.7mm 套管固井后射孔完井；水平井采用水平段筛管方式完井；直井采油井采用套管固井后射孔完井，2 口利用老井（直井采油井）以及 5 口角井采用 ϕ139.7mm 套管，其余 18 口直井采油井采用 ϕ177.8mm 套管固井后射孔完井。

2. 射孔工艺

针对七中区克下组油藏的地质特点，应用射孔软件进行参数优化排序，射孔方案确定为：注入井采用 YD-102（BH48RDX-1）射孔，体系溶液在注入过程中的剪切降解程度最小；采油井采用 YD-89（DP41RDX-1）射孔。该区块油层中部深度为 1146m，原始地层压力 16.1MPa，目前平均地层压力 14.42MPa，压力系数 1.26。从安全角度出发，采用油管传输平衡射孔工艺。

三、注入工艺

方案设计注入管柱下入深度为 1100m 左右，具体单井下入深度执行过程中以单井设计为准。根据油藏工程方案，试验区单井配注量为 50~80m³/d。试验区井口最高注入压力为 18.0MPa。根据油管直径敏感性分析和管柱强度校核结果（表 6-5），同时考虑 ϕ73mm 油管分层注入管柱技术成熟、井下工具配套性好和价格便宜的实际，该区块注入井油管设计采用 N80 钢级、壁厚为 5.51mm、外径为 73mm 的油管。为了防止油管腐蚀，本区块注入井油管设计选用防腐油管。

表 6-5 油管抗拉强度计算表

规格	壁厚（mm）	重量（kg/m）	N80		P110	
			抗拉屈服极限（t）	允许下深（m）	抗拉屈服极限（t）	允许下深（m）
ϕ88.9mm（平）	6.45	13.48	72.15	2974	99.10	4084
ϕ73mm（平）	5.51	9.41	47.88	2827	65.58	3872

二元复合驱分质注入技术在地面采用单管单泵注入高分子量聚合物和表面活性剂，方案设计分层注入井采用低剪切偏心分注工艺，偏心分注管柱如图 6-5 所示。注水井口可耐压 25MPa。

四、举升工艺

七中区克下组油藏中部深度为 1146m，埋深相对较浅。计算优选合理下泵深度在 800~950m，优选采用抽油机举升方式，同时建议在产液高且产量稳定的生产井开展螺杆泵举升试验。油管选用 ϕ73.0mm ×5.51mm N80 钢级的油管。通过机、杆、泵和电动机的参数计算及技术优选，机采方案合理匹配结果见表 6-6。

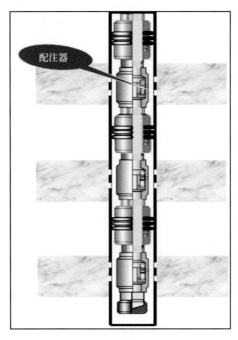

图 6-5　聚合物偏心分注管柱

表 6-6　举升设备推荐结果

类型	井数 （口）	机型	电动机功率 （kW）	抽油杆 （mm）	抽油泵 （mm）
直井	17	8 型	18.5	H 级 ϕ22	57
	9	10 型	22	H 级 ϕ22	70
水平井	1	10 型	22	H 级 ϕ22	70

五、压裂工艺

1. 直井压裂方案设计

根据综合分析累计采油量变化曲线及含水率变化曲线数值模拟结果，设计试验区采油井裂缝半长在 30~35m 为最佳的油井裂缝支撑半长。推荐工艺参数如下：

压裂方式：油管压裂；施工排量：推荐 2.5~3.5m³/min；前置液百分比：不超过 15%，建议无前置液加砂；加砂程序：斜坡式加砂，砂比大于 30%；压裂液：采用耐温 50℃低伤害水基瓜尔胶—有机硼交联剂体系压裂液；压裂砂：采用 0.45~0.9mm 粒径的新疆优质石英砂。

2. 水平井压裂方案设计

对于筛管完井的水平井，目前能够进行多段压裂且工艺较成熟的技术只有水力喷砂压裂技术，因此采用此技术。

第二节 二元复合驱配注工艺技术

一、配液供水系统

供水系统主要是为配制聚合物母液及目的液、表面活性剂溶液以及提供试验区前期水驱的用水，用水量约 $1080 \sim 1440 m^3/d$，配制聚合物母液用水约 $344.3 \sim 573 m^3/d$，配液水质需要达到的指标见表6-7。

表6-7 七中区二元复合驱工业试验区配液水质指标

控制指标名称	悬浮固体含量（mg/L）	悬浮物颗粒直径（μm）	硫化物（mg/L）	总铁（mg/L）	含油量（mg/L）	SRB（个/mL）	TGB（个/mL）	铁细菌（个/mL）	平均腐蚀率（mm/a）
注入水	<5.0	<5.0	2.0	—	<5.0	<10	<103	<103	<0.076
配液水	<5.0	<5.0	检不出	检不出	<5.0	<10	<103	<103	<0.076

注：注入水为六九区水，污水经过曝氧、降温（小于60℃）、过滤处理，总矿化度在3000mg/L。

由于二元体系中无碳酸钠，水中存在少量二价离子不会对二元体系注入性产生大的影响，所以对配液用水没有提出脱钙要求。同时根据前期研究结果，当配液水温度小于60℃，不会对聚合物溶液黏度产生影响，利用六九区水配液，根据现场调研，六九区水输至701注水站水温低于60℃。从六九区污水处理站水质月报表显示，六九区污水含有硫化氢均为1.0mg/L，虽然硫化氢含量低，但对聚合物黏度影响大，因此，需要对水质进行曝氧，并提出了二元复合驱配液水的水质质量标准。

1. 配液水的确定

受表面活性剂性能的限制，二元体系界面张力指标确定为 $10^{-3} mN/m$ 数量级。由于体系中没有碱的存在，二元体系的黏度比三元体系有大幅度的提高，更加有利于提高波及体积，二元体系黏度对采收率的贡献要大于三元体系，界面张力对采收率的贡献小于三元体系。因此，在二元体系配方研究中，必须在保证二元体系黏度的前提下降低体系的界面张力。

利用现场能够提供的水质开展配方研究，现场配置二元体系用水选择的依据是：（1）从保持二元体系具有较高的黏度考虑，要求水质矿化度不能太高；（2）从界面张力角度考虑，水质具有一定的矿化度且水中二价离子含量不能太高。综合以上两方面因素，对现场能够提供的水质配液的可行性进行了分析评价，由于清水矿化度过低，清水配液二元体系黏度最高，但体系界面张力太高（图6-6），六九区水质具有一定的矿化度，并且水中二价离子浓度较低，对形成低界面张力较为有利，而81号站污水矿化度及二价离子含量都高，无论对二元体系的界面张力及黏度都不利。利用六九区与81号站混合水提高了水质矿化度、对界面张力有利，但也使水中二价离子浓度增加，对低界面张力是不利的（图6-7），同时随水中81号站污水比例的增加，二元体系黏度也降低。界面张力测定结果显示：水质矿化度对体系界面张力有影响。黏度测定结果显示：随六九区水比例的增加，体系黏度增加。综合界面张力与黏度指标，二元体系选择用六九区水配液。

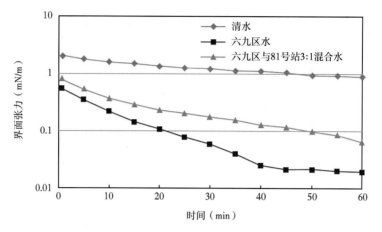

图 6-6　不同水质配液 0.3%KPS 界面张力

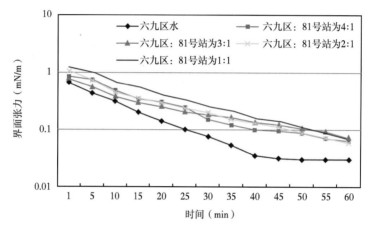

图 6-7　六九区与 81 号站不同比例混合 0.3%KPS 溶液界面张力

2. 配注水处理工艺

净化水的处理采用氧化塔对来水进行曝气处理，减少水中的二价离子及 HS⁻ 和 S²⁻ 对聚合物的降解，工艺流程如图 6-8 所示。具体流程为：六九区净化水→曝气氧化塔→缓冲水罐→提升泵→两级过滤→储水罐→配注站。二元复合注入站日需水量在 $1080\sim1800\mathrm{m}^3$，为满足注入站配液用水的需要，站内储水按 6 小时计算，设置 $200\mathrm{m}^3$ 缓冲水罐 1 座，$400\mathrm{m}^3$ 储水罐 2 座。所涉及的关键设备与技术包括曝气处理工艺技术和配液用水过滤技术。

1）曝气处理工艺技术研究

配液用污水的处理方式主要有化学法和物理法，化学法稳定性差、成本高，而物理法相对简单、经济，所以国内油田的二元复合液配液均用经济实用的曝气处理。溶液 pH 值在 7.5~8.5 之间，液相中 H_2S 主要以 HS⁻ 和 S²⁻ 状态存在。采用氧化塔对来水进行曝气处理，主要目的是减少水中的 Fe^{2+} 及 HS⁻ 和 S²⁻ 对聚合物的降解，反应如公式（6-1）至公式（6-3）所示。

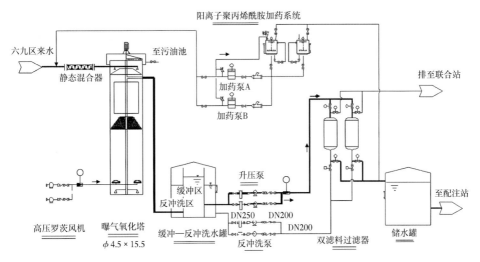

图 6-8 净化水处理工艺

$$\frac{1}{2}O_2（g）+H_2O（L）\longrightarrow \frac{1}{2}O_2（aq）+H_2O（aq） \tag{6-1}$$

$$HS^-+\frac{1}{2}O_2（aq）\longrightarrow S+OH^- \tag{6-2}$$

$$4FeS+3O_2=\!\!=\!\!=2Fe_2O_3+4S \tag{6-3}$$

复合驱曝气氧化塔（图 6-9）与普通曝气氧化塔不同，其工作原理是：该设备在结构上分为上部环流氧化区、中部类锥形气体分配区和下部曝气氧化区三部分。环流氧化区内设

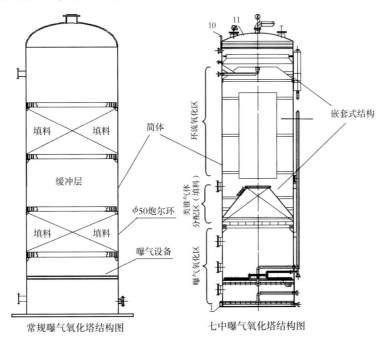

图 6-9 七中区复合驱曝气氧化塔与普通曝气氧化塔结构对比图

置独特嵌套环形分离柱，形成内分离柱和环形空间两个区域。中部类锥形气体分配区由圆台型锥形体和内部装填填料构成。下部曝气氧化区为均布设置曝气系统的曝气池。运行方式融合了下部逆向流接触和上部三相流混合环流接触，它们是通过中部设置锥形气体分配器连接起来的。这里的气体功能类似于"糖葫芦串"的连接杆，并通过中部的锥形气体分配器把两个运行方式截然不同的两个分区（环流氧化区和曝气氧化区）连接在一起，并实现联动。这种嵌套结构的曝气氧化塔在国内首次试验应用于现场。

曝气氧化脱硫塔集氧化功能和微细气泡浮选作用于一体，空气通过喷射器进入反应塔，在上部独特嵌套环形结构分离柱内外两侧形成密度差（又称气提作用），形成高速内循环流动，经过混凝脱稳的悬浮物和油粒在内循环夹带效应形成微细气泡多级多次浮选作用下，上浮至浮渣层通过刮渣机刮入集渣槽。极大地强化气液间传质，有效克服压力降低对水中溶解氧的影响，同时气液逆流接触使低浓度 HS^- 和 S^{2-} 与塔下部较高浓度溶解氧接触（下部饱和溶解可达 9.2mg/L），保证充分脱硫目的。曝气塔的水停留时间和曝气量参考普通曝气塔设计，水停留时间：180min；曝气量：7.5m³/min。从检测数据看，曝气效果很好，满足地质指标要求。

2）配液用水过滤技术

配液用水过滤用 SGL1800ⅡZ-WX（SGL—悬挂挤压过滤器，1800—滤罐公称直径1800mm，ⅡZ—两台并联自动）全自动纤维束悬挂挤压过滤器。该过滤器正常处理量为80.0m³/h，最大处理量为正常处理量的 1.2 倍，滤罐直径为 1.80m，设计压力为 0.60MPa，过滤速度 20~30m/h。可自动反冲洗，反洗时间 15~20min，反洗周期最少 3 次/d，反洗水强度 8.3L/（s·m²），全套设备最大过滤阻力≤0.2MPa。采用经特殊处理的纤维丝作为过滤介质，该滤料具有呈柔性、截污能力强、耐磨损、抗腐蚀等特点。此滤料密度略大于水，易反洗、防结污、防结斑。可自动反冲洗。出水悬浮固体含量≤1.5mg/L，出水悬浮固体颗粒粒径≤1.5mg/L。

3）现场运行情况

2011 年 5 月 8 日至 11 月 25 日用清水配聚合物液，11 月 25 日加表面活性剂后又改用六九区污水。针对供水流程改变后配液用水的变化，10 月 18 日至 26 日对六九区污水进行了曝氧试验，结果表明，经过注入站曝氧塔曝氧处理，出水 Fe^{2+}、硫化物均检不出，达到二元液配制要求（表6-8）。处理指标：Fe^{2+}、S^{2-}≤0.1mg/L。

表6-8　不同监测点水中在线检测参数的变化情况

水质指标	Fe^{2+}含量（mg/L）	总铁（mg/L）	S^{2-}含量（mg/L）	DO（mg/L）
系统来水	0~0.1	0.1~0.3	0.2~0.6	0.05~0.1
曝氧塔出口	0~0.1	0~0.2	0	4.2~6.5
缓冲罐出口	0	0~0.2	0	3.9~6.3
过滤器出口	0~0.1	0~0.1	0	3.4~5.5

2011 年 4 月对曝氧塔曝氧能力进行了验证，曝气后污水配制聚合物溶液黏度平均提高35%，2011 年 12 月 20 日测试结果：进口悬浮物含量 7.2mg/L，出口悬浮物含量 1.2mg/L。

二、二元复合体系配置注入工艺

1. 一元可调目的液注入工艺

1）表面活性剂配液工艺

表面活性剂原液卸车：表面活性剂罐车通过快装接头接到卸车装置后，开启阀门，启动螺杆泵将20%活性剂输送到活性剂储罐中，活性剂储罐容积为40m³，可储存36小时的原液供应量。

表面活性剂母液的配制：自动开启活性剂母液罐的电动阀门，分别启动螺杆泵及离心水泵向罐内注入定量的活性剂及水，当达到设定流量时，分别关闭螺杆泵及离心水泵，配制出0.3%~0.35%浓度的活性剂母液。2座活性剂母液罐轮流切换进行配制和供液工作，工艺流程如图6-10所示。

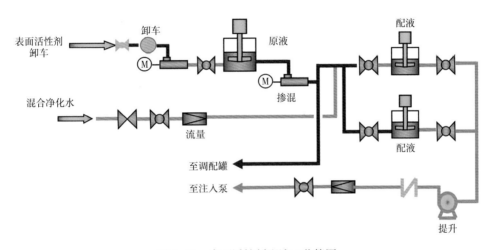

图6-10 表面活性剂配液工艺简图

2）聚合物配制工艺

首先开启供水系统的清水泵，打开分散溶解装置的入口电动阀开始向装置供水，启动振动器和下料机，并按给水量及设定的配比浓度，调节给料量。电动阀的调节、螺旋下料器的起停均由PLC控制，装置利用射流器将干粉吸入并与水充分混合，混合后的溶液进入溶解罐。

当分散罐内溶液达到设定的液位时，开启二元熟化调配罐进口的电动阀，并开启螺杆泵向二元熟化调配罐供液；当二元熟化调配罐内液位达到设定要求时，启动该二元熟化调配罐搅拌机开始熟化。二元熟化调配罐内溶液升至设定的液位后，装置的控制系统会开启另一已排空的二元熟化调配罐进口电动阀，自动关闭该二元熟化调配罐进口阀门，同时开始熟化时间计时，每罐液熟化时间为2小时。当没有闲置的二元熟化调配罐时，分散装置自动停止工作，先停粉，10s（可调）后停止供水，并将溶解罐内液位排至低液位后停机，工艺流程如图6-11所示。

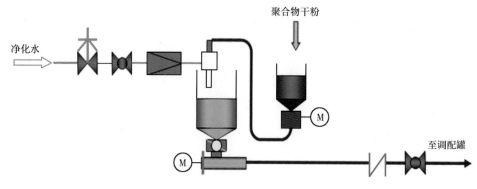

图 6-11 聚合物配置工艺简图

3）二元液复配及熟化

复配：采用一元（聚合物）可调目的液个性注入法，水、0.5%聚合物母液及20%表面活性剂原液由各自的转输泵按所需流量值转输至二元熟化调配罐，配制成地质配方要求的二元液，其中聚合物浓度按注入井中最高浓度者配制，表面活性剂浓度按注入井所需的浓度配制。

熟化：三座二元熟化调配罐在进出口分别汇于一主干线，分散装置和表面活性剂配制装置可向任何一罐供液。每座二元熟化调配罐可以分别向注入泵房内聚合物母液高架管汇提供聚合物母液。每罐液熟化时间为2小时，熟化完成后停止搅拌，自动等待控制系统的命令，开启出口阀门向聚合物母液高汇管提供聚合物母液。当该罐向聚合物母液高汇管供液，罐内溶液降低到设定的液位时，控制系统开启另一最先熟化好的二元熟化调配罐的出口阀门，关闭该二元熟化调配罐的出口阀门，等待分散溶解系统和表活剂配置装置向其供液。

4）二元液复配过滤工艺

该系统主要用于将熟化后的二元液经过两级过滤滤掉聚合物母液中的悬浮固体颗粒、未充分溶解的聚合物颗粒以及其他杂质，以保证二元液的质量。过滤器进出口之间通过压力表来观测过滤器的运行状态，当过滤器进出口压差过大时，应拆洗滤网。

5）目的液复配注入工艺

注入采用单泵单井工艺，通过转输系统提供的二元液，经过滤进入注入泵增压，计量后注入井中，通过调节变频器频率来实现配注流量调节。用于调节目的液中聚合物浓度，经过离心泵增压通过电动阀自动调节流量后分配到所需的注入泵进口。采用压力闭环控制，通过离心泵出口压力变送器控制离心泵的变频器调节频率，从而达到平稳供液的目的，在非正常工况下报警、联锁停泵，当注入泵泵前汇管压力欠压和泵后压力超压时自动停泵并报警（图6-12）。

2. 降黏措施

投产初期，地面注入系统黏度损失很大，平均黏损率为40.4%，其中熟化罐至过滤器出口的黏度损失率为7.8%。试运行后，运用节点分析法对地面注入流程的黏度损失进行了分析，依据分析结果，提出了降低地面注入流程黏度损失的技术措施，效果明显。

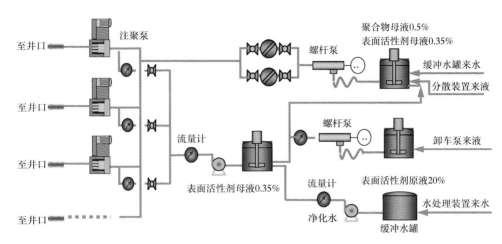

图 6-12　复配及注入工艺简图

1）采取化学清洗措施，降低地面注入管线黏度损失

2011 年 1 月 4 日过滤器前的螺杆泵开始低频运行，经检测过滤器前的黏损为 2.21%（表 6-9）。

表 6-9　螺杆泵黏度（mPa·s）监测数据表

取样时间	熟化罐出口	螺杆泵后	黏度损失率（%）
2011.1.18	26.4	23.833	9.72
2011.1.19	23.733	23.267	1.96
2011.1.20	20.633	24.633	-19.39
2011.1.22	25.333	24.133	4.74
2011.1.23	26.167	23.700	9.43
平均	24.4532	23.9132	2.21

注入井管线为非金属管，2009 年底投产前缘水驱注水，注的是六九区污水和 81 号站污水混合物（3:1）。复合驱注入站 2010 年 10 月 21 日开始注聚，经检测黏度损失较大（表 6.10），地面系统的黏度损失为 42.2%。9 口井的注入泵平均黏度损失率为 4.52%，说明注入泵的黏度保持率较高。9 口井井口对泵后的平均黏度损失率为 38.07%（3.92%~62.87%），黏度损失较大。为了解七中区复合驱试验区单井管线黏损大的原因，3 月 30 日挖开了 T72253 井的近井约 10m 钢管（水平管和立管合计），检查了金属管和非金属管的结垢情况，进行了拍照、测量、采样和化验，结果如下。

从取样器接口处直接放出聚合物溶液（排量 2.3m³/h），排放聚合物溶液 8 分钟，放出的聚合物液黏度降解很快（表 6-10）。

取出的液样放置一段时间后变黑、发出臭鸡蛋味。在明确单井管线黏度损失是地面注入流程中主要的黏度损失节点，并有 T72253 井管线清洗经验，2011 年 5—11 月又完成 21 井次的单井管线化学浸泡杀菌清洗，效果较好（表 6-11），黏度损失率降低 25 个百分点（由

42.75%降低到 17.75%）。

表 6-10　七中区二元复驱 T72253 井取样液不同存放方式黏度化验数据表

取样时间	取样地点、取样方式	化验时间	化验温度（℃）	化验黏度（mPa·s）
11:00	井口取样器取样直接装瓶	11:10	40	12.6
11:30	泵入口取样器取样直接装瓶	11:35	40	33.3
11:30	泵出口取样器取样直接装瓶	11:40	40	33.0
14:30	井口开孔取样存放 5min 装瓶	14:50	40	9.3
14:32	井口开孔取样装桶	14:55	40	6.6

表 6-11　部分井地面管线化学清洗效果统计表

井号	管线清洗前（6 月 15 日取样）			管线清洗后（6 月 27 日取样）		
	泵前黏度（mPa·s）	井口黏度（mPa·s）	黏损率（%）	泵前黏度（mPa·s）	井口黏度（mPa·s）	黏损率（%）
T72231	54.3	20.1	63	52.5	44.7	14.9
T72240	55.2	31.2	43.5	51.9	44.7	13.9
T72242	51.9	41.1	20.8	52.8	39.9	24.4
平均	53.8	30.8	42.75	52.4	43.1	17.75

2）注入泵排出阀结构改造，易安装、黏度损失小

复合驱注入站试运行初期，注入泵排出阀安装很困难、不便维护。先后发现 3 台泵排出阀出现损伤故障。2 月 23 日在 2 口井上进行了注入泵排出阀改装试验（扩大了压套内部空间，使排出阀与吸入阀的结构保持一致）。

原注入泵排出阀安装难、易损坏，使用发现 3 台原装泵阀凡尔球顶杆错位、排量低、黏度损失大。对排出阀结构进行改造（图 6-13），泵阀改装后，两口井的排量在相同频率下提

改造前　　　　改造后

图 6-13　注入泵排出阀改造前后对比照片

高 3%～6%，测得注入泵黏度损失也有所下降。注入站陆续改用了新泵阀，从而保持了全站 18 台注入泵的正常运行。2011 年 2 月泵阀改造成功，后陆续改用了新泵阀。为了明确注入泵的黏损情况，3 月 10 日对 4 口井进行检测、化验，注入泵的黏度损失率为 1.6%。

3）注入泵后高压单流阀改造，缩小弹簧长度，由常关式改为常开式，降低黏度损失为了掌握高压止回阀对聚合物溶液造成的黏度损失

2011 年 6 月 7 日在 1 号泵（T72240 井）高压止回阀前后安装了高压取样器，分 70m³/d、50m³/d、30m³/d 三个聚合物液注入量（污水配聚、聚合物浓度 1200mg/L、聚合物分子量 2500 万）进行了黏度检测（表 6-12），三个注入量的黏度损失率分别为 0.85%、5.04%、0.55%，三项平均 2.16%。

表 6-12　七中区复合驱注入站的 1 号泵（T72240 井）高压止回阀黏度检测数据表

注入量 2.77~3.05m³/h			注入量 2.04~2.15m³/h			注入量 1.21~1.26m³/h		
取样时间	化验黏度（mPa·s）		取样时间	化验黏度（mPa·s）		取样时间	化验黏度（mPa·s）	
	阀前	阀后		阀前	阀后		阀前	阀后
11:02	57	57	12:16	56.7	50.4	13:32	53.7	54.6
11:12	55.8	56.1	12:34	55.2	55.8	13:41	53.7	54
11:25	56.7	54	12:52	56.1	54.6	13:51	53.7	53.4
11:38	56.4	54.9	13:05	56.7	51.9	14:00	56.7	54
11:50	55.5	57	13:18	55.2	53.1	14:10	54.6	54.9
平均	56.28	55.8		55.98	53.16		54.48	54.18
损失率（%）	0.85			5.04			0.55	

2012 年 4 月在 3 台泵试验注入泵后高压单流阀短弹簧（图 6-14）。弹簧自由伸长由 72mm 减少到 45mm，在不受外力的情况下可保持常开。

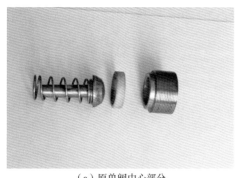

（a）原单阀中心部分

（b）原弹簧与改造弹簧对比

图 6-14　高压单流阀弹簧改造前后对比照片

改进后的高压止回阀仍安装在 1 号泵（T72240 井）上，2012 年 5 月 3 日、4 日两天经反复开关试验，证实其动作灵活、工作可靠。为了获取改进高压止回阀对聚合物溶液造成的

黏度损失，在聚合物液正常注入条件（污水配聚，聚合物浓度 1650mg/L，聚合物分子量 2500 万，注入量 2.81~3.05m³/h）下，对该止回阀的黏度损失进行了检测，平均黏度损失率为 0.27%，较改进前的 0.85% 降低了 0.58 个百分点（在相同条件下对比）。

4）改进取样器，提高黏度化验数据准确性

针对原取样器样瓶内径过大（300mL 样瓶内径 45mm）、进液孔太小（6mm），样瓶内被剪切液替换难度大导致液样化验黏度偏低的问题，研究发明盘管式取样器，经验证高压取样样品化验黏度显著提高，获得了准确的监测数据。2012 年 8 月开始试验盘管式取样器（图 6-15），目前已有 4 个在注入站和井上试用。

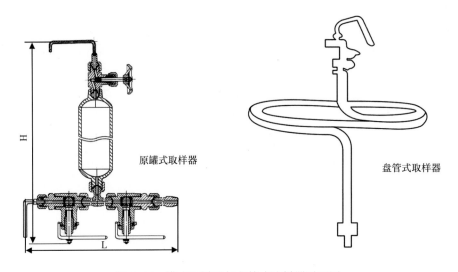

原罐式取样器

盘管式取样器

图 6-15　罐式取样器与盘管式取样器对比图

新的聚合物液取样器完全满足化验取样量的要求，剪切液替换彻底，且取样方便。2012 年 12 月 19—21 日进行了一次地面系统黏度损失分环节检测，注入泵进口一天取完 3 个样，注入泵出口、井口一天取完 4 个样，共测 12 口井，泵进口—泵出口的平均黏度损失率为 10.03%，泵出口—井口的平均黏度损失率为 0.123%，盘管式取样器的取样精度远大于罐式取样器取样。

另外，投产初期停止螺杆泵高频打回流、将井口碳钢管全部更换为不锈钢管、取出螺杆泵前小型过滤器滤料、取出注入泵前过滤器滤料、定期清洗粗细两级过滤器等措施均有效降低了地面系统的黏度损失。通过以上措施的实施，聚合物溶液注入泵入口到井口的黏度损失率下降，由最初的 64.8%（污水配聚）下降到 6.6%。

至 2011 年底，注入站内黏度损失下降至 3.58%，地面系统（熟化罐至井口）的黏度损失为 10.18%，地面系统黏度损失较低。2012 年对数据连续跟踪分析，发现异常及时处理，保障了生产正常运行。2012 年 1—9 月熟化罐—泵进口的黏度损失率为 4%，泵进口—井口的黏度损失率为 8.8%（在未实施管线清洗的条件下），总的黏度损失率为 12.8%。聚合物、表面活性剂浓度满足要求。

第三节 二元复合驱注采调控技术

二元复合驱与水驱在动态反应特征和开采时间上明显不同，二元驱开发大概可分为二元驱前期、见效高峰期、二元驱后期和后续水续四个阶段。因此，在二元驱驱油过程中不能引用以往已经形成的水驱开发模式进行管理，而是要围绕如何提高化学剂的利用率、提高二元体系驱油效果、达到最佳的经济效益等问题，在深入认识和掌握二元复合驱过程中的动态反映特征，根据不同阶段不同的动态特征（注入压力、含水、单井产液量、增油幅度、产液指数变化、产出液浓度等）采取不同的分析方法。不同开采阶段都需对其生产动态进行分析，分析包括对注入井和采出井各单井动态分析、井组动态分析、区块动态趋势分析，之后确定出各阶段存在的主要矛盾，提出解决问题的方法，逐一落实。

一、二元驱不同阶段调控政策及目标

针对二元驱不同阶段存在的问题，加强现场跟踪，深化理论研究，制定调控对策，保障二元驱效果（表6-13）。

表6-13 二元驱不同阶段调控政策及目标

试验阶段	主要做法及措施		目的
前置段塞阶段	配方体系：高分子量、高浓度、强乳化		封堵优势通道 动用高渗透层
	注采关系：注入速度0.14PV/a，强注强采		
	主要措施：调剖		
主段塞前期	配方体系：中分子量、中高浓度、强乳化		减小渗流阻力，提高采液能力，平衡压力，抑制剂窜 动用中高渗透层
	注采关系：降低注采比，注入速度0.12PV/a		
	主要措施：调剖、压裂、隔水、控关		
主段塞高峰期	配方体系：低分子量、中浓度、适度乳化		减小渗流阻力，完善注采关系，启动低渗层，抑制突进 动用中低渗透层
	注采关系：降低注采比，注入速度0.10PV/a		
	压裂补层		
主段塞后期	井组注采调整		扩大波及范围，提高开发效果
保护段塞	提高聚合物黏度，调剖		抑制剂窜，保持开发效果
后续水驱	降低注入速度		防止注入水突进，延续开发效果

二、二元驱不同阶段动态特征

1. 含水变化

前置段塞含水最大降幅为17.7%，阶段末含水下降10.5%；主段塞前期含水最大降幅为35.8%，阶段末含水下降18.2%；主段塞见效高峰期含水最大降幅为47.5%，目前含水下降39.1%，处于低含水稳定生产阶段（表6-14）。

表6-14　试验区不同阶段含水变化情况

试验阶段	初期含水（%）	最低含水		末期含水	
		含水（%）	下降幅度（%）	含水（%）	下降幅度（%）
前置段塞	95	77.3	17.7	84.5	10.5
主段塞前期	84.5	59.2	35.8	76.8	18.2
主段塞高峰期	76.8	47.5	47.5	55.9	39.1

2. 液量变化

初期注入二元强体系，地层深部渗流阻力大，月产液下降幅度较大（52.5%），超过二中区三元驱和七东₁区聚合物驱（22.5%）；中期注入中等二元体系后，产液得到一定恢复；目前注入较弱二元体系目前产液能力进一步提升（32.6%），与二中区三元驱和七东₁区聚合物驱相当（图6-16）。

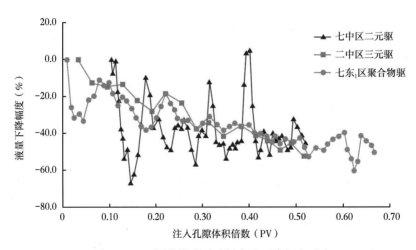

图6-16　不同化学驱试验月产液下降幅度对比

3. 注采能力变化

前置段塞阶段产吸指数下降，高渗透通道有效封堵，主段塞体系逐渐减弱后，试验区产吸指数稳步提高，目前米吸水指数为$2.0m^3/(d \cdot MPa \cdot m)$，米产油指数为$0.07t/(d \cdot MPa \cdot m)$（图6-17）。

4. 动用状况

不同物性段剖面动用统计结果表明，二元驱试验初期主要动用100mD以上储层，但是至见效高峰期，渗透率在30~50mD动用程度大幅提高（图6-18）。

试验区初期（0.15PV）主要动用100mD以上储层，试验中期（0.15~0.34PV）主要动用50~100mD储层；见效高峰期主要动用30~50mD储层；30mD以下储层二元驱阶段采出程度较低，仅为6.12%（图6-19）。

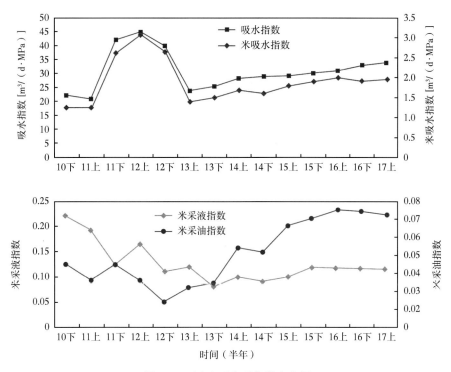

图6-17 试验区产吸指数变化图

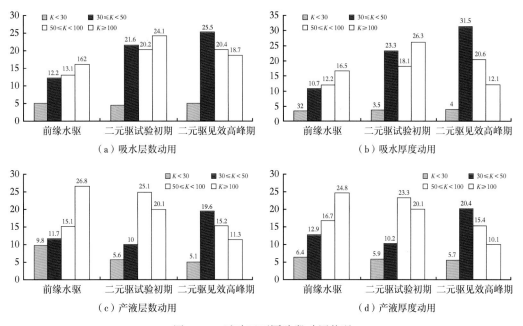

图6-18 试验区不同阶段动用状况

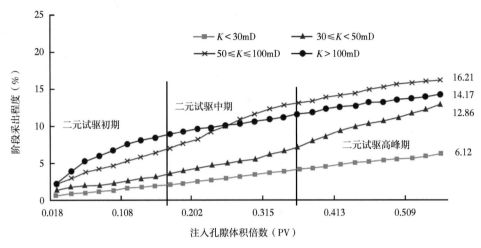

图 6-19　试验区不同物性储层二元驱试验阶段采出程度

5. 折算吨聚增油

二元复合驱在初期、中期阶段折算吨聚增油 20t/t 左右，545mg/（L·PV）以后见效高峰期折算吨聚增油 40t/t 以上（图 6-20）。

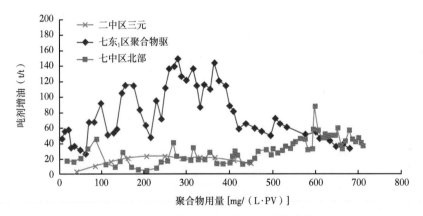

图 6-20　不同化学驱吨剂增油量变化曲线

第四节　二元复合驱采出液处理技术

一、原油处理工艺选择及技术

1. 原油处理问题分析

由于复合驱采出液组分复杂，油水乳化程度加剧，乳化液更加稳定，油水界面中的 FeS、Fe（OH）$_3$ 和 Fe$_2$O$_3$ 等胶体和微粒增加，含沙量增加。地面工艺主要解决以下问题。

1）采出液破乳脱水困难

新疆砾岩油藏二元复合驱采出液外观呈深褐色，其游离水是非常稳定的 W/O 型乳状液，分离困难。采出液泥沙含量为 6.65%，长时间沉降水相中仍含有大量的泥沙。说明该水中油颗粒的分布范围宽，大的油滴在静止沉降以后会自动油水分离，但分离时间长；而较小的油滴则会长时间存在于水中，并且由于泥沙的存在，使得水中油无法完全实现自动的油水分离。

2）电脱水器运行困难

在大庆油田采油一厂三元 217 采出站，发现垮电场后电脱水器的电极上面黏附了很厚的油层。该黏附层介质含有较高的极性组分（表面活性剂和金属离子），具有较强的导电性，大大缩短了两极板之间的距离，最终导致了脱水电流升高，电脱水器频繁垮电场的现象。同时还发现，如果该黏附层不予清除，电脱水器很难恢复正常，多次强行启动后极易造成电极绝缘吊挂烧毁。

3）地面系统采出液结垢严重

新疆砾岩油藏采出液水型为碳酸氢钠水型，矿化度较高，水质不稳定，有结垢趋势，在相变炉中发现有严重结垢现象，当温度小于 30℃ 时，水中钙离子含量变化较小，失钙率较低，当温度大于 30℃ 时，水质失钙率增大的幅度加快。

2. 原油处理基础实验数据

1）复合采出液的形成与稳定机理

二元复合驱采出液有以下特征：（1）表面活性剂、石油磺酸盐与原油相互作用，导致油水界面张力降低，使复合驱采出液中多种形态的乳状液共存，如 O/W、W/O、W/O/W 等乳化类型；（2）聚合物的存在，增大了采出乳状液的表观黏度，并且聚合物的降解也会对油水沉降分离带来一些不利影响。

2）复合采出液油水特性

（1）表面活性剂对 W/O 型乳状液表观黏度的影响。

应用现场驱油用表面活性剂，配置不同表面活性剂含量的 W/O 型乳状液，测得不同温度、不同表面活性剂含量下 W/O 型乳状液的黏度，结果见表 6-15、如图 6-21 所示。

表 6-15 不同浓度表面活性剂的乳状液黏度

黏度 (mPa·s)	温度 (℃)	表面活性剂浓度（mg/L）					
		0	50	100	200	300	400
	20	103	112	125	131	152	174
	25	59.97	63.12	65.98	69.1	73.58	82.26
	30	46.45	49.55	51.43	53.81	55.35	61.43
	35	34.88	37.28	38.85	40.48	41.95	45.88
	40	27.22	29.65	31.23	33.43	35.75	37.08
	45	22.58	23.35	24.86	25.92	27.03	28.55
	50	19.05	20.41	20.9	21.32	21.85	22.07

注：（1）黏度测定采用 RV20 黏度计；（2）剪切速率为 80s^{-1}。

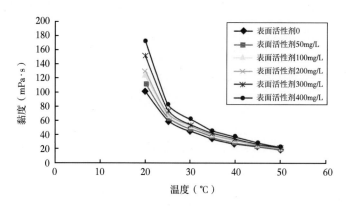

图 6-21　不同浓度表面活性剂的乳状液黏温曲线

由表 6-15、图 6-21 看出，在较低的温度（20℃）下，体系中表面活性剂浓度越大，乳状液的表观黏度越大；随着体系温度的升高，表面活性剂含量对乳状液黏度的影响逐渐减小。表面活性剂的浓度越大，体系黏度受温度的影响越大。从图 6-21 还可以看出，表面活性剂浓度越大，乳状液表观黏度减小速率越大。当体系温度达到 50℃时，含有不同浓度表面活性剂的体系几乎达到了与空白乳状液体系相同的最低黏度。

（2）聚合物对 W/O 乳状液表观黏度的影响。

应用现场驱油用聚合物，配置不同聚合物含量的 W/O 型乳状液，测得不同温度、不同聚合物含量下 W/O 型乳状液的黏度，结果如图 6-22 所示。

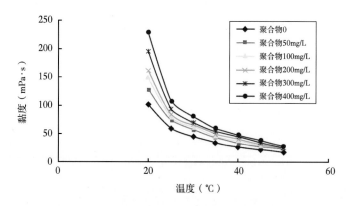

图 6-22　不同浓度聚合物的乳状液黏温曲线

由图 6-22 看出，聚合物对乳状液影响的黏温曲线与表面活性剂的规律类似，在低温下，乳状液体系中的浓度越大，黏度越大；随着体系温度的升高，不同浓度的聚合物对乳状液黏度的影响逐渐减小。乳状液体系中聚合物的浓度越大，体系黏度受温度的影响越大。体系中聚合物的浓度越大，乳状液表观黏度减小速率越大。当体系温度达到 50℃时，含有不同浓度聚合物的体系几乎达到了与空白乳状液体系相同的最低黏度。

（3）聚合物对 W/O 型乳状液脱水影响。

对含不同浓度聚合物的乳状液进行破乳剂评价试验，研究表面活性剂对乳状液脱水的影响，结果见表 6-16：

表 6-16　聚合物对 72# 站乳状液脱水影响

序号	聚合物浓度 （mg/L）	加药浓度 （mg/L）	2h 脱水率 （%）	相对脱水率 （%）
1	0	100	88.5	
2	50		83.8	94.7
3	100		78.5	88.7
4	200		74.1	83.7
5	300		70.6	79.8
6	400		67.2	75.9
7	0	0	34.5	
8	50		12.5	36.2
9	100		3.5	10.1
10	200		0	0.0
11	300		0	0.0
12	400		4.8	13.9

注：脱水温度 40℃。

由表 6.16 可以看出，聚合物对原油脱水有一定影响。聚合物浓度越大，对原油脱水影响越大，当表面活性剂浓度为 400mg/L 时，2h 脱水率仅为不含表面活性剂乳状液的 75%。但在不加破乳剂条件下，当聚合物浓度达到 400mg/L，乳状液有水脱出，表明在高聚合物条件下，乳状液转相点降低。

（4）聚合物—表面活性剂二元组分对 W/O 型乳状液表观黏度的影响。

固定聚合物浓度为 200mg/L，改变表面活性剂的浓度配置 W/O 型乳状液，研究不同温度下，聚合物—表面活性剂二元组分对 W/O 型乳状液黏度的影响，试验结果如图 6-23 所示。

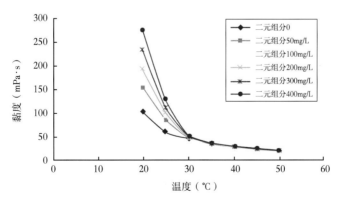

图 6-23　不同浓度聚合物—表面活性剂二元组分的乳状液黏温曲线

由图 6-23 可知，聚合物浓度固定，表面活性剂浓度改变的二元复合驱，在温度大于30℃时，相同温度下的表观黏度差别不大。说明聚合物—表面活性剂二元复合体系中，表面活性剂对乳状液黏度影响不大。但温度变化对聚合物—表面活性剂二元体系共存时的乳状液黏度影响较大，该类乳状液混合体系黏度随着温度升高而显著降低。当温度超过40℃后，黏度随温度的升高下降的趋势变缓，此结果也证明了对聚合物—表面活性剂二元组分共存的72#站乳状液在温度≥40℃条件下破乳比较有利。

3）复合采出液乳化特性

二元复合驱采出液外观呈深褐色，主要以 O/W、W/O 型乳状液为主，这两种乳状液均非常稳定，静置不能实现油水分离。

实验测得 72# 站来液的基本性质见表 6-17。

表 6-17 72# 站来液基本性质

油相	水相				
含水（%）	含油（mg/L）	聚合物含量（mg/L）	固体杂质含量（mg/L）	pH 值	矿化度（g/L）
23	272	936	0.0093	7.62	14.47

注：来液中油相:水相＝8:92。

由表 6-17 可以看出，72# 站来液中聚合物含量较高，水中含油量较低，pH 值为中性，矿化度较高。

72# 站来液中阴离子主要有 CO_3^{2-} 和 Cl^-，阳离子主要则以 K^+、Na^+ 为主。一般碱金属的皂化物易于将水和油乳化形成水包油乳状液，而碱土金属的皂类物质则易于形成油包水的乳状液。矿化度的大小与驱油剂的作用效果和模拟水的相对密度密切相关，矿化度越高，驱油剂乳化效果就越差。

4）乳状液中间层基本性质的测定

采出液为高含水原油，含水量大于 60%，游离水较清，含油量低。测得原油密度为0.8268g/cm³，为低密度轻质原油。

5）破乳剂筛选

（1）破乳剂评选。

在原油乳状液中聚合物含量为 400mg/L，表面活性剂含量为 400mg/L，油水比为 1:1，破乳温度为 50℃，破乳剂加入量 100mg/L 的条件下，进行了破乳剂的评选。首先我们对目前工业常用具有较好效果的工业破乳剂进行了评选，见表 6-18。

由实验结果可见，没有达到满足脱水要求的破乳剂。

（2）破乳剂复配。

破乳剂的复配是开发高效原油破乳剂的有效方法，为了克服高分子破乳剂的专一性，可以利用表面活性剂的协同效应复配出许多新型高效破乳剂。一般来说，脱水快的破乳剂其脱出水色比较差，而脱水慢的破乳剂其脱出水色较清，将两者复配通常能得到快速脱水、油净水清的效果。根据破乳剂评选结果，有选择的进行了破乳剂的复配研究，在复合驱液聚合物含量为 400mg/L，表面活性剂含量为 400mg/L，油水比为 1:1，破乳温度为 50℃的条件下，进行破乳脱水实验。

表 6-18 工业常用破乳剂

破乳剂	脱水率（%）				备注
	30min	60min	90min	120min	
空白	12	20	28	40	界面齐，无挂壁，微黄
EI-1（油）	86	88	86	88	含有乳化层
EI-2（油）	80	84	84	84	
EI-3（油）	84	84	84	84	
EI-4（油）	80	80	84	86	
2040	10	36	40	48	
EC-2452（油）	2	4.4	18	20	
SP-169（油）	62	70	80	80	

　　YH 系列破乳剂是 EB-09 和 HSI-1636 按不同比例进行复配得到的系列破乳剂，由实验结果（表 6-19）可见，在 YH 复配破乳剂用量为 80mg/L 时，YH-1、YH-2 和 YH-3 的脱水率都大于 90%，油水界面齐、油滴微挂壁，水黄（图 6-24）。考虑到破乳剂的价格，选择 YH-3 破乳剂，进行破乳剂加入量实验，由表 6-20 可见，随着 YH-3 破乳剂加入量的增加，原油乳状液破乳脱水效果明显上升，当破乳剂浓度达到 20mg/L 时，120 分钟后原油乳状液脱水率达到 94%。

表 6-19 YH 系列破乳剂破乳脱水效果

破乳剂	脱水率（%）					备注
	15min	30min	60min	90min	120min	
空白	0	1.6	3.6	7.6	10	界面齐，无挂壁，水黄
YH-1	94	96	96	96	96	
YH-2	90	90	90	90	92	
YH-3	90	90	90	92	92	
YH-4	84	84	86	86	86	

表 6-20 YH-3 破乳剂用量与原油乳状液破乳脱水效果的影响

破乳剂用量（mg/L）	脱水率（%）				
	15min	30min	60min	90min	120min
0	0	1	4	8	11
10	84	86	86	86	86
20	90	90	90	94	94
40	92	94	94	94	94
60	86	90	92	92	92
80	90	90	90	92	92

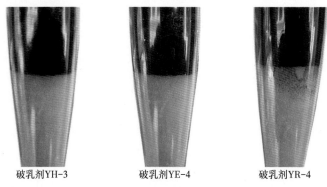

破乳剂YH-3　　　　破乳剂YE-4　　　　破乳剂YR-4

图 6-24　加入破乳剂后油水界面情况

3. 原油处理流程的确定

结合室内试验研究情况，采用油气分离+一段沉降脱游离水+二段热化学沉降脱水+电脱水工艺：油区来的油、气、水混合物（温度为 10~20℃），进入两相分离器进行气、液分离，分离器分出的油水混合物进入一段沉降脱水罐进行自然沉降脱水，脱出的饱和含水原油（含水率为 40%~50%）由罐内设置的浮动收油装置收集，经泵提升进入相变加热装置加热至 30~40℃进入二段沉降脱水罐进行热化学沉降脱水，脱出的低含水原油（含水率<30%）由罐内设置的浮动收油装置收集，经泵提升后进入相变加热装置进行二次加热至 50~55℃，加热后的含水原油进入电脱水器进行处理，处理后原油（含水率小于1%）进入净化油罐，经外输泵提升、计量后输至 81 号原油处理站。工艺流程如图 6-25 所示。

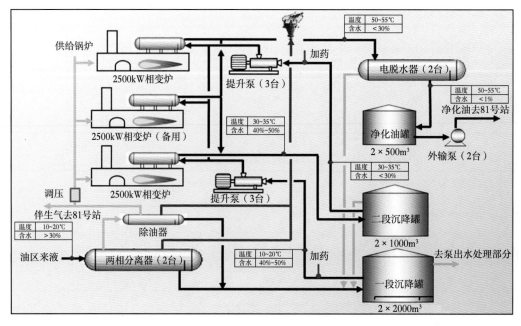

图 6-25　原油处理工艺流程图

　　由于前期的液量较小，因此一段沉降脱水罐脱出的饱和含水原油由罐内设置的浮动收油装置收集，经泵提升进入相变加热装置加热至 50~55℃进入二段沉降脱水罐进行热化学沉降脱水，脱出的低含水原油（含水率<30%）由罐内设置的浮动收油装置收集，经泵提升后直接进入电脱水器进行处理，处理后原油（含水率小于 1%）进入净化油罐，经外输泵提升、计量后输至 81 号原油处理站。

　　分离器分出的气体，经除油器处理、稳压后，一部分经相变加热装置分液包除液后作为相变加热装置燃料气，剩余部分自压输至 81 号天然气处理站进行处理。

　　二段沉降脱水罐及电脱水器分离出的采出水，自压至一段沉降脱水罐充分利用脱出水中的热能及破乳剂；一段沉降脱水罐脱出水自压至采出水处理部分进行处理。

　　沉降脱水罐排出的泥砂进入排砂池，排砂池上部液体由潜污泵提升进采出水处理部分进行处理，下部泥沙定期由车辆拉运至油田指定地点进行处理。

　　为保证原油的脱水效果，根据来液量投加破乳剂，分别在一段、二段沉降脱水罐出液管道上投加破乳剂，加药量为 50mg/L。破乳剂加药流程为：卸药泵（利旧）将桶装的破乳剂输至加药罐内，由加药泵提升后输送到加药点。

二、污水处理工艺选择及技术

1. 采出水处理问题分析

　　采出水组分复杂，存在聚合物、悬浮物、含油量、硫化物、二价铁离子含量高，黏度大，溶解氧低等问题。地面工艺主要解决以下问题。

　　（1）采出水中的聚合物分子（部分水解聚丙烯酰胺）是高度水化了的负电性无规则线团，聚合物分子中的—COO^-、—$CONH_2$ 吸附正电离子和岩屑颗粒，成为高度稳定的胶体体系。同时，聚合物水化分子本身又兼具亲油亲水双重效果，以皮膜形式存在于油水界面，使水中的残油含量增多，聚合物的含量越大，溶液的黏度也随之上升，大大降低了悬浮物和油珠的沉降和浮升速度，根据斯托克斯公式，仅从体系黏度方面考虑，这种含聚采出水要达到与常规采出水相同的油水分离效果，其沉降及浮升时间将增加为常规采出水的数倍以上，可见采出水处理难度增加的十分明显。如按常规处理方式，需相应提高药剂使用量和增加大量的设备以满足处理技术指标要求。因此，由于聚合物的存在使悬浮物和油的去除变得复杂、困难，在很大程度上影响着采出水的处理。

　　（2）采出水中表面活性剂的主要作用是降低油水界面张力，在一定范围内，它的含量越高油水分离难度越大。

　　（3）采出水的油珠小。粒径测试发现聚合物采出水中油珠粒径小于 $10\mu m$ 的占 90% 以上，油珠粒径中值为 3~5μm；微观测试结果表明聚合物使油水界面水膜强度增大，界面电荷增强，导致采出水中小油珠稳定地存在于水体中，因而增加了处理难度，使处理后的采出水中油含量较高。

　　（4）由于阴离子型聚合物的存在，严重干扰了絮凝剂的使用效果，使絮凝作用变差，大大增加了药剂的用量。同时，处理后的水质达不到原有水质标准，油含量、悬浮固体含量严重超标。

　　（5）由于聚合物吸附性较强，携带的泥沙量较大，大大缩短了反冲洗周期，增加了反冲洗的工作量。同时由于泥沙量增大，要求处理各工艺环节排泥设施必须得当，必要时需增加污泥处理环节。采出水为碳酸氢钠水型，矿化度高，有结垢趋势，现场结垢严重，垢样组成主要有泥、沙、$CaCO_3$ 及腐蚀性产物。

（6）高聚合物含量会对污水悬浮物的测定带来很大影响，聚合物越高，影响越大。

2. 采出水处理基础试验数据

1）室内试验

本次试验在七中区 T72248 井直接取样后，按原油处理系统流程进行预处理，达到进采出水处理试验系统要求。试验用水水质见表 6-21。

表 6-21　经预处理后的试验用水水质

油 （mg/L）	SS （mg/L）	矿化度 （mg/L）	含聚浓度 （mg/L）	黏度 （mPa·s）	pH
335	460.5	12380	405.5	147.7	2.96

试验设计处理能力为 50L/h，采用"溶气气浮→回转悬浮生物反应→污泥沉淀池"处理工艺。来水首先进入原水箱进行调储，经采出水提升泵提升至溶气气浮装置，去除采出水中大部分的浮油。然后依靠重力作用自流进入回转悬浮生物床中，在生物床进行生化破乳和降解处理后，将残留在采出水中油、悬浮物及其有机污染物进行去除。出水进入污泥沉淀池进行固液分离。工艺流程如图 6-26 所示。

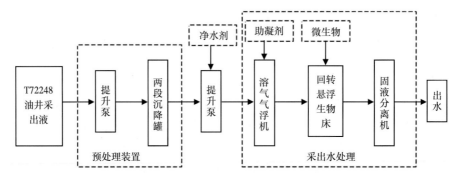

图 6-26　二元驱采出水处理室内试验工艺流程

（1）主要工艺设备。

高效溶气气浮机。该气浮机集箱体、溶气罐、溶气泵为一体，箱体尺寸（$L×B×H$）=$0.32m×0.25m×0.30m$，有效容积为 $0.02m^3$，停留时间为 0.4 小时，溶气释放器释放出微气泡直径在 $30\sim50\mu m$ 范围内。

回转悬浮生物床。采用自主研发的回转悬浮生物床技术，其原理是二段生物接触氧化池法，长×宽×高 =$1.8m×0.5m×0.8m$，$V=0.6m^3$，内设曝气系统和填料，生物反应停留时间（HRT）为 12 小时。

固液分离机。固液分离装置与气浮机原理相同，主要用于悬浮物去除。箱体尺寸（$L×B×$

H）= 0.42m×0.45m×0.40m，有效容积为 0.5m^3，停留时间为 0.5 小时，溶气释放器释放出微气泡直径在 30~50μm 范围内。

（2）试验结果。

油类去除效果：在整个试验期间（2013.6.21 至 2013.7.10），来水含油在 164.0~350mg/L 之间波动，平均值为 219.3mg/L。由于来水黏度太大，进微生物反应系统之前，通过投加净水剂和助凝剂，降低水中聚合物和表活剂浓度。絮凝降聚降表后，气浮、回转悬浮生物床、沉淀池出水平均含油量分别降至 101.1mg/L、20.9mg/L、19.3mg/L，出水含油量能够满足进入保安过滤器的要求。经计算，"絮凝气浮+回转悬浮生物反应"处理工艺对油类的总去除率为 91.2%，去除效果较好。

悬浮物去除效果：试验期间，来水悬浮物在 200.0~477.0mg/L 之间波动，平均为 278.5mg/L。气浮、回转悬浮生物床、沉淀池出水悬浮物平均含量分别降至 97.3mg/L、28.6mg/L、26.4mg/L，出水悬浮物能够满足进入保安过滤器的要求。经计算，"絮凝气浮+回转悬浮生物反应"处理工艺对油类的总去除率为 90.5%，去除效果较好。

絮凝气浮的降聚降表效果：试验期间，来水聚合物、表面活性剂平均浓度分别为 361.5mg/L、109.2mg/L。在提升泵前和气浮机内分别投加净水剂、助凝剂，通过絮凝气浮反应进行化学预处理后，气浮出水聚合物、表面活性剂平均浓度分别为 165.2mg/L、40.4mg/L，去除率分别为 54.3%、63.0%，而黏度由 2.96mPa·s（平均值）下降到 1.95mPa·s（平均值），提高了采出水的可生化性。

2）药剂筛选试验

（1）无机型药剂。

通过药剂筛选现场试验，降低药剂投加量，获得最优药剂体系，降低处理成本。试验 1 选用无机型药剂，于 2013.5.10 至 2013.6.14 进行加药试验，最终投加量为 1500mg/L，产生的污泥多（约 0.08m^3 泥/m^3 水，含水率 90%），呈豆腐块状，药剂成本 15 元/m^3 水。

（2）无机+有机型药剂。

试验 2 选用无机+有机型药剂，于 2013.6.16 至 2013.6.24 进行加药试验，最终投加量为 550mg/L，产生的污泥适中（约 0.03m^3 泥/m^3 水，含水率 96%），流动性较好，形态与常规污泥相似。药剂成本 5.8 元/m^3 水（表6-22）。

表6-22 投加无机+有机型药剂的出水情况

时间	净水剂（mg/L）	助凝剂（mg/L）	微生物系统出水	
			含油量	悬浮物
6.16	1000	20	9.6	32.0
6.17	1500	20	13.3	23.0
6.18	1000	20	8.7	13.0
6.19	1000	20	10.3	19.0
6.20	1000	20	10.8	25.0
6.21	530	20	13.4	21.0

时间	净水剂（mg/L）	助凝剂（mg/L）	微生物系统出水	
			含油量	悬浮物
6.22	530	20	23.9	26.5
6.23	530	20	17.4	27.0
6.24	530	20	19.7	25.0

（3）有机型药剂。

试验3选用有机型药剂，于2013.5.10至2013.5.23进行加药试验。药剂投加量为140mg/L，产生的污泥少（约0.01m^3泥/m^3水，含水率98%），呈鼻涕状，流动性非常差，药剂成本4.5元/m^3水。

3）采出水稳定性试验

（1）Ca^{2+}检测。

通过系统的连续运行发现生物池内出现结垢现象，导致微生物无法挂膜，大量死亡水质恶化。表6-23为主要单元的钙离子含量变化情况。

表6-23　采出水处理系统钙离子检测表

监测点	系统钙离子含量（mg/L）		
	2013.10.10	2013.10.11	2013.10.12
调储罐进口	94.2	93.2	92.6
调储罐出口	90.6	91.3	88.6
1#生物池	86.6	85.7	85.0
4#生物池	27.3	27.0	31.0

72#站来水属重碳酸钠水型，9.24、10.10检测Ca^{2+}分别为114.96mg/L、94.2mg/L。SI（饱和指数）>0，SAI（稳定指数）<5，水质有结垢严重的趋势。根据连续3天跟踪结果，失钙主要发生在生物池内，在1#生物池之前，系统水质钙离子损失较小，1#生物池至4#生物池，水质钙离子损失较大，说明失钙与曝气关系密切。

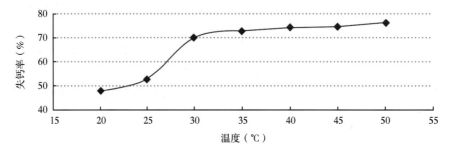

图6-27　不同温度梯度水样失钙率

（2）不同温度梯度水样失钙率。

根据不同温度梯度水样失钙率试验（图 6-27），25℃ 是失钙温度拐点，失钙率为 52.8%。温度超过 25℃ 后，失钙率上升很快，当达到 30℃ 时，失钙率为 70.0%；随后，随着温度上升，失钙率上升趋势变缓。

当温度小于 30℃ 时，水中钙离子含量变化较小，失钙率较低，当温度大于 30℃ 时，水质失钙率增大的幅度加快，现场水温在 30~40℃ 之间，水质失钙率小于 20%。

（3）不同气浮时间水样失钙率。

不同曝气时间水样失钙率试验如图 6-28 所示，2 小时是气浮时间拐点，失钙率为 71.2%。根据结垢特点，设置 1 座降垢池，填装不锈钢框架，72% 的 Ca^{2+} 在此池结垢，池 1 出水投加阻垢剂 20mg/L，药剂成本 0.188 元/m³ 水，阻垢率 95.4%。

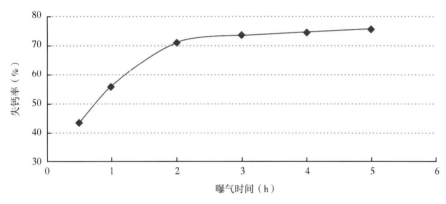

图 6-28　不同曝气时间水样失钙率

4）现场试验

试验时间为：2013.5.10 至 2013.6.09，来液区块为七东、七中二元复合驱，采出水温度为 25~35℃，微生物处理系统采用 "回转悬浮生物床—污泥浓缩—缓冲水池"，有效停留时间约 12h。药剂及加药量：无机+有机型（550mg/L）；加药位置：气浮机内；药剂反应时间：20s。

（1）调储单元运行情况。

调储罐进水含油为 61.7~207.2mg/L，平均为 113.6mg/L；经重力沉降 15h 后，出水含油为 44.5~139.4mg/L（平均 85.9mg/L），去除率为 24.4%。调储罐进水悬浮物含量为 51.2~408.3mg/L，平均为 161.8mg/L；经重力沉降 15h 后，出水悬浮物含量 33.3~295mg/L（平均 146.2mg/L），去除率为 9.6%。

（2）气浮单元运行情况。

调储罐出水通过反应提升泵，提升至气浮机。在反应提升泵前投加净水剂 530mg/L，在气浮机内投加助凝剂 20mg/L。经过化学絮凝反应后，气浮机出水含油为 11.2~95.2mg/L（平均 61.5mg/L），去除率为 28.4%；悬浮物为 43.2~290mg/L（平均 106.0mg/L），去除率为 27.5%。

（3）气浮机絮凝降聚降黏效果。

气浮机进水聚合物为 435~922mg/L（平均 680.2mg/L）。通过投加净水剂和助凝剂，发生化学絮凝反应降聚降黏后，气浮机出水聚合物为 133~410mg/L（平均 291.0mg/L），去除率为 57.2%；黏度由 2.97（平均值）下降到 2.05（平均值），提高了采出水的可生化性。同时，气浮机进口表活剂浓度为 60.0~80mg/L，经过化学絮凝气浮反应后，降表面活性剂率可达 70%左右。

（4）微生物反应单元运行情况。

气浮机出水自流进入回转悬浮生物床（简称"生化池"），生化池出水含油为 10.0~48.6mg/L（平均 19.9mg/L），达到设计要求（≤30mg/L）；生化池出水悬浮物含量为 10.5~49.5mg/L（平均 28.4mg/L），达到设计要求（≤30mg/L）。

（5）微生物反应系统 MLVSS/MLSS 值。

MLVSS（挥发性悬浮固体浓度）与 MLSS（悬浮固体浓度）的比值大于 0.6（图 6-29），表明生化池中的采出水生化性较好，微生物生长良好。试验表明，加药降聚降黏后，MLVSS/MLSS 值>0.6，生化池的微生物系统正常。

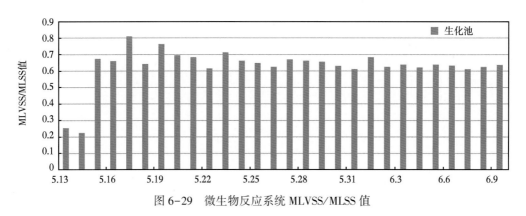

图 6-29　微生物反应系统 MLVSS/MLSS 值

3. 采出水处理流程的确定

本流程在聚合物驱采出水处理工艺试验的基础上，根据 9 口二元采出井来液导致微生物反应池出现大量泡沫，出现微生物膜从填料上脱落，处理水质变差，因此决定在溶气气浮段增加药剂投加，工艺流程采用"重力除油+物理降垢+絮凝气浮+回转悬浮生物床微生物处理+固液分离+压力过滤"处理工艺。

流程简述：原油处理系统来水（含油≤3000mg/L、悬浮物≤300mg/L）进入调储罐进行水量、水质调节，有效停留时间 15 小时。经初步沉降后可除去大部分浮油和大颗粒悬浮物，调储罐保证出水含油≤1000mg/L、悬浮物≤180mg/L。采出水经调储罐除油后经提升进絮凝气浮单元。在絮凝气浮单元按一定顺序和时间间隔连续加入两种药剂，采出水经过化学反应、絮凝上浮后，出水含油≤100mg/L、悬浮物≤100mg/L。溶气气浮装置出水自流进回转悬浮生物床—固液分离—缓冲装置，在回转悬浮生物床内通过投加微生物联合菌群，对污水中的油及有机污染物等进行生物降解，有效停留时间为 20 小时，缓冲装置出水（含油≤30mg/L、悬浮物≤30mg/L），经过滤提升泵提升进入双滤料过滤器，出水（含油≤20mg/L、悬浮物≤20mg/L、粒径中值≤10μm）达到设计要求。

主要设备参数：

（1）调储罐。

大庆油田"两级大罐沉降"工艺停留时间 12 小时。考虑到新疆油田三采采出水水质的复杂性，调储罐停留时间放大至 15 小时。

（2）降垢池。

根据现场试验结果，系统升温后，气浮后 2 小时内采出水失钙将达到72%，微生物处理前端设置降垢池，池中增设碳钢框架。根据 2 小时的停留时间计算，降垢池停留时间不小于 2 小时。

（3）溶气气浮装置。

溶气气浮装置采用"管式药剂絮凝降聚降黏反应—斜板逆流配液—溶气气浮分离—部分回流溶气浮选"工艺，流程图如图 6-30 所示。集管式反应器、箱体、溶气罐、溶气泵、浮渣斗、污泥泵为一体，可实现全自动化操作。

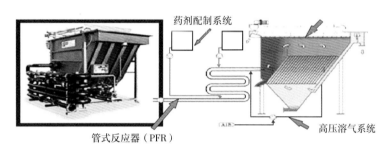

图 6-30　工艺原理图

根据气浮工艺的特点，设计了管式反应器，使絮凝混合、降聚降黏反应均通过管道快速完成。通过投加净水剂和助凝剂，使气浮装置出水降低至聚合物≤300mg/L，表面活性剂≤50mg/L，提高采出水的可生化性，达到微生物系统进水设计要求。

（4）回转悬浮生物床—固液分离—缓冲水池。

微生物处理工艺采用新疆油田公司自主研发的新型生物接触氧化池技术，即回转悬浮生物床—固液分离—缓冲技术。由于油田污水存在组成成分特殊性，污染物成分较为复杂，矿化度高，含油，微生物驯化期较长，停留时间设为 20 小时，气水比在 25~30:1。在运行的初期，需定期向池内投加专性联合菌群，提高废水的可生化性及对有机物的去除效率。通过自控系统对在线溶解氧检测仪、电动调节阀、鼓风机变频器等进行联动，保证池内的溶解氧浓度为 2~3mg/L，保证出水水质长期稳定达标；并且在池内定期投加营养源（按 COD 消耗量:N:P = 100:5:1 加）。

虽然该工艺处理水质指标达到含油≤20mg/L、悬浮物≤20mg/L 的要求，但由于运行时间较短，药剂投加量大（550mg/L），产生污泥聚集在溶气气浮机内，流动性很差，无法排除。该工艺适用范围窄，气浮浮渣收集处理问题尚待解决，通过试验验证，该工艺在来液表面活性剂含量小于 50mg/L，该工艺可正常运行。

4. 关键设备研究

传统的处理设备和净水药剂处理复合驱采出水，无法满足出水水质持续、稳定达标，同时处理成本过高，易造成二次污染。微生物处理法是最具有发展前景的绿色技术之一，本次科研项目通过研发橇装含油污水生物处理装置（图6-31），利用微生物产生表面活性剂和微生物分解代谢的能力，把采出水中无法回收的乳化油及其他有机杂质分解为 H_2O 和 CO_2 等无机物，并以复合驱采出水中有机污染物为营养获得能量，实现自身新陈代谢。

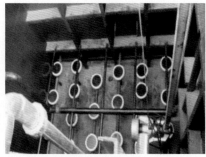

图6-31　橇装含油污水生物处理装置现场试验装置

新疆油田公司自主研发的新型生物接触氧化池技术——回转悬浮生物床技术，采用四段生物接触氧化池技术（阶段曝气生物反应法），将微生物生长、繁殖特性细分为四段，充分发挥同类微生物种群间的协同作用，克服不同种群间的拮抗作用，故处理效率大大提高。

技术特点如下：（1）利用新型填料——超轻纤维悬浮球，以满足悬浮流动和高效挂膜的需要；（2）通过超轻纤维悬浮球挂膜的形式，体现接触氧化法的工艺微生物生长迅速、产生污泥少的优点；（3）在回转悬浮生物床中利用均匀布水技术，自池底部均匀进水，在池顶部通过溢流堰均匀出水，在池中部设水力搅拌机，在竖直方向水流自下而上流动的基础上增加水平方向水流回转流动的效果，实现污水处理无死角、悬浮填料作用发挥均匀的优点。该技术集合现有污水处理新技术的优点，并创造性地开发出新型填料以及填料以悬浮床运行的方式，创新性地提出污水的回转流态，以进一步提高处理效率、改善出水水质。

为了保障微生物正常生长，橇装含油污水生物处理装置通过自控系统对在线溶解氧检测仪、电动调节阀、鼓风机变频器等进行联动，保证装置内的溶解氧浓度为 $2 \sim 3 mg/L$；并且在池内定期投加营养源（按 COD 消耗量:N:P = 100:5:1）。

三、复合驱地面系统除泥、砂、垢技术研究

1. 泥、砂、垢问题分析

由于复合驱采出液水型为碳酸氢钠水型，水质不稳定，矿化度较高，系统结垢主要体现在加热炉、气浮装置、生化池、沉降池。经化验分析，系统所结垢样检测分析见表6-24。

表6-24　生化池垢样分析测定数据

序号	检测参数	检测结果
1	灼烧减量（450℃）（%）	3.93
2	灼烧减量（950℃）（%）	40.19
3	酸不溶物（%）	1.46

序号	检测参数	检测结果
4	三价铁离子（%）	未检出
5	二价铁离子（%）	未检出
6	钙离子（%）	32.06
7	镁离子（%）	1.04
8	含水率（%）	1.50

备注：第3~7项为垢样酸溶检测结果。

生化池垢样和换热器垢样组分存在差异，是因为两者成垢环境不同。前者经过曝气、药剂混凝以及生物处理，水比较干净；后者存在加热、高压，采出液含有的原油和泥砂比较多。

2. 基础试验数据

1）水质失钙率影响因素实验

为了解现场污水的结垢趋势，取调储罐进水在20℃（现场温度）条件下，测定其在放置不同时间后污水的钙离子含量，以现场酸化样品为空白，计算失钙率，测定数据见表6-25。

表6-25 来水水质稳定性实验数据

时间（h）	钙含量（mg/L）	失钙率（%）
0	109.8	2.5
0.5	108.5	3.6
1	107.9	4.2
2	106.8	5.2
4	104.3	7.4
8	102.3	9.1
16	99.2	11.9
24	94.7	15.9
空白	112.6	—

由表6-25和图6-32数据可以看出，该污水不稳定，在20℃条件下持续失钙，在24小时失钙率达15.9%，结垢较严重。

2）温度与水质失钙的关系

为了解温度对失钙率的影响情况，取调储罐进口水样，分别置于不同温度下放置4小时，测定水中钙离子含量，以取样时加酸酸化样品为空白计算失钙率。实验结果见表6-26。

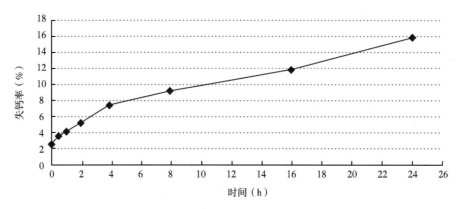

图 6-32　20℃条件下不同时间的失钙率

表 6-26　不同温度下水质的失钙率

温度（℃）	钙离子（mg/L）	失钙率（%）
20	90.9	1.6
25	90.1	2.5
30	89.0	3.7
35	81.0	12.3
40	74.9	18.9
45	67.4	27.1
50	60.8	34.2
空白	92.4	—

　　由表 6-26 和图 6-33 数据可知，当温度小于 30℃时，水中钙离子含量变化较小，失钙率较低，当温度大于 30℃时，水质失钙率增大的幅度加快，现场水温在 20～40℃之间，水质 4 小时失钙率小于 20%。

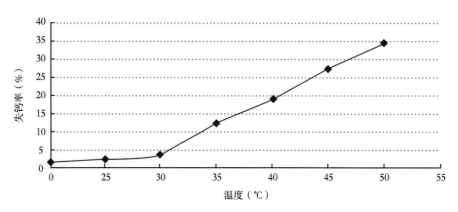

图 6-33　失钙率随温度变化曲线

3）气浮与水质失钙的关系

取调储罐进口水样，置于敞口容器中，用空气压缩机鼓气，每隔一定时间取水样，测定钙离子含量，实验温度为20℃，空气流量为4L/min，实验结果见表6-27。

表6-27　气浮对水质失钙的影响

气浮时间（h）	钙离子（mg/L）	失钙率（%）
0	74.6	14.9
1	54.5	37.8
2	40.5	53.8
3	38.4	56.2
5	35.7	59.3
7	33.4	61.9
18	25.3	71.1
24	22.4	74.4
空白	87.7	—

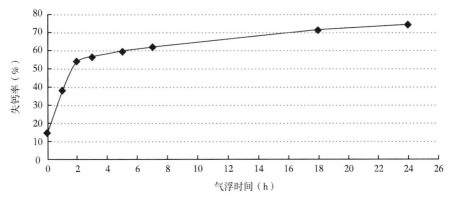

图6-34　失钙率与气浮时间的关系

由表6-27和图6-34可以看出，气浮对污水失钙率有较大影响。污水在气浮2小时前失钙较快，在2小时以后，失钙相对较慢，在钙离子降低至30mg/L以下时，失钙缓慢。

将水样温度保持在30℃，向1L水样中通入空气，空气流量为4L/min，2小时后测定水样中的钙离子含量，测定结果见表6-28。由表6-28可以看出在30℃条件下通气处理，在通气2小时后失钙率达到64.2%。说明升温和通气处理对污水失钙有协同作用。

表6-28　30℃条件下气浮处理后失钙率测定结果

气浮时间（h）	钙离子（mg/L）	失钙率（%）
0	81.0	7.6
2	31.4	64.2
空白	87.7	—

4）阻垢防垢试验

取调储罐进口水样，现场加入阻垢剂 KL-502，加量为 30mg/L，送至实验室置于 80℃条件下 4 小时后测定其钙含量，以现场酸化水样为低温空白，以在 80℃不加药剂放置 4 小时水样为高温空白，计算阻垢率，测定数据见表 6-29。

表 6-29　阻垢剂处理效果数据

样品名称	钙含量（mg/L）	失钙率（%）	阻垢率（%）
原水	110.4	—	—
高温	23.2	79.0	—
高温（加药）	103.7	6.1	92.3

由表 6-29 试验数据可以看出，在阻垢剂 KL-502 加药量为 30mg/L 时，阻垢率达到 92.3%。综上所述，投加阻垢剂的方法简单有效，且结合现场工艺，便于实施。

3. 阻垢流程的确定

投加阻垢剂可有效减缓污水结垢，结合现现场工艺，方便实施。阻垢剂投加位置为 72#站进液端，为保证水质波动的影响，阻垢剂投加量为 20~50mg/L。

4. 技术攻关方向

1）原油处理部分

以二元采出液室内破乳试验基础数据为依据，结合七东 1 聚驱工业化推广中 72 号处理站原油处理部分实际运行情况，对原油处理流程进行优化，考虑密闭，着重分析电脱水器适应性，研究来液量、来液温度、含聚量、含表量、缓冲时间等因素对电脱水器运行效果影响；根据目前复合驱二三结合开发方式，分析常规处理工艺流程对复合驱采出液适应性，研究采出液含聚量、含表量对其影响。

2）采出水部分

新疆油田砾岩油藏二元采出水水质较大庆三元采出水存在，钙镁离子含量高，表面活性剂含量高的差异，需要针对性处理措施。应借鉴大庆油田三元采出水处理"序批曝气+过滤"工艺，并结合新建油田聚合物驱采出水成功经验进一步验证。

第七章 七中区克下组砾岩油藏二元驱矿场试验

第一节 试验区概况

克拉玛依油田七中区克下组油藏位于克拉玛依市白碱滩区，在克拉玛依市区以东约25km处，区内地势平坦，平均地面海拔267m，地面相对高差小于10m。七中区克下组油藏处于准噶尔盆地西北缘克—乌逆掩断裂带白碱滩段的下盘。试验区位于七中区克下组油藏东部。

复合驱工业化试验目的层为S_7^{4-1}、S_7^{3-3}、S_7^{3-2}、S_7^{3-1}、S_7^{2-3}、S_7^{2-2}六个单层，平均埋深1146m，沉积厚度31.3m。七中区克下组属洪积相扇顶亚相沉积，以主槽微相为主，储层主要由不等粒砂砾岩及细粒不等粒砂岩组成，孔隙度为18.0%，渗透率为94mD。

初始状态下，地面原油相对密度为0.858，原油凝固点为-20~4℃，含蜡量为2.67%~6.0%，40℃原油黏度为17.85mPa·s，酸值为0.2%~0.9%，原始气油比为120m³/t，地层油体积系数为1.205。地层水属$NaHCO_3$型，矿化度为13700~14800mg/L。

克下组油藏属于高饱和油藏。断块内为统一的水动力系统，原始地层压力为16.1MPa，压力系数为1.4，饱和压力14.1MPa，油藏温度为40.0℃。目前试验区地层压力为14.4MPa。七中区克下组油藏试验区评价面积为1.21km²，目的层段平均有效厚度为11.6m，原始地质储量为120.8×10⁴t，储量丰度为99.9×10⁴t/km²。

七中区克下组砾岩油藏东部二元驱试验井区于1959年3月投产，1960年11月以不规则四点法井网投入注水开发，其后该井区共进行过三次开发调整：（1）1980—1988年扩边6口井；（2）1995—1998年更新3口井、加密1口井；（3）2007年进行整体加密调整，新钻44口井，包括1口水平井。调整后该区为150m井距反五点法二元驱试验井网，共有生产井55口，注水井29口（包括平衡区11口注水井），采油井26口（包括1口水平井）。二元驱前缘水驱通过系列调整措施，采液、采油速度大幅度提升，采液速度提高为15.4%、采油速度提高为1.47%，阶段含水上升率仅为4.4%。阶段末综合含水95.0%，采出程度42.9%，水驱开发已无经济效益。

第二节 矿场试验效果

一、二元驱调整前开发状况

二元驱试验区自2010年7月调剖调试进入化学驱阶段以来，截至2014年9月底试验区累计注入化学剂82.53×10⁴m³（0.336PV），完成设计注入量的50.9%。从2010年11月到2011年5月，用污水配置聚合物，聚合物有浓度没黏度，没有达到方案设计要求。2011年

6 月用清水配置的聚合物在部分井组进行调试，调试成功后，从 2011 年 8 月开始，试验区全面注入达到设计标准的聚合物，前置段塞的聚合物相对分子质量为 2500 万，设计浓度为 1800mg/L，注入体积为 0.05PV。2011 年 11 月 25 日起进入主段塞阶段，主段塞设计注聚浓度为 1500mg/L，设计表面活性剂浓度为 0.3%，设计注入体积为 0.5PV。2012 年 11 月开始，二元驱聚合物分子量先后进行了 3 次调整，表面活性剂浓度调整 1 次，调整后的试验开发形势转好。

1. 二元复合驱调整前的开发特征

1) 注入压力缓慢上升，但相对压力上升幅度小

注采比较大，注入压力缓慢上升。2010 年 6 月水驱末期，注入压力为 9.9MPa，到 2011 年 7 月调剖调试结束后注入压力上升至 12.9MPa，上升了 3MPa；月注采比也由调剖调试前的 0.91 上升到调剖调试后的 3.68；日注量受配钻、工艺改造的影响，在水驱末期及调剖调试阶段变化频繁。2010 年 8 月至 2011 年 11 月前置段塞阶段，单井注入量保持在 56m³/d 左右，注入压力略有上升，由 12.9MPa 上升至 13.7MPa，月注采比一直保持较高值，由 3.68 上升到 3.84 后又降到 2.52。2011 年 12 月到 2012 年 11 月二元段塞（2500 万）阶段，为了调整注采关系，2012 年 6 月共调整配注量 35 井层，其中上调 8 井层、下调 27 井层，日注入总量由 1060m³ 调整为 960m³，减少了 100m³。单井注入量由 57m³/d 降到 34m³/d，注入压力较为稳定，维持在 13.7MPa 左右，注采比有下降趋势，但整体上还是保持在 2.4 以上。2012 年 12 月将聚合物相对分子质量由 2500 万调整为 1500 万，月注采比从 2012 年 11 月的 1.72 上升到 2013 年 2 月的 2.42，为平衡注采关系，2013 年 4 月共调整配注量 46 井层，其中北部 9 口注入井日注入量由 555m³ 调整为 415m³，日减少注入量 140m³，2 口井调剖后笼统注入；南部 9 口井实行笼统间注。调注后，月注采比有所降低，但注入压力仍保持在较高值。2013 年 5 月，二元驱相对分子质量再次调整，聚合物相对分子质量由 1500 万调低到 1000 万，北部聚合物浓度由 1500mg/L 提高到 1800mg/L，注入黏度为 30mPa·s；南部聚合物浓度由 1500mg/L 降低到 1200mg/L，注入黏度为 15mPa·s，注入压力稳定，未达到调整预期，2013 年 9 月表面活性剂浓度由 0.3% 调整为 0.2%，月注采比仍然较高，注入压力呈上升趋势。2013 年 11 月再次对注聚浓度调整，北部由 1800mg/L 降至 1000mg/L，黏度由 30mPa·s 降至 10mPa·s；南部由 1200mg/L 降至 800mg/L，黏度由 15mPa·s 降至 7mPa·s，调整后注入压力由 14.6MPa 下降到 13.5MPa，之后产液量稳中有升，但注采比仍较大（图 7-1）。

南部注入压力上升幅度大，北部上升幅度小。注剂后单井注入压力均有不同程度的上升，与注聚前对比，全区注入压力平均上升 3.2MPa（图 7-2）。研究认为各注入井注剂前起始注入压力以及注剂后压力上升幅度均与储层物性发育状况紧密相关。试验区北部储层物性好，油层发育厚度大、连通状况好，而南部井油层物性差，平均渗透率只有 30.4mD，油层发育厚度相对较差。因此注剂前北部注入压力为 10.3MPa，南部井起始注入压力为 11.6MPa，南部比北部高 1.3MPa；注剂后仍然由于南北之间物性差异上的存在，南部井保持较高的注入压力，目前平均注入压力为 15.0MPa，而北部井注入压力则相对较低，目前平均注入压力为 13.7MPa。两个区域由于使用了个性化的注入参数，北部井注入聚合物浓度为 1800mg/L，注入黏度为 30mPa·s，南部低渗区聚合物浓度由 1500mg/L 调整至 1200mg/L，

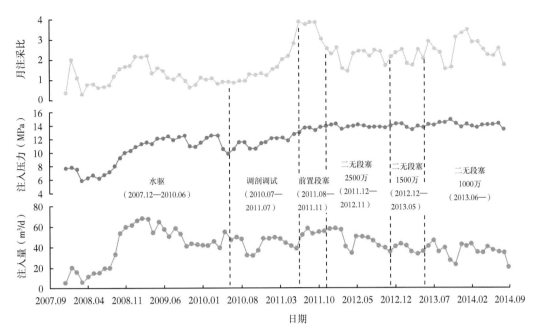

图 7-1 七中区二元驱注入变化曲线

使得目前整个试验区注入压力在平面上基本上保持平衡，注剂后注入压力上升幅度均为
3.4MPa。

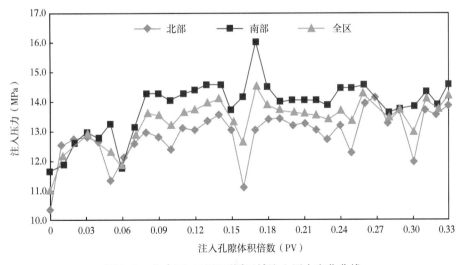

图 7-2 七中区二元驱不同区域注入压力变化曲线

同其他化学驱相比较，注入压力上升幅度小。2010 年 12 月全面注聚（含调剖调试），
井口注聚压力快速上升，压力上升幅度 1~2MPa，到 2011 年 3 月出现阶段性高值；此后注
入压力转为平缓上升，至目前压力上升幅度约 2~3MPa。与七东₁区克下组聚合物驱注入压

力对比，七中区二元驱试验区注聚压力上升幅度不大（图 7-3）。

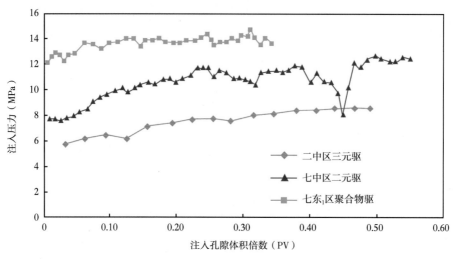

图 7-3　七中区二元驱与其他区块注入压力对比曲线

2）产液能力整体上呈下降趋势

从试验区平均单井产液量变化曲线看出（图 7-4），在前缘水驱的前中期，随着注入量的增加，产液量逐渐增加，达到整个生产过程中的最高值，区日产液量 823t，基本到方案配产的要求，注采也较为平衡。但是从前缘水驱末期开始，试验区产液量开始大幅度下降，对试验区二元驱的效果影响比较大。产液能力降低一是发生在前缘水驱末期，区日产液量从 823m³ 下降到 531m³，下降幅度达 35.5%，二是发生在调剖调试阶段，区日产液量从 594m³ 下降到 211m³，下降幅度 64.5%。

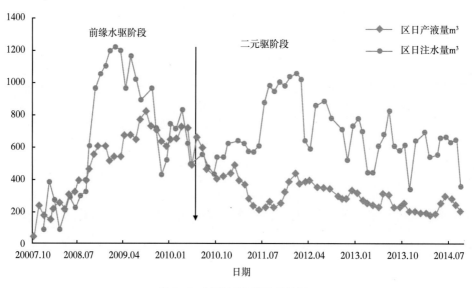

图 7-4　试验区注采量变化图

试验区北、南两个区域的产液量整体上呈下降的趋势,北部区域下降幅度大,南部产液量下降幅度小,北部单井日产液量高于南部(图7-5)。

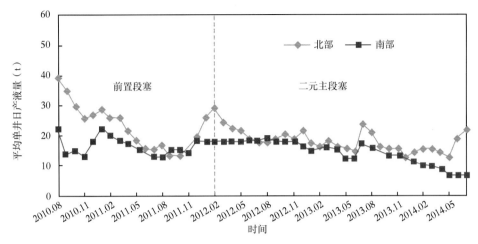

图7-5 试验区分区产液量变化图

与七东₁区聚合物驱和二中区三元驱对比,试验区采用污水注入,水驱阶段产液下降幅度大,其他区块采用清水注入,产液量基本保持稳定。在化学驱阶段,试验区与其他区块产液下降幅度符合化学驱生产规律(表7-1)。

表7-1 聚合物驱、二元及三元驱不同阶段产液量对比表

区块	化学驱类型	注入体系	渗透率(mD)	有效厚度(m)	水驱阶段日采液量(m³)			化学驱阶段日产液量(m³)			
					水驱前期	水驱中期	水驱后期	调剖期	前置段塞	主段塞	0.286PV
七中区	二元驱	污水	69.4	11.6	171.0	823.0	531.0	594.0	211.0	390.0	199.4
七东₁区	聚合物驱	清水	461.0	14.8	98.9	990.4	870.6	827.1	583.0	779.8	640.2
二中区	三元驱	清水	674.2	9.4	15.5	117.9	126.1	—	—	101.2	81.75

七中区二元驱主段塞已注入0.286PV,产液量从390.0m³下降到199.4m³,下降幅度59.2%。在相同注入孔隙体积(PV)条件下,七东₁区聚合物驱产液量下降幅度为29.3%,二中区三元驱产液量下降幅度为24.1%(图7-6)。

造成产液能力下降原因除了配钻停关注入井,减少注入量外,主要的影响因素有以下两个方面。

配方体系对产液能力的影响。通过大量物模试验建立了二元体系与油藏配伍性关系图版(图7-7),从图版中可以看出2500万相对分子质量的聚合物配伍有效渗透率下限为90mD,1000万分子量的聚合物配伍有效渗透率下限为40mD左右。七中区二元驱试验区平均渗透率为69.4mD,先后注入3000万、2500万、1500万、1000万相对分子质量的聚合物,前期高分子量的聚合物溶液对地层造成了一定的堵塞,后期再注入低分子量的聚合物溶液,并不能解除前期的堵塞,表现为注入压力稳中有升,供液能力不足,产液量下降。同时,乳化研

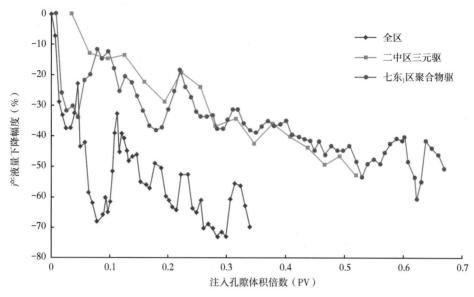

图 7-6　聚合物驱、二元及三元化学驱阶段单井产液量变化曲线

究表明，在合适的油水比条件下，地层水与原油形成油包水型乳状液，其稳定性、乳化程度与现场油井采出液中乳化层相似，对渗流能力也有一定的影响。二元体系与原油经过高速搅拌后形成水包油型乳状液，乳化程度较弱，对渗流速度的下降会有一定的影响，但对注入性和采出影响不大。因此，注入污水使得乳化性增强，渗流阻力增大，也会造成供液不足。

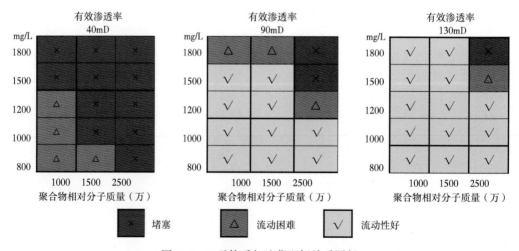

图 7-7　二元体系与油藏配伍关系图版

调剖对采液能力的影响。七中区二元驱试验区于 2010 年 7 月进行 7 口井调剖，累计注入调剖剂 34007m³，平均单井注入调剖剂 4860m³，压力平均上升 1.2MPa，14 口受效井产液量从 11992t 下降至 2645t，下降 77.9%，含水率从 88.4% 下降至 73.3%，下降 15.1 个百分点（图 7-8）。扣除相关调剖井的影响，其余 12 口井月产液量从 6425m³ 下降到 4997m³，下

降幅度 22.2%。七东₁区聚合物驱前 9 口注入井全部调剖，累计注入调剖剂 46322m³，平均单井注入调剖剂 5147m³，压力平均上升 2.2MPa，区块月产液量从 24813m³ 下降到 17052m³，下降幅度 31.3%，含水由 97.0% 下降至 95.8%，下降 1.2 个百分点。对比发现采用相同的调剖体系和强度条件下，七中区物性比七东₁区差，液量和含水下降幅度都比七东₁区大。七东₁区在聚合物驱阶段部分井又采用二次、三次调剖，取得了很好的效果。

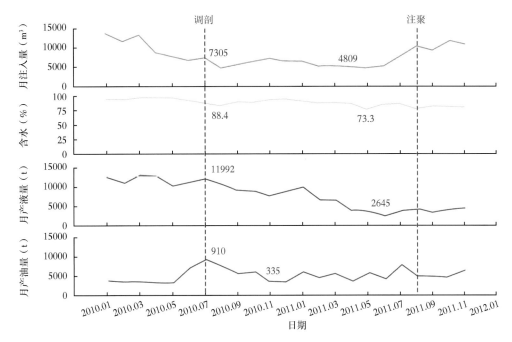

图 7-8　七中区二元驱试验区调剖井组开采曲线

3）化学剂过早突破，产出浓度高

2010 年 7 月进入调剖和调试阶段，由于调试阶段污水配制的聚合物溶液无黏度，注入时间将近一年，同时受污水的影响，调剖有效期比较短，使得聚合物过早突破。在前置段塞阶段，采聚浓度就达到 219.7mg/L，注入 0.06PV 时，产聚浓度迅速升高，最高达到 613.4mg/L。进入二元驱主段塞阶段，经过综合调控，试验区采剂浓度逐渐降低（图 7-9）。

从试验区分区产剂浓度看，南部区域由于水驱开发时间长，形成了一定的优势通道，注化学剂后很快见剂，且浓度较高，主段塞阶段经过两次调剖和封隔高产剂层，产聚、产表浓度大幅度下降；北部区域由于 4 口井相继套管变形报废后重新打更新井，更新井投产后产剂浓度先上升后下降，2013 年 5 月聚合物相对分子质量和浓度调整后，产剂浓度开始下降（图 7-10）。

七中区二元驱采剂浓度变化同七东 1 区聚合物驱和二中区三元驱比较，二元驱采剂浓度表现为见剂早且浓度高。通过调整，在注入 0.2PV 后，产聚、产表浓度与聚合物驱、三元驱基本接近，进一步说明二元驱开发初期污水水质不稳定对化学驱影响较大，后期经过曝氧、深度处理，达到注入水质要求，体系性能稳定，产剂浓度趋于正常（图 7-11）。

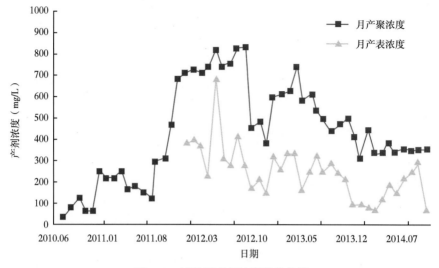

图 7-9　试验区产剂浓度变化曲线

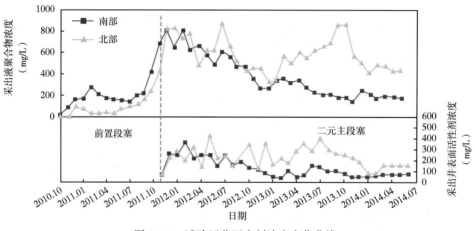

图 7-10　试验区分区产剂浓度变化曲线

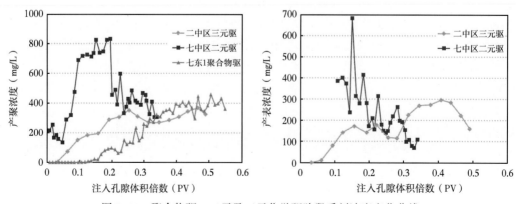

图 7-11　聚合物驱、二元及三元化学驱阶段采剂浓度变化曲线

4）地层压力不均衡

前缘水驱末由于注采不正常，导致注入压力平面上不均衡性加剧，2012年通过提高平衡区注入量，降低试验区内注入量，2013年上半年地层压力趋于平衡，但随着产液量的不断下降，注采比增大，2013年下半年区内地层压力不平衡性加剧（图7-12），通过调整，2014年上半年南北差异逐渐缩小，北部略有上升，上升了0.5MPa。

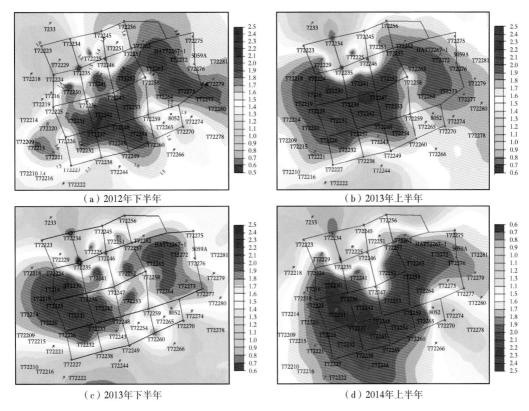

（a）2012年下半年　　　　　　　　　　（b）2013年上半年

（c）2013年下半年　　　　　　　　　　（d）2014年上半年

图7-12 地层压力系数平面分布图

七中区二元驱和七东₁区聚合物驱不同阶段采油井生产压差和注入井生产压差对比看，七东1区聚合物驱采油井、注入井生产压差逐渐增大，保持了一定的供液能力，确保驱油体系的流动。而七中区二元驱前缘水驱阶段采油井、注入井生产压差增大，供液能力强；调剖调试阶段采油井生产压差急剧增大，而注入井生产压差却减小；二元驱阶段采油井的生产压差有所下降，但注入井的生产压差继续降低，说明二元驱的流动性很差，导致供液不足，产液量低（图7-13、图7-14）。

七中区二元驱前缘水驱阶段，平均注采比为1.2，地层压力由13.2MPa上升至15.9MPa，保持程度由82.0%升至98.7%。七东₁区聚合物驱前缘水驱阶段，平均注采比为2.2，地层压力由10.5MPa升至11.9MPa，保持程度由64%升至72.3%。七中区进入化学剂注入阶段，平均注采比为2.6，地层压力由16.2MPa上升至18.3MPa，保持程度由100.6%升至113.7%。七东₁区聚合物驱与七中区注入相同孔隙体积时，平均注采比为1.3，地层压

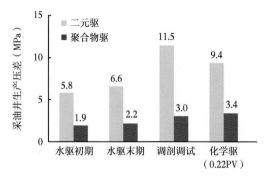

图 7-13　采油井生产压差对比图　　　　图 7-14　注入井生产压差对比图

力由 11.6MPa 升至 11.8MPa，保持程度由 70.7% 升至 71.9%。

从化学驱阶段压力变化特征看（图 7-15），七中区生产压差下降，这主要是采取压裂措施，增强了导流能力，但是受前期污染和配方不匹配的影响，产液指数变化不大，仍然存在流动困难，供液能力不足。

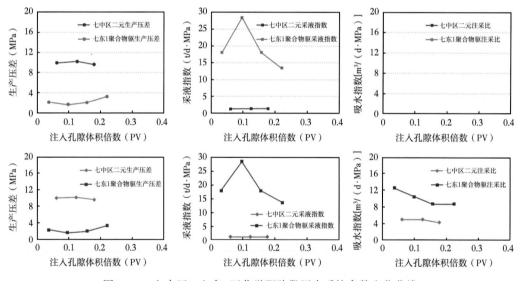

图 7-15　七中区、七东₁区化学驱阶段压力系统参数变化曲线

5）动用厚度减小

试验区注入剖面由水驱阶段 S_7^{3-1}、S_7^{3-2} 和 S_7^{3-3} 为主要吸水层段，随着化学体系的注入，主力层的吸水量变少，非主力层的吸水量增加，吸水剖面发生了"反转"，采出井开始见效，综合含水开始下降。但从小层产吸剖面对应看，水驱阶段剖面对应性很匹配，主要吸水层也是主要的产液层，注化学剂阶段注入剖面显示各小层能够正常注入，但是油井产液剖面各小层产液量与水驱相比明显减少，吸水和产液剖面的对应性变差，说明注入井和采出井间的渗流通道不通，不能对油井进行有效的供液（图 7-16）。

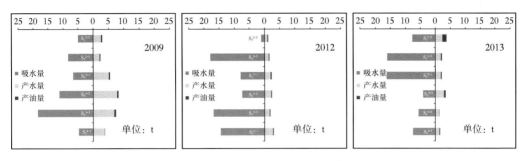

图7-16　七中区二元驱与水驱对比产吸剖面对比图

从试验区不同阶段不同区域剖面动用状况来看（图7-17），产液厚度比例基本都在60%以上。2010年北部井产液厚度比例较高，为79.7%，2013年南部井产液厚度相对较高为78.2%；但是油层产液厚度比例和油井的产液量结合起来看，油层60%的产液厚度和目前的产液量是不匹配的。因此，产液厚度比例来表示目前实际的油层动用状况是不符合生产实际的，在目前油水井渗流阻力大的情况下，各小层均有动用，但是实际有效的动用厚度很小。

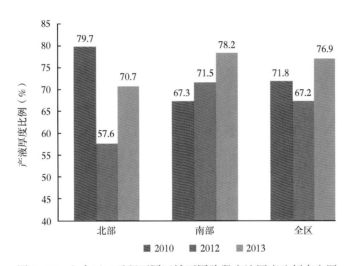

图7-17　七中区二元驱不同区域不同阶段产液厚度比例直方图

2. 二元驱调整前效果评价

1）二元驱降水效果明显

试验区从2010年7月开始调剖注剂以来，油井普遍见效，见效时间在3~8个月，平均4.9个月。油井见效以后，含水出现显著下降，部分井含水下降幅度超过20个百分点。因此，仅仅从含水变化的角度来说，二元驱效果明显，取得了很好的降水效果（图7-18）。在相同注入孔隙体系倍数下，七中区二元驱含水下降幅度高于二中区三元驱，低于七东$_1$区聚合物驱。

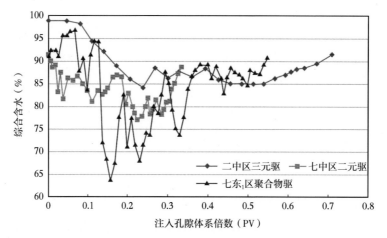

图 7-18 七中二元驱与其他区块对比含水变化曲线

　　试验区不同区域、不同类型采出井含水变化呈现出明显的差异性。首先，从不同类型井含水变化来看（图7-19），试验区中心井含水下降幅度小，而边角井含水下降幅度大，降水效果明显。按照正常化学驱含水开发指标变化规律来讲，应该是中心井受化学剂供液方向数多，含水下降幅度大，边角井主要是双向或是单向受效，含水下降幅度小。

　　七中区二元驱试验区含水出现了与正常化学驱不一样的动态现象，分析原因主要是由于以下两个方面：一是中心井在井网构成上有四个方向供液，水驱过程中多向受效，但由于体系与储层的弱配伍性，储层中低渗透流通道速度更慢，甚至损失，使得二元驱阶段中心井油层的实际连通方向上仍然以单向和双向供液为主，另一个边角井受外围水驱影响，驱替效果较好，如7233井注水后，角井T72223及边井T72234增油效果明显，使边角井见效明显。

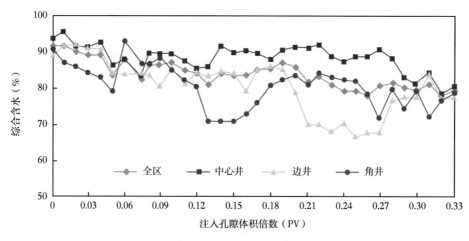

图 7-19 七中区二元驱不同类型井含水变化曲线

　　其次，从不同区域井含水变化来看（图7-20），试验区南部井含水下降幅度小，而北部井含水下降幅度大，降水效果明显。主要是构造和试验区南北水驱后水洗程度引起的。试验区南部从 1956 年开始水驱开发，北部则是从 1986 年开始水驱开发，因此南部水驱开发时间长、采出程度高、油层水淹严重，化学驱试验投产后，油井就表现出综合含水高；北部井由于水驱开发时间短，又处在试验区构造的高部位，采出程度低，进入二元驱后，北部井含水下降幅度大，增油效果明显，南部井含水下降幅度小。

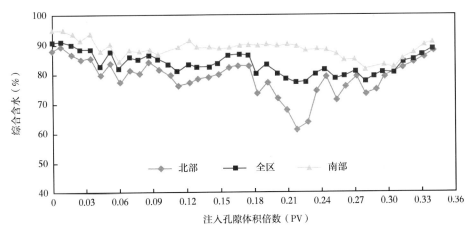

图 7-20 七中区二元驱不同区域井含水变化曲线

2）二元驱增油倍数

七中区二元驱平均单井增油倍数基本上保持在 1 倍左右，远低于七东₁区聚合物驱单井见效阶段增油倍数（3 倍以上）（图 7-21）。究其原因，虽然七中区二元驱含水下降幅度低于七东₁区聚合物驱，但是七中区二元试验区注化学剂后产液量下降幅度大，造成单井产液量低，从而在相同的含水下降幅度，增油倍数降低。

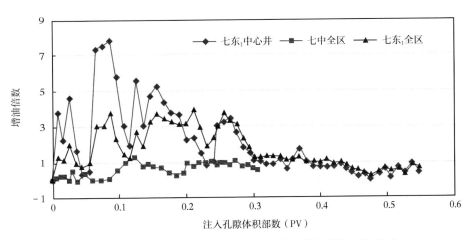

图 7-21 七中区二元驱与七东₁区聚合物驱增油倍数对比曲线

3）阶段提高采出程度

试验区从 2010 年 7 月调剖注聚以来，已累计生产原油 6.8×10⁴t，阶段提高采出程度 5.6%，完成方案预测提高采收率（15.4%）的 36.4%。

二、二元驱调整后开发状况

1. 调整后开发特征

1）注入压力

8 注 13 采试验区 2014 年 9 月（0.33PV），在配方调整的基础上单井平均日注量由 45m³ 调整为 30m³，注入压力逐渐下降，由 13.6MPa 下降到目前的 12.3MPa，下降了 1.3MPa，下降幅度为 9.5%（图 7-22）。试验区南部 2014 年 9 月（0.33PV）转入后续水驱，单井平均日注量由 30m³ 调整为 20m³，注入压力逐渐下降，由 14.4MPa 下降到 10.8MPa，下降了 3.6MPa，下降幅度为 25.0%（图 7-23）。2016 年 9 月（0.48PV）实施分注，注入压力回升，目前平均注入压力为 13.2MPa。

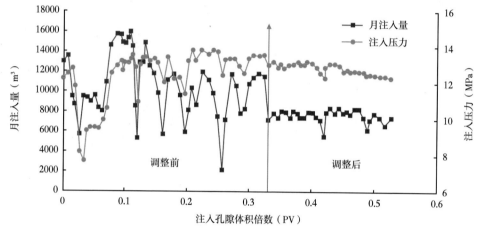

图 7-22　七中区二元试验区 8 注 13 采月注入曲线

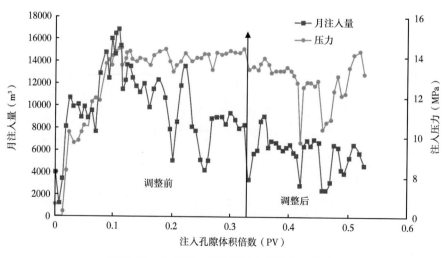

图 7-23　七中区二元试验区南部月注入曲线

2）产液状况

8注13采试验区2014年9月调整后，产液量仍然呈缓慢下降趋势，区日产液量由111m³下降到73.4t，下降幅度为33.9%，单井日产液量由6.9t下降到4.6t。产油量增幅明显，区日产油量由25.7t最高上升到54.6t，油量增加了2.1倍，目前区日产油29.9t，单井日产油量由1.6t最高上升到3.4t，目前单井日产油1.9t。含水下降幅度较大，区含水由76.8%下降到54.8t/d，下降了22个百分点（图7-24）。

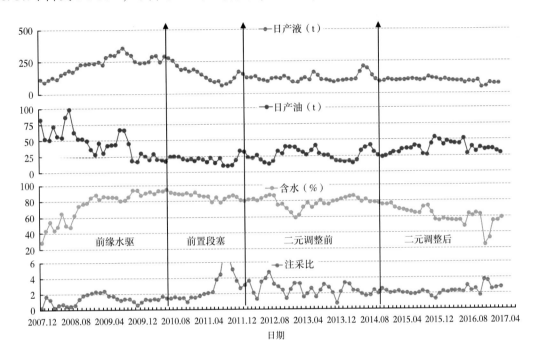

图7-24 七中区二元试验区8注13采生产曲线

试验区南部2014年9月转入后续水驱后，产液量呈上升趋势，区日产液量由88.8m³上升到122.8t，上升幅度为38.2%，单井日产液量由6.3t上升到8.2t。产油量稳中有升，区日产油量8.8t最高上升到24.7t，油量增加了2.8倍，目前区日产油17.5t，单井日产油量由0.6t最高上升到1.8t，目前单井日产油1.2t。含水在90%左右窄幅波动，目前含水85.7%（图7-25）。

七中区二元驱注剂初期配方体系与储层的配伍性差，渗流阻力大，月产液下降幅度较大。调整前，北部8注13采区域液量下降幅度为65%，南部区域液量下降幅度为75%，超过二中区三元驱（36.5%）和七东1区聚合物驱（34.5%）。调整后，北部8注13采区域液量基本保持稳定，后期由于关停高含水、高产聚井造成液量下降，南部转水驱后，液量开始恢复，目前下降幅度为63.4%（图7-26）。由此可以看出，油层堵塞问题仍然存在，即使转注水，仍然处于低液水平生产。

七中区二元驱注剂很快见效，含水开始下降，北部8注13采含水下降最大值为30个百分点，南部含水下降最大值为10个百分点。调整后，北部8注13采含水继续下降，含水下

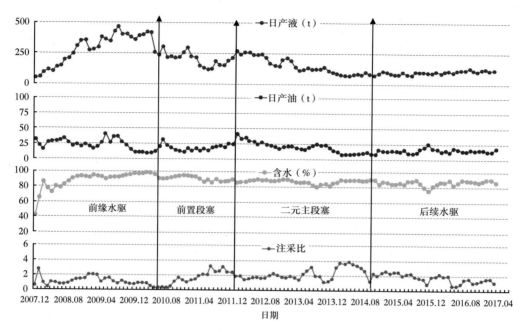

图 7-25　七中区二元试验区南部生产曲线

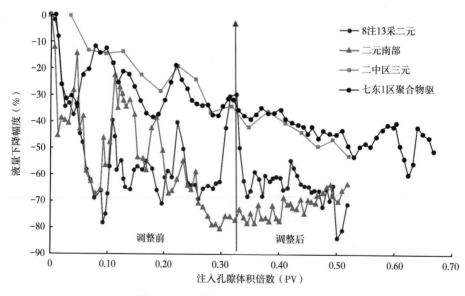

图 7-26　不同化学驱液量下降幅度对比

降最大值超过 40 个百分点，南部转水驱后，含水有一定回升，目前含水下降值在 5 个百分点左右。在相同注入 PV 下，北部 8 注 13 采二元驱含水下降幅度高于聚合物驱和三元驱，而南部二元驱含水下降幅度低于聚合物驱和三元驱（图 7-27）。

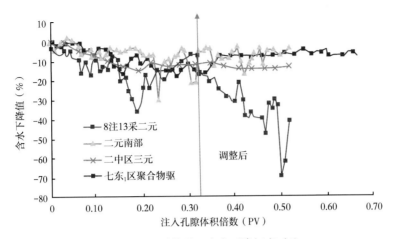

图 7-27　不同化学驱含水下降幅度对比

3）产剂状况

多次配方调整后，8 注 13 采试验区注入压力、化学剂产聚浓度持续下降，油井氯离子浓度有所上升，试验区生产情况逐渐变好。扣除 3 口剂窜井，试验区平均产聚浓度从 2014 年 8 月前的 120~640mg/L 下降为目前的 35~520mg/L，产聚浓度下降幅度较大，且趋于正常范围（图 7-28）。西北部和南部油井氯离子浓度有所上升，说明该区域波及体积有一定的扩大（图 7-29）。

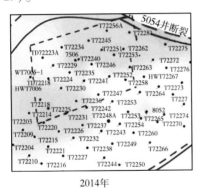

2014年

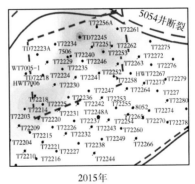

2015年

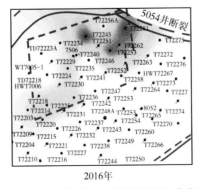

2016年

图 7-28　不同阶段产聚浓度平面分布图

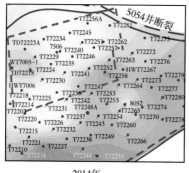

2014年

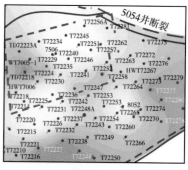

2015年

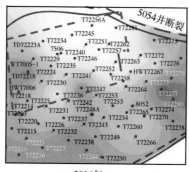

2016年

图 7-29　不同阶段氯离子浓度平面分布图

4）动用状况

通过对 2014—2016 年产液剖面（图 7-30）对比分析，可见吸水剖面变化不大，采液剖面逐年均匀，动用程度逐年提高、注采动用对应状况较好。采油井 2014 年层数动用程度为 63.6%，2016 年层数动用程度为 73.7%，提高了 10.1 个百分点，2014 年厚度动用程度为 56.1%，2016 年厚度动用程度为 72.3%，提高了 16.2 个百分点。注入井 2014 年层数动用程度为 68.5%，2016 年层数动用程度为 70.4%，提高了 1.9 个百分点，2014 年厚度动用程度为 69.5%，2016 年厚度动用程度为 74.3%，提高了 4.7 个百分点。

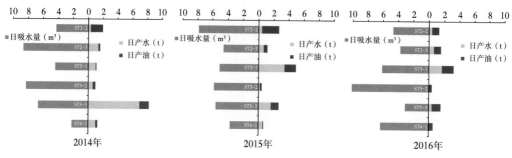

图 7-30　不同阶段剖面动用状况

5）压力状况

试验区南北地层压力差异大，调整前北部 8 注 13 采试验区地层压力较低（8.0MPa），南部改注水区域地层压力较高（14.9MPa）。油藏北部通过多次注入体系调整及补层压裂引效，地层压力逐步回升，南部通过平衡注水，地层压力逐步下降，全区地层压力分布逐渐趋于平衡。目前 8 注 13 采试验区地层压力为 11.05MPa，南部改注水区域地层压力为 14.6MPa（图 7-31）。但由于前期聚合物堵塞，区块液量未恢复，注采失衡，局部压力分布依然不均，油井压力及产液能力差异较大（图 7-32）。

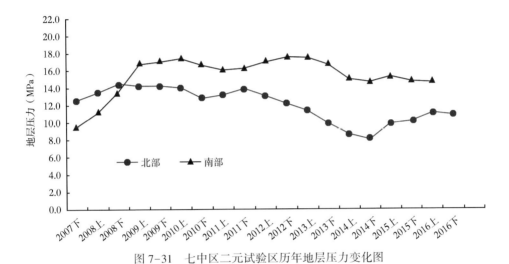

图 7-31 七中区二元试验区历年地层压力变化图

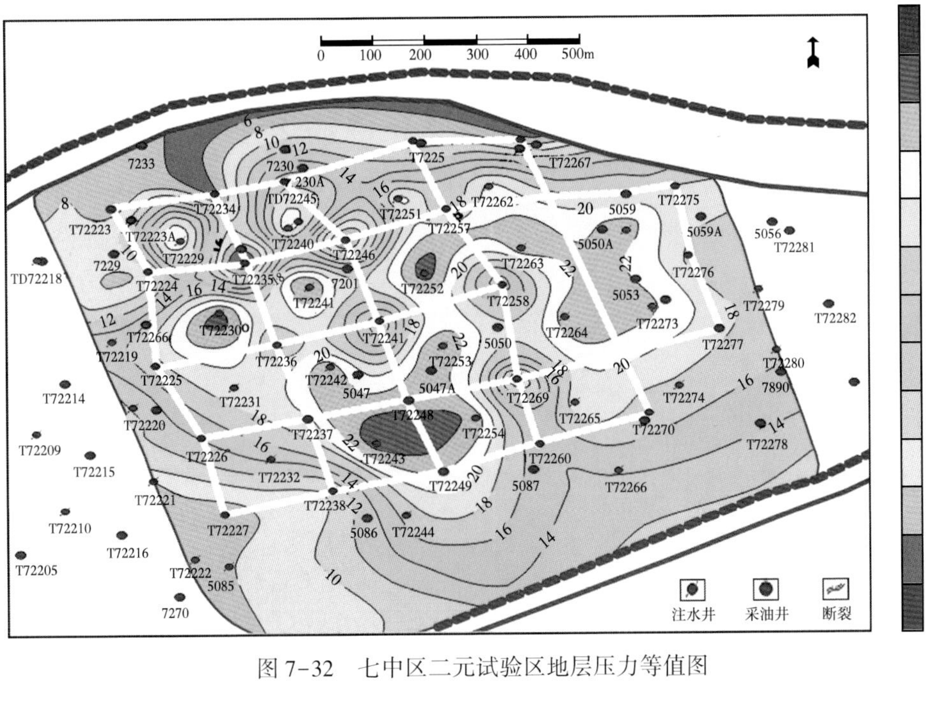

图 7-32 七中区二元试验区地层压力等值图

2. 调整后二元驱开发效果评价

1）采油速度大幅度提升

七中区注剂后见效速度很快，采油速度提高。注剂前采油速度为 0.71%，注剂后采油很快达到 2.8%，之后下降到 0.96%，经过注采调控和配方体系调整后，达到见效高峰，采油速度最大为 3.6%，目前仍在见效期，采油速度为 2.1%。采液速度从最高 11.8% 下降到目前的 5.0%，下降幅度 57.6%。同七东 1 区聚合物驱相比较，二元驱调整前采油速度与聚合物驱相当，调整后采油速度明显高于聚合物驱，采液速度下降幅度与聚合物驱基本相当，七东 1 区聚合物驱采液速度下降幅度 51.9%（图 7-33）。

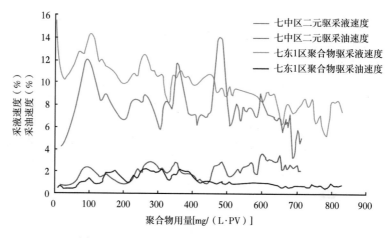

图 7-33　不同化学驱采液采油速度变化曲线

2）注剂存聚率高

从二元驱注剂过程中的存聚率变化趋势可以看出（图 7-34），二元驱初期配方体系与储层的配伍性差，出现剂窜现象，采聚、采表浓度高，存聚率快速下降，存表率低，之后经过

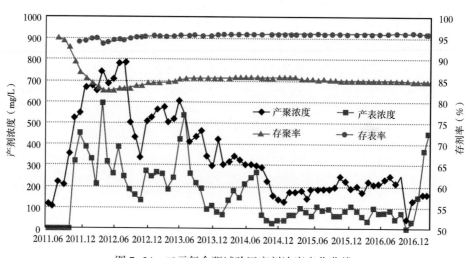

图 7-34　二元复合驱试验区产剂浓度变化曲线

综合治理及配方体系调整，存聚率回升，保持在 85% 以上，存表率回升后，一致保持在 95% 以上。

3）吨剂增油效果较好

吨剂增油分析对比时，将七中区二元驱表面活性剂按照聚合物价格折算为聚合物当量，二元驱在聚合物用量达到 713mg/（L·PV）时，吨剂增油 26.3t/t，同二中区三元复合驱相当，低于聚合物驱（图 7-35）。

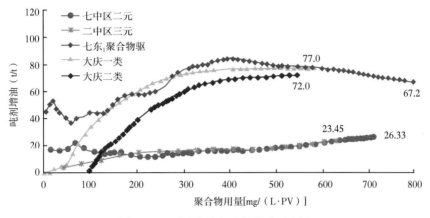

图 7-35 不同化学驱吨剂增油对比图

4）提高采收率幅度大

试验区北部储层物性好，提高采收率幅度大，南部储层物性差，提高采收率幅度小，2014 年 9 月注入 0.33PV 化学剂后转入水驱。截至 2017 年 3 月试验区已注入 0.5PV 化学剂，提高采收率 9.5%，其中试验区北部提高采收率 13.4%，试验区南部提高采收率 6.5%。在相同的注入孔隙体积倍数下，七中区二元驱试验提高采收幅度在七东₁区聚合物驱和二中区三元复合驱提高采收率之间（图 7-36）。

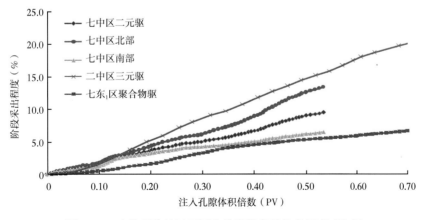

图 7-36 克拉玛依油田不同化学驱提高采收率幅度对比图

第三节　主要经验和认识

按照"集成配套、攻关完善"工作思路，通过二元复合驱试验攻关研究，技术不断创新发展，逐步形成了较为完善的六项关键技术系列（图7-37）。

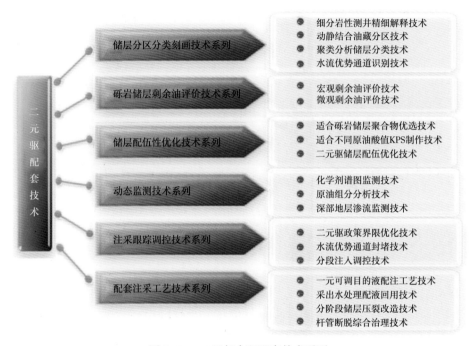

图7-37　二元复合驱配套技术系列

一、砾岩油藏分区分类精细刻画技术

新疆准噶尔盆地砾岩油藏属于多旋回的山前陆相盆地边缘沉积（图7-38），为多物源、多水系、多变的山麓洪积扇沉积，形成了多类型、窄相带的复模态孔隙结构特征碎屑岩体

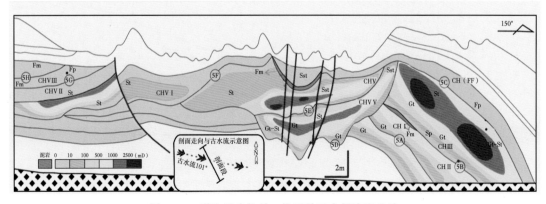

图7-38　露头反映的单一构型单元内部渗流差异

系，储层以其特高非均质性和复模态孔隙结构区别于砂岩储层。

同一油藏平面上相变快，导致不同成因砂体连通关系复杂、物性差异大；不同成因砂体内部物性差异大，表现为砂体顶、底物性差，中部物性好，高渗透位置变化快。为了提高二元驱油配方体系的储层适应性，需要在细分岩性储层精细解释的基础上，开展储层分类研究，再结合油藏动态开发特征，开展油藏分区研究（图7-38）。

1. 细分岩性测井精细解释技术

针对砾岩储层岩性复杂，建立细分岩性储层分类流程及分类标准，形成了多参数储层分类定量划分方法，开展储层分区分类。建立细分岩性测井解释模型，精度由80.7%提高到95.2%（图7-39）。

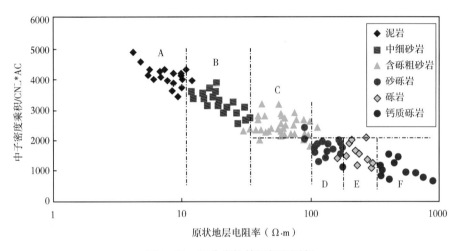

图7-39 细分岩性储层解释图版

2. 动静态结合油藏分区技术

通过"沉积类型、泥质含量和渗透率"三种静态参数与"开发效率、地层压力和含水率"三种动态参数结合建立油藏分区标准，将七中区二元试验区分为两个区，试验区北部油层厚度为14.6m，渗透率为94.8mD，地质储量为54.0×10⁴t；南部中心井区油层厚度为13.0m，渗透率为46.9mD，地质储量为66.8×10⁴t（表7-2，图7-40）。

表7-2 七中区克下组油藏分区标准

分区	静态参数			动态参数		
	沉积类型	平均泥质含量（%）	平均渗透率（mD）	见效率（%）	地层压力（MPa）	含水（%）
北部	辫流水道	<5	50~100	>90	<14.0	90~95
南部	辫流水道—漫洪砂体	5~10	<50	80~90	14.0~15.0	85~90

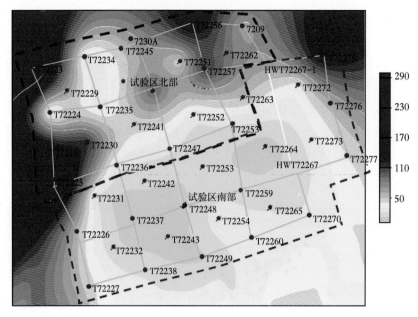

图 7-40　试验区油藏分区图（含平面渗透率分布）

3. 聚类分析储层分类技术

七中区克下组油藏是典型的砾岩油藏，砾岩储层具有"孔大喉小"的微观特征，平均孔隙半径为 115μm，平均喉道半径为 3μm（图 7-41）。从典型取心井综合柱状图可以看出，层间层内岩性和物性变化都比较大。针对储层微观孔隙结构复杂特点，建立了以物性、孔喉模态特征、黏土矿物为核心的二元驱储层精细分类标准。针对砾岩储层岩性复杂，孔喉分布宽的特征，通过细分岩性，精细测井解释，通过微观与宏观结合，采用了孔喉模态分析技术，在物性参数、毛细管压力参数的基础上考虑岩石和孔喉类型对相同类型储层进行分析，建立储层分类标准，将砾岩储层按微观孔隙结构分为四大类（Ⅰ类、Ⅱ类、Ⅲ类、Ⅳ类）（表 7-3）。

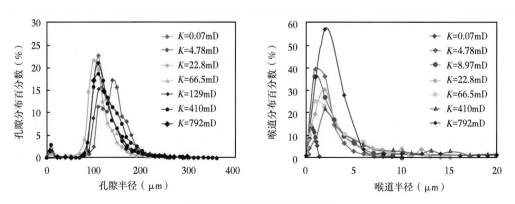

图 7-41　储层微观孔喉特征

表7-3 砾岩油藏二元驱储层精细分类标准

类别	物性参数			毛细管压力参数		岩石类型	主要模态类型	空间网络特征	黏土主要类型
	孔隙度（%）	渗透率（mD）	泥质含量（%）	平均孔隙半径（μm）	主流喉道半径（μm）				
I	>17	>100	<5	>120	>5	含砾粗砂岩、小砾岩	大孔大喉	稠密	高岭石、伊利石
II	15~17	50~100	5~10	120~110	2~5	砾质砂岩、砂砾岩	大孔中喉	中等	绿泥石、高岭石
III	11~15	30~50	10~15	80~110	0.5~2	砂砾岩、砾岩	中孔细喉	稀疏	伊利石、高岭石
IV	<10	<30	>15	<80	<0.5	粉细砂岩、泥质砂岩	小孔微喉	非网络	伊/蒙混层、伊利石

4. 水流优势通道识别及封堵技术

在储层分类的基础上，通过综合动态特征、PI指数、试井、生产测井、井间示踪剂监测、综合参数法，形成了一套各种优势互补的水流优势通道识别配套技术，对I类储层内部进行水流优势通道识别。

定量刻画三级水流优势通道，一级优势通道动用厚度为20.9%，但分流比例占37.7%，优势通道主要发育在试验区西部的S_7^{3-3}、S_7^{4-1}层，需要调剖封堵（表7-4）。

表7-4 前缘水驱阶段优势通道识别结果

通道类型	平均速度（m/d）	分流比例（%）	等效厚度（m）	动用比例（%）	等效渗透率（mD）	通道体积（m³）
一级优势通道	20.6	37.7	0.4	20.9	2168	501.8
二级优势通道	12.6	7.6	0.4	22.7	987.5	597
三级优势通道	4.8	6.6	0.5	32.4	524	819

根据不同水流优势的特征，绘制出不同储层适应的配方组合强度图版（图7-42），研发了两类调剖体系（图7-43），封堵优势通道，控聚提效。

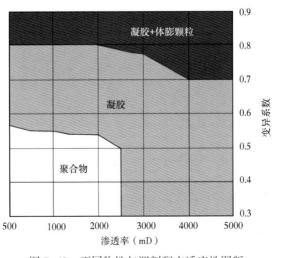

图7-42 不同物性与调剖配方适应性图版

  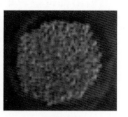

有机铬凝胶体系　　　　　　　颗粒类堵剂　　　　　　　缓膨颗粒

图 7-43　七中区克下组油藏调剖组合体系图

规模调剖与典型井多轮次调剖相结合，现场采用 5 个段塞注入，封堵优势通道。单井调剖剂 5329m³，调剖后注入压力上升 1.7MPa，有效抑制了化学剂窜进，化学剂浓度下降了 25.0%，含水下降了 3.5%。

二、砾岩油藏剩余油定量表征技术

通过油藏分区、单砂体刻画、细分岩性水淹层解释等手段，从宏观和微观角度分析研究，形成了"模式指导、砂体刻画、过程跟踪"的宏观及"结构表征、分级量化、分类描述"的微观剩余油定量评价方法，从宏观和微观角度分析研究。

1. 宏观剩余油定量评价技术

宏观剩余油主要受砂体构型特征及井网控制程度影响，剩余规律差异较大，根据单砂体接触关系、渗流地质差异建立了冲积扇扇根片流带剩余油分布模式（图 7-44），冲积扇扇中扇缘剩余油分布模式（图 7-45）。七中区克下组二元试验区底部层位的扇根相属于砂砾岩泛连通体，受长期水刷影响，存在底部水淹特征，水淹程度强，剩余油饱和度低，剩余油主要

（a）剩余油平面分布模式

（b）剩余油剖面分布模式

主槽　片流　高能水道　漫流带　未沉积　片流朵体骨架水窜通道　剩余油富集体

低能水道　流沟　水驱运动方向　植物　注水井　采油井　片流流线

图 7-44　扇根片流带剩余油分布模式

分布在中上部扇中相带主力小层中；层内剩余油主要分布在砂体顶部油层。顶部扇缘砂体规模小，井网控制程度低，整体水淹较弱。平面上剩余油差异也较大，试验区北部剩余储量大，南部小。

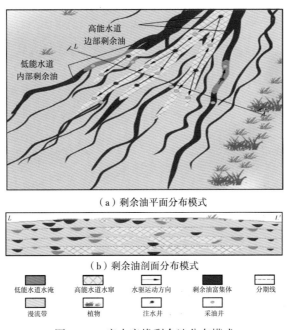

（a）剩余油平面分布模式

（b）剩余油剖面分布模式

图 7-45　扇中扇缘剩余油分布模式

通过人机交互方式实现单砂体自动对比、工业制图、嵌入式三维建模，结合单砂体产量批分，将剩余油细化到单砂体级别，剩余油预测符合率由82%提高到90%（图7-46、图7-47）。

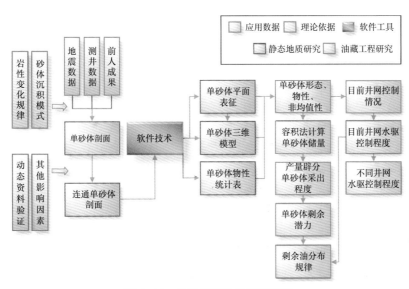

图 7-46　单砂体剩余油表征流程

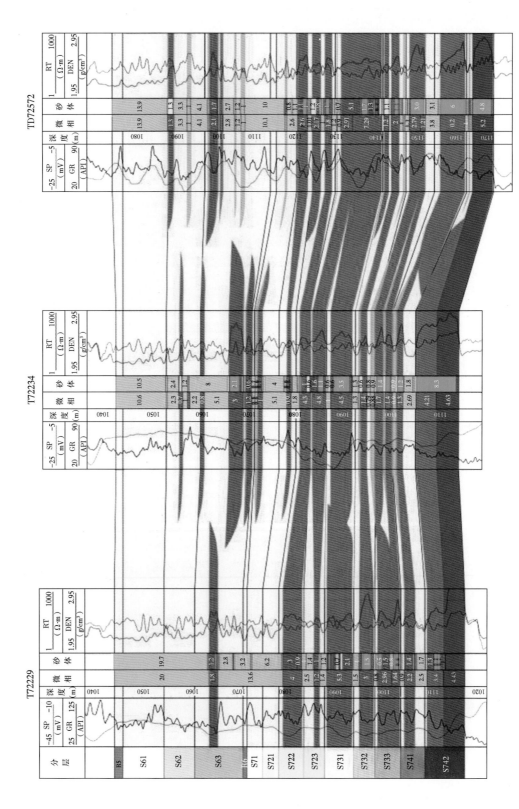

图 7-47　多资料叠合人机交互剖面对比

2. 微观剩余油定量评价技术

为了研究天然岩心在被不同驱替体系驱替后的微观剩余油的分布情况，应用紫外荧光体式显微镜（图7-48）开展剩余油观测。在紫外荧光体式显微镜上安装高压汞灯作为观测光源，通过汞灯发射紫外荧光。当紫外荧光照到含油薄片上时，会发出荧光。能够区分油、水、岩的原理在于，原油中的胶质沥青质等成分在紫外荧光的激发下会发出黄色、黄绿色、土黄色或褐色荧光，而水

图7-48 紫外荧光体式显微镜

相中的溶解物质如少量芳香烃等在紫外荧光下发出微弱蓝色荧光，根据水相成分及浓度，颜色会浓淡不一。而岩石在紫外荧光的照射下并不会发光，也不会激发出其他颜色，因此与水相及油相很容易区分。利用此原理，通过观察发光部位即可轻松辨别油、水、岩三者，并使用专业剩余油分析软件进行微观剩余油的定性及定量分析。

该方法有效地将岩心微观孔隙中的流体实现了可视化分析且保证了能够准确区分油、水、岩三者，在检测无机矿物的同时，也能观察检测孔隙中的原油或有机质。同时该技术需配合冷冻制片技术，以保证岩心薄片能够保持且不破坏岩石及其孔隙内原油等的真实状态。

水驱后微观剩余油受孔隙结构影响，主要分布在 $0.1 \sim 5\mu m$，占剩余油总量的79.4%，取心井显示水驱后剩余油饱和度平均为48.1%，剩余油以簇状、颗粒吸附状为主（图7-49、图7-50）。

二元复合驱通过提高微观波及和降低界面张力，实现对水驱后簇状和颗粒吸附状剩余油

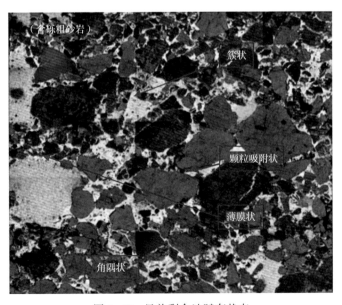

图7-49 目前剩余油赋存状态

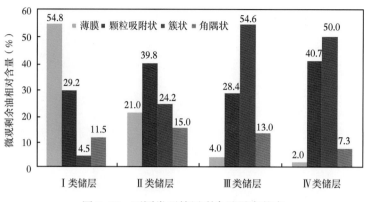

图 7-50 不同类型储层剩余油赋存状态

的启动，二元驱后剩余油饱和度下降至 24.3%（图 7-51、图 7-52）。

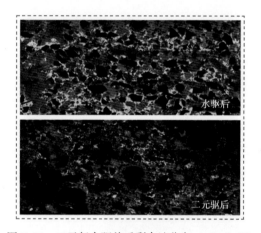

图 7-51 二元复合驱前后剩余油分布（153.5mD）

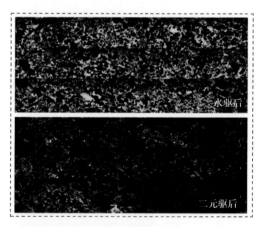

图 7-52 二元复合驱前后剩余油分布（87.8mD）

三、注采跟踪调控技术

1. 砾岩油藏"梯次注入、分级动用"二元驱新模式

室内多层并联物模实验研究表明梯次降黏注入方式，波及范围最大、驱油效率最高，提高采收率幅度比单一体系高 7.0 个百分点。动态驱替下的 CT 扫描分析认为，二元驱初期注入的高分子高浓度体系"胶团"后，大部分"胶团"驱替砾岩储层中粗喉道内的剩余油，但仍有小部分"胶团"由于"贾敏效应"，滞留在细长喉道端口处，使该位置呈现动态平衡；二元驱中后期，当中粗喉道内的剩余油被驱替完，实施梯次降黏注入后，导致压力波动，逐步呈现"蓄能憋压、压力场重构"的态势，从而打破细长喉道端口处的动态平衡，滞留在细长喉道端口处的高分子高浓度体系"胶团"松动、脱落，在压力场引导下进入中粗喉道内，而低分子低浓度体系"胶团"进入细长喉道内驱油，实现细长喉道的有效动用，该过程揭示了不同类型储层的动用机制。依此为基础，创建了高分子高浓度、强乳化的驱油体系以"调堵为主"动用高渗透层，然后通过"梯次降分降黏"注入，中低分子中低浓度、

适度乳化的驱油体系以"调驱为主"动用中低渗透层,最终创建了适合砾岩油藏的"梯次注入、分级动用"二元驱新模式。

2. 全过程注采调控

利用二元驱新模式指导矿场实践,在储层分类的基础上,明确各类型储层相应配方(表7-5)。根据储层配伍图版和剩余油潜力,设计与各类型储层相匹配的配方。在调剖见效的基础上,根据见效特征,注入驱油体系的分子量和浓度按照由强到弱的"梯次注入"方式,扩大波及范围,依次提高大、中、小不同孔喉动用程度,从而实现不同储层类型内剩余油的"分级动用"。

表7-5 七中区克下组分类储层二元驱段塞设计

储层类型	孔隙类型	剩余油饱和度(%)	剩余地质储量(10^4 t)	前置段塞	二元初期 主段塞1	中期配方 主段塞2	高峰期 主段塞3	后续段塞
I类	大孔大喉	0.380	7.2	P:2500万,1500mg/L,0.06PV	P:2500万,1500mg/L,S:3000mg/L,0.09PV			
II类	大孔中喉	0.406	10.9			P:1500万,1200mg/L,S:3000mg/L,0.21PV		
III类	中孔细喉	0.446	8.6				P:1000万,1000mg/L,S:2000mg/L,0.32PV	P:1000万,1000mg/L,0.10PV
IV类	小孔微喉	0.554	6.7					

随着二元复合驱体系的注入,油井生产曲线逐渐呈现产油含水剪刀的趋势。在排除井况、开采政策界限等因素外,选择日产油、含水和氯离子作为关键参数,判断梯次注入的转换时机。表7-6为七中区克下组油藏无碱二元驱试验的实际梯次注入时机统计。

表7-6 二元复合驱试验实际梯次注入时机统计

时间	注入孔隙体积数	二元驱试验调整记录	体系类型	驱替储层类型
2011年11月	0.10	聚合物相对分子质量:2500万;聚合物浓度:1500mg/L;表面活性剂浓度:0.3%	高分子高浓度	I类
2012年11月	0.18	聚合物相对分子质量:2500万→1500万;聚合物浓度:1500→1200mg/L;表面活性剂浓度:0.3%	中分子中浓度	II类
2013年9月	0.34	聚合物相对分子质量:1500万→1000万;聚合物浓度:1200→1000mg/L;表面活性剂浓度:0.3%→0.2%	低分子低浓度	III类

在此过程中，为了达到方案设计提高采收率目标，二元复合驱不同阶段均制定相应的合理开采政策界限和对策，形成了以初期封堵通道、动用高渗透层，见效高峰期扩大波及、动用中低渗透层为目标的全过程注采调控技术。

3. 典型井分级动用特征

根据中心井 T72247 生产曲线特征（图 7-53），前置段塞阶段注入高分子高浓度体系后，该井日产液量出现大幅波动，日产油量处于缓慢上升，日产油由前缘水驱末的 0.8t 上升至前置段塞阶段的 1.0t，含水出现波动式下降，由 95.2% 下降至 92.0%。但同井组注入压力快速上升，由 9.0MPa 上升至 14.0MPa。

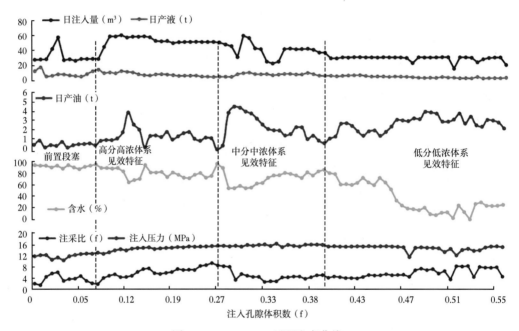

图 7-53　T72247 二元驱生产曲线

二元主段塞初期，注入高分子高浓度体系（表 7-5、表 7-6）后，4 个月后开始见效，日产液量缓慢下降，日产油量快速上升，由 1.0t 最高上升至 3t，含水下降至 80% 后快速上升，注入压力保持平稳。见效特征显示出，注入的高分子高浓度体系驱替的是"大孔大喉"的 I 类储层，该类储层也是水驱的主力储层，通过长期水驱后剩余油已所剩无几，因此见效呈现"见效快，失效也快"特征，后期尽管仍注入一定孔隙体积倍数的高分子高浓度体系，虽然注入压力稳步提升至 15.1 MPa，但再也没出现见效特征，日产油下降至 0.8t。按照"梯次注入、分级动用"新模式进行了驱油体系的转换，注入中分子中浓度体系后，3 个月开始见效，日产油量快速上升，由 0.8t 最高上升至 4t，含水下降至 75% 后缓慢上升，注入压力呈现小幅度波动。见效特征显示，注入的中分子中浓度体系主要驱替的是"大孔中喉"的 II 类储层，该类储层水驱有部分波及，但不是水驱的主力储层，其内部剩余油富集，因此见效呈现"油量增幅大，含水低值维持时间长"特征。当满足注入时机转换原则后，注入低分子低浓度体系后，日产油量平稳上升，由 0.8t 最高上升至 3.5t，但含水稳步下降超过了

60 个百分点，最低至 15.0%，且维持时间很长。见效特征显示，注入的低分子低浓度体系主要驱替的是"中孔细喉"的Ⅲ类储层，该类储层水驱未曾波及，其内部剩余油富集，赋存状态以簇状为主，低分子低浓度体系进入后驱油才呈现"超低含水"特征，但由于该类储层的孔隙体积较小，因此体现出日产液量较低。二元驱全过程中，通过注入段塞分子量和浓度的梯次降低，储层分级动用特征明显。

根据不同物性储层的采油速度统计表明，见效高峰期 30~50mD 储层采油速度均可提高至 1.0%（图 7-54）。动用下限较筛选标准 50mD（表 7-7）进一步降至 30mD，从而拓宽了砾岩储层化学驱动用物性界限。

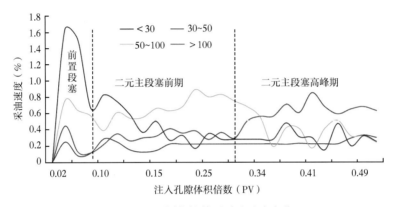

图 7-54 不同物性储层采油速度变化

表 7-7 复合驱原有筛选标准

筛选参数	油藏条件好	油藏条件较好	油藏条件一般	油藏条件较差	油藏条件差
	0.8~1.0	0.6~0.8	0.4~0.6	0.2~0.4	0~0.2
油层温度（℃）	<55	55~70	70~85	85~100	>100
二价离子含量（mg/L）	<50	50~150	150~500	500~2000	>2000
地层原油黏度（mPa·s）	5~25	3~5	2~3	1~2	<1
		25~50	50~100	100~300	>300
空气渗透率（mD）	500~2000	200~500	100~200	50~100	<50
		2000~4000	4000~6000	6000~8000	>8000

参 考 文 献

程杰成，王德民，吴军政，等．2000．驱油用聚合物的分子量优选［J］．石油学报，21（1）：102-1060．

高树棠，苏树林，张景纯，等．1996．聚合物驱提高石油采收率［M］．北京：石油工业出版社，38-46，150-151．

郭尚平，黄廷章，胡雅礽．1990．仿真微观模型及其在油藏工程中的应用［J］．石油学报，11（1）：49-54．

韩培慧，董志林，张庆茹．1999．聚合物驱油合理用量的选择［J］．大庆石油地质与开发，18（1）：40-41．

韩显卿．1996．提高采收率原理（2版）［M］．北京：石油工业出版社，1-3，32-42．

韩显卿，汪伟英，徐英．1995．孔隙介质中HPAM的粘弹特性及其对驱油效果的影响［C］//国际石油工程会议．

侯军伟，芦志伟，焦秋菊，等．2016．新疆油田复合驱过程中的乳状液类型转变［J］．油田化学，33（1）：112-115．

胡博仲．1997．聚合物驱采油工程［M］．北京：石油工业出版社，70-72．

胡夏唐．1997．砂砾岩油藏开发模式［M］．北京：石油工业出版社，195-197．

黄廷章，于大森．2001．微观渗流力学实验及其应用［M］．北京：石油工业出版社，16-18．

姜言里，韩培慧，孙秀芝．1995．聚合物驱油经济最佳用量的优选［J］．大庆石油地质与开发，14（3）：47-51．

李世军，杨振宇，宋考平，等．2003．三元复合驱中乳化作用对提高采收率的影响［J］．石油学报，24（5）：71-73．

李先杰．2008．多孔介质中的油水乳化及其对采收率的影响［D］．中国石油大学（北京）．

卢祥国，高振环，赵小京，等．1996．聚合物驱油后剩余油分布规律研究［J］．石油学报，17（4）：55-61．

商明，乔文龙，曹菁．2003．克拉玛依砾岩油藏基本特征及其开发效益水平评估［J］．新疆地质，21（3）：312-316．

隋军，廖广志，牛金刚．1999．大庆油田聚合物驱油动态特征及驱油效果影响因素分析［J］．大庆石油地质与开发，18（5）：17-20．

汪伟英．1995．利用聚合物黏弹效应提高驱油效率［J］．断块油气田，5（2）：27-29．

王德民，程杰成．2002．黏弹性流体平行于界面的力可以提高驱油效率［J］．石油学报，23（5）：48-52．

王德民，程杰成，吴军政，等．2005．聚合物驱油技术在大庆油田的应用［J］．石油学报，26（1）：74-78．

王德民，程杰成，杨清彦．2000．黏弹性聚合物溶液能够提高岩心的微观驱油效率［J］．石油学报，21（5）：45-51．

王凤琴，曲志浩，孔令荣．2006．利用微观模型研究乳状液驱油机理［J］．石油勘探与开发，33（2）：221-224．

夏慧芬，王德民．1995．黏弹性聚合物溶液的渗流理论及其应用［M］．北京：石油工业出版社．

夏慧芬，王德民，侯吉瑞，等．2002．聚合物溶液的黏弹性对驱油效果的影响［J］．大庆石油学院学报，（6）：109-111．

夏慧芬，王德民，刘中春，等．2001．黏弹性聚合物溶液提高微观驱油效率的机理研究［J］．石油学报，22（4）：60-65．

夏慧芬，王德民，王刚，等．2006．聚合物溶液在驱油过程中对盲端类残余油的弹性作用［J］．石油学报，27（2）：72-76．

徐金涛，岳湘安，宋伟新，等．2015．乳状液在储层中的注入性研究［J］．日用化学工业，45（1）：28-31．

杨承志．1999．化学驱提高石油采收率［M］．北京：石油工业出版社．

杨东东，岳湘安，张迎春，等．2009．乳状液在岩心中运移的影响因素研究［J］．西安石油大学学报（自然科学版），24（3）：28-30．

曾流芳，刘建军，裴桂红．2003．三元复合体系乳状液在孔隙介质中渗流的数值模拟［J］．湖南科技大学学报（自然科学版），18（3）：21-23．

赵利军，赵修太，张慧．2013．O/W 乳化原油转型影响因素和对策研究［J］．长江大学学报（自科版），10（20）：133-135．

Acosta E，Szekeres E，Sabatini D A，et al. 2003. Net-average curvature model for solubilization and supersolubilization in surfactant microemulsions［J］. Langmuir. 19（1）：186-195.

Alvarado D A. 1979. Flow of Oil-in-Water Emulsions through Tubes and Porous Media［J］. Soc. Pet. Eng. AIME, 19（6）：369-377.

Andrew M H，Clarke A，Whitesides T H. 1997. Viscosity of Emulsions of Polydisperse Droplets with a ThickAdsorbed Layer［J］. Langmuir, 13（10）：2617-2626.

Bornaee A H，Manteghian M，Rashidi A，et al. 2014. Oil-in-water Pickering emulsions stabilized with functionalizedmulti-walled carbon nanotube/silica nanohybrids in the presence of high concentrations of cations in water［J］. Journal of Industrial & Engineering Chemistry, 20（4）：1720-1726.

Devereux O F. 1974. Emulsion flow in porous solids. Chemical Engineering Journal［J］, 7（2）：129-136.

Elgibaly A A M，Nashawi I S，Tantawy M A. 1997. Rheological Characterization of Kuwaiti Oil-Lakes Oils and TheirEmulsions［C］// SPE 37259, International Symposium on Oilfield Chemistry. 21-23.

Ghosh S，Johns R T. 2015. A Modified HLD-NAC Equation of State to Predict Alkali-Surfactant-Oil-Brine PhaseBehavior［C］// SPE Annual Technical Conference and Exhibition.

Ghosh S，Johns R T. 2016. An equation-of-state model to predict surfactant/oil/brine-phase behavior［J］. SPE J.

Griffin W C. 1949. Hydrophilic-lipophilic balance［J］. Journal of the Society of Cosmetic Chemists, 1：311-326.

Hand D B. 1939. The distribution of a consulate liquid between two immiscible liquids［J］. J. Phys. Chem, 34：1961-2000.

Israelachvili J N，Mitchell D J，Ninham B W. 1976. Thermodynamics of amphiphilic association structures［J］. Journal of the Chemical Society, Faraday Transactions 2：Molecular and Chemical Physics, 72：1525-1533.

Jin L，Budhathoki M，Jamili A，et al. 2016. Predicting microemulsion phase behavior for surfactant flooding［C］// SPE179701. Improved Oil Recovery Conference.

Jin L，Jamili A，Li Z，et al. 2015. Physics based HLD-NAC phase behavior model for surfactant/crude oil/brinesystems［J］. Journal of Petroleum Science & Engineering, 136：68-77.

Jin L，Li Z，Jamili A，et al. 2016. Development of a Chemical Flood Simulator Based on Predictive HLD-NACEquation of State for Surfactant［C］// SPE Annual Technical Conference and Exhibition.

Karambeigi M S，Abbassi R，Roayaei E，et al. 2015. Emulsion flooding for enhanced oil recovery：Interactiveoptimization of phase behavior, microvisual and core-flood experiments［J］. Journal of Industrial &Engineering Chemistry, 29（2）：382-391.

Khorsandi S，Johns R T. 2016. Robust Flash Calculation Algorithm for Microemulsion Phase Behavior［J］. Journalof Surfactants & Detergents, 19（6）：1-15.

Lei Z，Yuan S，Song J. 2008. Rheological behavior of alkali-surfactant-polymer/oil emulsion in porous media［J］. Journal of Central South University, 15（S1）：462-466.

Mcauliffe C D. 1973. Oil-in-Water Emulsions and Their Flow Properties in Porous Media［J］. Journal of PetroleumTechnology, 25 (6): 727-733.

Roshanfekr M. 2010. Effect of pressure and methane on microemulsion phase behavior and its impact onsurfactant-polymer flood oil recovery [D]. PhD dissertation, University of Texas at Austin.

Salager J L, Marquez N, Graciaa A, et al. 2000. Partitioning of ethoxylated octylphenol surfactants in microemulsion-oil-water systems: influence of temperature and relation between partitioning coefficient andphysicochemical formulation [J]. Langmuir. 16 (13): 5534-5539.

Salager J L, Minana-Perez M, Perez-Sanchez M, et al. 1983. Sorfactant-oil-water systems near the affinity inversionpart iii: the two kinds of emulsion inversion [J]. J Dispersion Sci Technol 4 (3): 313-329.

Salager J L, Morgan J C, Schechter R S, et al. 1979. Optimum formulation of surfactant/water/oil systems forminimum interfacial tension or phase behavior [J]. SPE J, 19 (2): 107-115.

Sheng J. 2011. Modern Chemical Enhanced Oil Recovery [M]. Gulf Professional.

Soo H, Radke C J. 1984. Velocity effects in emulsion flow through porous media [J]. Journal of Colloid & Interface-Science, 102 (2): 462-476.

Winsor P A. 1948. Hydrotropy, solubilisation and related emulsification processes [J]. Trans Faraday Soc, 44: 376-398.